Baustatik für Dummies

AF542278

Schummelseite

ZERLEGEN EINER SCHRÄGEN KRAFT F

$F_V = F \cdot \sin \alpha$

$F_H = F \cdot \cos \alpha$

MOMENTENSATZ

$$F_1 \cdot a_1 + F_2 \cdot a_2 + F_3 \cdot a_3 = R \cdot a_R$$

$$a_R = \frac{F_1 \cdot a_1 + F_2 \cdot a_2 + F_3 \cdot a_3}{R}$$

RESULTIERENDE

Die Resultierende R ist die eine Kraft, welche die Einzellasten in

- Größe
- Wirkungsrichtung und
- Angriffspunkt

$R - \sqrt{R_H^2 + R_V^2}$

$\tan \alpha = R_V / R_H$

MOMENT

$M = F \cdot a$

Moment = Kraft · Abstand (= Hebelarm)

Der Hebelarm ist immer der **kürzeste** Abstand zwischen Drehpunkt und Wirkungslinie der Kraft.

Fachwerke

BILDUNGSGESETZE

1. An einem Einzelstab werden zwei weitere Fachwerkstäbe gelenkig angeschlossen, sodass ein »unverschiebliches Dreieck« (= Fachwerkdreieck) entsteht.
2. Zwei unverschiebliche Fachwerke können mit drei weiteren Stäben miteinander verbunden werden. Werden zwei unverschiebliche Fachwerke an einem Knotenpunkt miteinander verbunden, wird nur noch ein zusätzlicher Stab benötigt.
3. Bei einem unverschieblichen Fachwerk nach den ersten beiden Bildungsgesetzen dürfen Stäbe entnommen und an einer anderen Stelle wieder eingesetzt werden

STATISCHE BESTIMMTHEIT

$n = a + s - 2k$

a = Anzahl der Auflagerreaktionen

s = Anzahl der Fachwerkstäbe

k = Anzahl der Knotenpunkte

Baustatik für Dummies

Schummelseite

$n = 0 \Rightarrow$ Fachwerk ist statisch bestimmt

$n > 0 \Rightarrow$ Fachwerk ist statisch unbestimmt

$n < 0 \Rightarrow$ Fachwerk ist statisch unterbestimmt (= kinematisch, instabil)

NULLSTABREGELN

1. Sind an einem unbelasteten Knoten zwei Fachwerkstäbe angeschlossen, die nicht in gleicher Richtung wirken (also keine Gerade bilden), so sind beide Stäbe Nullstäbe.
2. Sind an einem belasteten Knoten zwei Fachwerkstäbe angeschlossen, die nicht in gleicher Richtung wirken und greift die äußere Kraft in Richtung eines Stabes an, so ist der andere Stab ein Nullstab.
3. Sind an einem unbelasteten Knoten drei Fachwerkstäbe angeschlossen, von denen zwei in gleicher Richtung wirken, so ist der dritte Stab ein Nullstab.

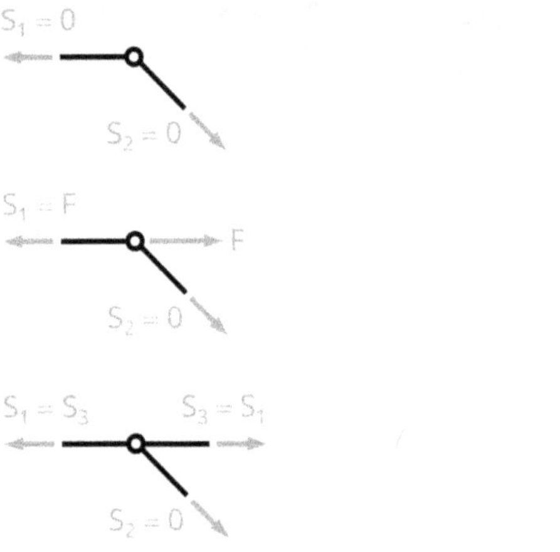

Lastannahme

LASTKOMBINATION

$$E_d = \gamma_G \cdot G_k \oplus \gamma_Q \cdot Q_{k,1} \oplus \Sigma\psi_{Q,i} \cdot \gamma_Q \cdot Q_{k,i}$$

oder

$$E_d = \gamma_G \cdot G_k \oplus 1,35 \cdot \Sigma Q_{k,i}$$

TEILSICHERHEITSBEIWERTE

- ✔ ständige Lasten: $\gamma_g = 1{,}35$
- ✔ veränderliche Lasten: $\gamma_q = 1{,}50$
- ✔ außergewöhnliche Lasten: $\gamma_A = 1{,}00$

Schummelseite

BEMESSUNGSWERT

Bemessungswert = Teilsicherheitsbeiwert · charakteristischer Wert einer Einwirkung

- ✔ für ständige Last: $g_d = 1{,}35 \cdot g_k$
- ✔ für veränderliche Last: $q_d = 1{,}50 \cdot q_k$

Charakteristische Lasten haben den Index »k«;
Bemessungswerte (= Designwerte) der Lasten haben den Index »d«.

BERECHNUNG DER RESULTIERENDEN DURCH INTEGRATION DER LAST

Angriffspunkt der Resultierenden ist immer der Schwerpunkt der Last

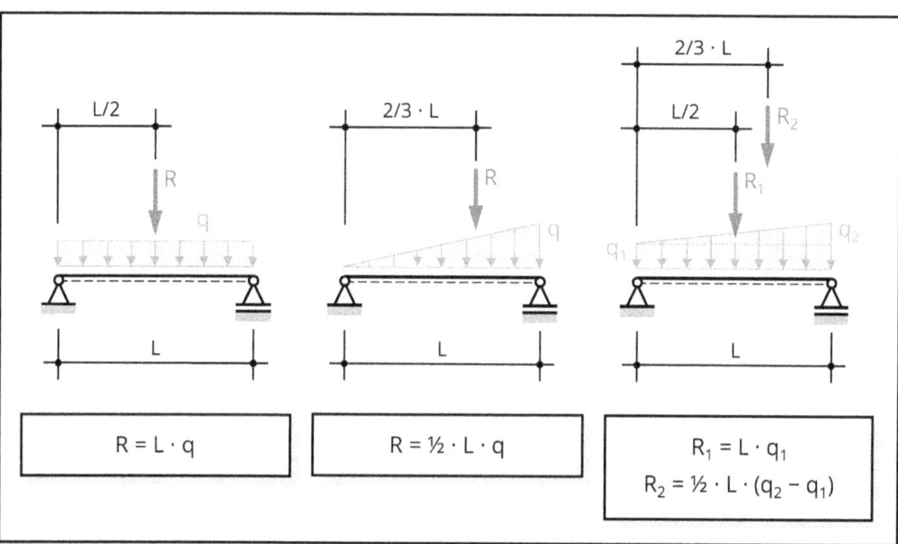

Nutzlasten

DECKEN, TREPPEN UND BALKONE

Siehe Kapitel 7, Tabelle 7.1

WIND

Windzonenkarte Siehe Kapitel 7, Abbildung 7.2

Wind auf Außenflächen

$$w = q_p \cdot c_{pe}$$

Baustatik für Dummies

Schummelseite

SCHNEE

Schneezonenkarte Siehe Kapitel 7, Abbildung 7.7

Charakteristische Schneelast auf dem Boden

$$\text{Zone 1: } s_k = 0{,}19 + 0{,}91 \cdot \left(\frac{h+140}{760}\right)^2 \text{ bzw. } 0{,}65 \text{ kN/m}^2 \text{(bis 400 m ü. NN)}$$

$$\text{Zone 2: } s_k = 0{,}25 + 1{,}91 \cdot \left(\frac{h+140}{760}\right)^2 \text{ bzw. } 0{,}85 \text{ kN/m}^2 \text{ (bis 285 m ü. NN)}$$

$$\text{Zone 3: } s_k = 0{,}31 + 2{,}91 \cdot \left(\frac{h+140}{760}\right)^2 \text{ bzw. } 1{,}10 \text{ kN/m}^2 \text{ (bis 255 m ü. NN)}$$

Charakteristische Schneelast auf dem Dach

$$s_i = \mu_i \cdot s_k$$

LASTEN AUF SCHRÄGEN FLÄCHEN

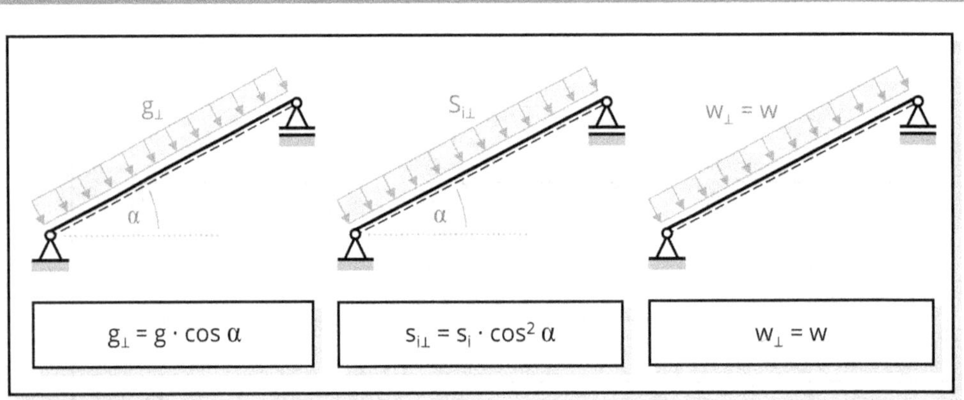

Trägersysteme

AUFLAGERARTEN

1. Loslager – einwertiges Auflager

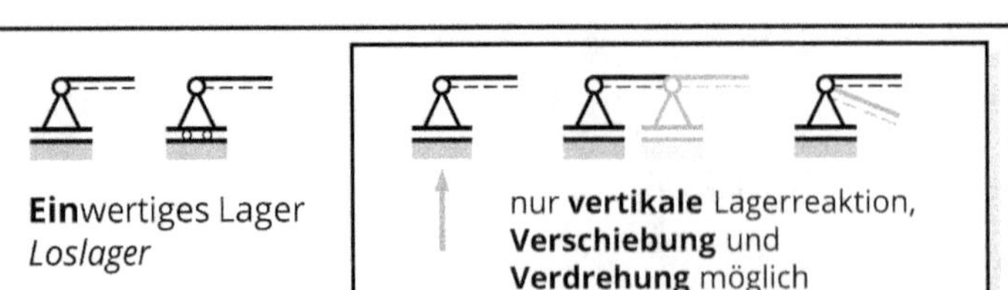

Schummelseite

2. Festlager – zweiwertiges Auflager

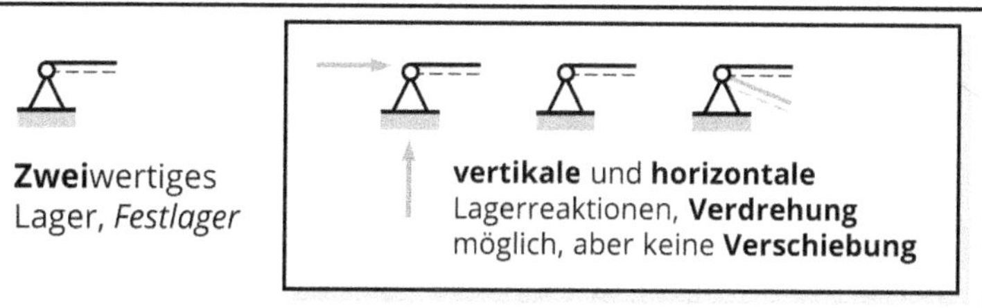

3. Einspannung – dreiwertiges Lager

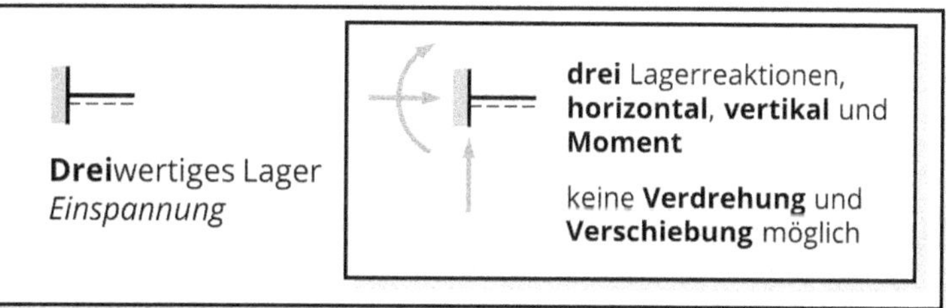

STÜTZWEITE

Die statische Länge respektive Stützweite ist die lichte Weite zuzüglich der halben Auflagertiefen zu jeder Seite:

$$l_{eff} = l_w + 2 \cdot t/2$$

Trägersysteme

GLEICHGEWICHTSBEDINGUNGEN

Statik ist die Lehre der Kräfte an ruhenden Körpern:

$$\Sigma H = 0$$

$$\Sigma V = 0$$

$$\Sigma M = 0$$

Baustatik für Dummies

Schummelseite

SCHNITTGRÖßEN

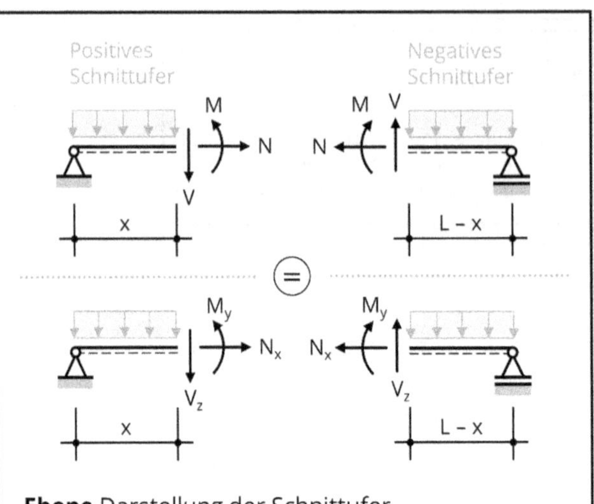

Ebene Darstellung der Schnittufer

Normalkraft $N_x = -A_H$

Querkraft $V_z = A_V - [g + q(s)] \cdot x$

Moment $M_y = A_V \cdot x - [g + q(s)] \cdot x^2/2$

SCHNITTSTELLEN

- ✔ an den Auflagern – bei Innenstützen rechts und links davon
- ✔ rechts und links von Einzellasten
- ✔ an Lastwechseln
- ✔ Stelle der maximalen Beanspruchung; Nullstelle

NULLSTELLE

Das maximale Moment tritt an der Nullstelle x_0 der Querkraft auf

$x_0 = V/r$

Nullstelle = Querkraft/Streckenlast (im Bereich der Nullstelle)

Baustatik für Dummies

Schummelseite

Einfeldträger

Querkraft am Auflager: $V_A = A_V$ und $V_B = -B_V$

Die Querkraft an (je)der nachfolgenden Schnittstelle ergibt sich zu:

Die zuvor ermittelte Querkraft abzüglich der Last bis zur nächsten Stelle

$M_A = M_B = 0$ *sofern kein* äußeres Moment angreift!!!

max. $M = q \cdot l^2/8$

Einfeldträger mit Kragarm

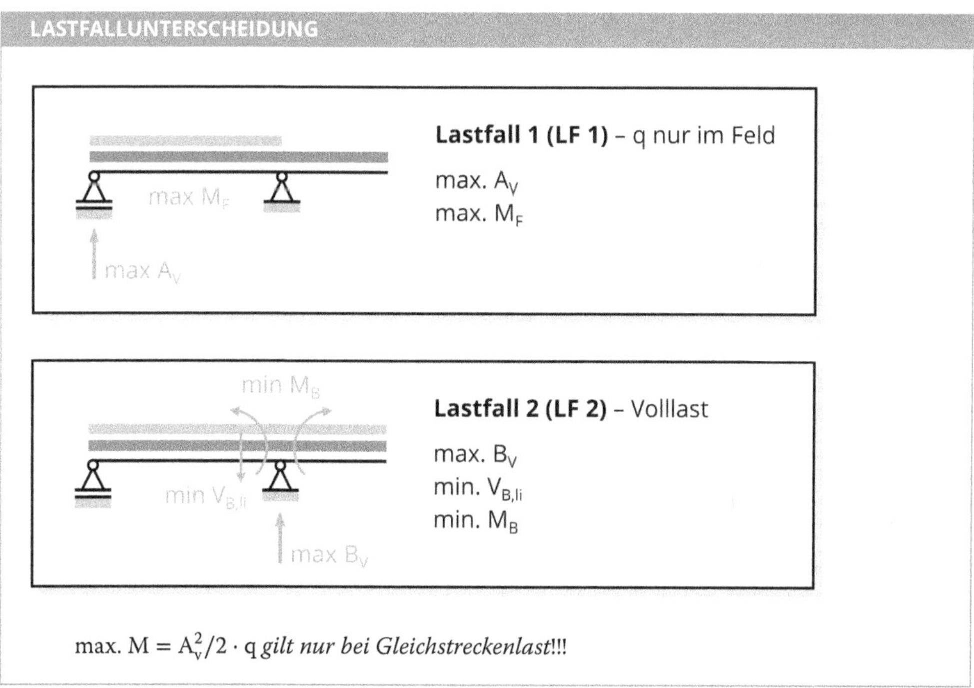

LASTFALLUNTERSCHEIDUNG

Lastfall 1 (LF 1) – q nur im Feld

max. A_V
max. M_F

Lastfall 2 (LF 2) – Volllast

max. B_V
min. $V_{B,li}$
min. M_B

max. $M = A_V^2/2 \cdot q$ *gilt nur bei Gleichstreckenlast*!!!

Verkürzte Methoden

QUERKRAFT

Arbeitsrichtung	Last	Stützkraft
→	−	+
←	+	−

Baustatik für Dummies

Schummelseite

MOMENTE

Die Fläche der Querkraftlinie bis zu einer Schnittstelle x entspricht dem Moment an dieser Stelle x.

Durchlaufträger

Tafeln in den Regelwerken

Sind die einzelnen Felder ungleich lang, die kleinste Länge beträgt aber mindestens 80% der größten Länge, so ist für »l« der Mittelwert der benachbarten Feldlängen einzusetzen.

Festigkeitslehre

SCHWERPUNKT

$$y_S = \frac{\Sigma Ai \cdot yi}{Ages}$$

$$z_S = \frac{\Sigma Ai \cdot zi}{Ages}$$

WIDERSTANDSMOMENT

$$W_y = \frac{b \cdot h^2}{6}$$

$$W_z = \frac{h \cdot b^2}{6}$$

FLÄCHENTRÄGHEITSMOMENT AM ZUSAMMENGESETZTEN QUERSCHNITT

$$I_y = \Sigma(I_{yi} + A_i \cdot z_{is}^2)$$

$$I_z = \Sigma(I_{zi} + A_i \cdot y_{is}^2)$$

FLÄCHENTRÄGHEITSMOMENT

$$I_y = \frac{b \cdot h^3}{12}$$

$$I_z = \frac{h \cdot b^3}{12}$$

Baustatik für Dummies

Susanne Brückner und
Manuel Calanni Billa

Baustatik

für
dummies®

Gelesen von Louis-Maximilian Buse,
Pascal Mengel, Johannes Trenkamp und
Lea Celine Weckert

WILEY-VCH GmbH

Baustatik für Dummies

Bibliografische Information der Deutschen Nationalbibliothek

Die Deutsche Nationalbibliothek verzeichnet diese Publikation in der Deutschen Nationalbibliografie; detaillierte bibliografische Daten sind im Internet über `http://dnb.d-nb.de` abrufbar.

1. Auflage 2026

© 2026 Wiley-VCH GmbH, Boschstraße 12, 69469 Weinheim, Germany

All rights reserved including the right of reproduction in whole or in part in any form. This book is published by arrangement with John Wiley and Sons, Inc.

Alle Rechte vorbehalten inklusive des Rechtes auf Reproduktion im Ganzen oder in Teilen und in jeglicher Form. Dieses Buch wird mit Genehmigung von John Wiley and Sons, Inc. publiziert.

Wiley, the Wiley logo, Für Dummies, the Dummies Man logo, and related trademarks and trade dress are trademarks or registered trademarks of John Wiley & Sons, Inc. and/or its affiliates, in the United States and other countries. Used by permission.

Wiley, die Bezeichnung »Für Dummies«, das Dummies-Mann-Logo und darauf bezogene Gestaltungen sind Marken oder eingetragene Marken von John Wiley & Sons, Inc., USA, Deutschland und in anderen Ländern.

Bevollmächtigte des Herstellers gemäß EU-Produktsicherheitsverordnung ist die Wiley-VCH GmbH, Boschstr. 12, 69469 Weinheim, Deutschland, E-Mail: Product_Safety@wiley.com.

Alle Rechte bezüglich Text und Data Mining sowie Training von künstlicher Intelligenz oder ähnlichen Technologien bleiben vorbehalten. Kein Teil dieses Buches darf ohne die schriftliche Genehmigung des Verlages in irgendeiner Form – durch Photokopie, Mikroverfilmung oder irgendein anderes Verfahren –in eine von Maschinen, insbesondere von Datenverarbeitungsmaschinen, verwendbare Sprache übertragen oder übersetzt werden.

Das vorliegende Werk wurde sorgfältig erarbeitet. Dennoch übernehmen Autoren und Verlag für die Richtigkeit von Angaben, Hinweisen und Ratschlägen sowie eventuelle Druckfehler keine Haftung.

Der Verleger dankt Prof. Dr.-Ing. Karsten Tichelmann für die kreativen und konstruktiven Impulse seiner Vorlesungen an der TU Darmstadt, die den Anstoß zu diesem Buch gegeben haben.

Coverfoto: matho – `stock.adobe.com`
Korrektur: Dr. Regine Freudenstein
Satz: Straive, Chennai, India
Druck und Bindung:

Print ISBN: 978-3-527-72251-8
ePub ISBN: 978-3-527-84997-0

Auf einen Blick

Inhaltsverzeichnis

Einführung

Die Statik, die sich in großen Teilen mit dem Gebiet der Technischen Mechanik deckt, ist die Grundlage nahezu aller technischen Berufe. Demzufolge wird sie in jeder Ausbildung gelehrt: In den klassischen Lehrberufen in einfacher Form, in den Techniker- oder Meisterklassen anspruchsvoller und in den Ingenieursstudiengängen im großen Umfang. Durch unsere Lehrtätigkeiten als Dozenten für Statik, Tragwerkslehre, Stahlbetonbau und Bemessung von Tragwerken für Bautechniker und Architekturstudenten erfahren wir immer wieder, wieviel (Ehr-)Furcht viele Studierende vor diesen Fächern haben. In vielen Köpfen hat sich der Gedanke festgesetzt, Statik sei nur etwas für »Genies« und man wolle »einfach nur die Prüfung bestehen«.

Tatsächlich ist unseren Erachtens Statik (das schließt die Fächer Tragwerkslehre, Stahlbetonbau und Bemessung von Tragwerken mit ein!) ein Fach, das man sich nur schwer selbst beibringen kann, weil es zum einen sehr komplex ist und zum anderen wirklich »gute« Bücher zu diesem Thema nur schwer zu finden sind. Damit ist nicht gemeint, dass die Bücher schlecht sind, nein, nein. Oft sind sie fachlich herausragend, setzen aber im Niveau viel zu hoch an und erfordern ein hohes Maß an bereits vorhandenem Grundverständnis.

Über dieses Buch

Wir haben dieses Buch aus den eben genannten Gründen bewusst sehr einfach gehalten: Das gilt sowohl sprachlich als auch didaktisch - ohne dabei fachlich kürzer zu treten. Wir haben auch einfache Zusammenhänge erklärt und an den Stellen auf Kleinigkeiten hingewiesen, von denen wir aus unserer Erfahrung in der Lehre wissen, dass sie hilfreich sind. Wir haben die rein theoretischen Erklärungen auf ein Minimum reduziert und stattdessen zahlreiche Beispiele gerechnet. Statik ist der Mathematik sehr ähnlich, daher gilt: Haben Sie einen Aufgabentyp oft genug gerechnet, wissen Sie, wie's geht. An manchen Stellen haben wir die strengen Vorgaben der Norm außen vorgelassen und in der Erklärung den Fokus auf die Praxis gerichtet. Zum Beispiel sind Richtungen in Koordinatensystemen für tatsächliche Querschnittsabmessungen nicht wirklich von Bedeutung - Egal von welcher Seite ein Sparren betrachtet wird, Länge und Höhe bleiben immer gleich.

Konventionen in diesem Buch

- ✔ **Einheiten** werden bei den Eingangswerten angegeben und sind natürlich bei den Ergebnissen unentbehrlich. In den Rechnungen sind sie dagegen für unser Dafürhalten entbehrlich! Fällt es Ihnen leichter, durchgehend mit Einheiten zu rechnen, so werden wir Sie bestimmt nicht davon abhalten!

- ✔ **Dezimalstellen** sollten – vor allem in Ergebnissen – auf ein vernünftiges Maß reduziert werden. Das bedeutet, dass sich drei Ziffern als praxistauglich erwiesen haben. Zahlenwerte unter 10 haben damit zwei Nachkommastellen, Zahlen über 10 bis 100 haben eine Nachkommastelle und Werte größer 100 kommen gut ohne Nachkommastelle aus. Werden Ergebnisse in weiterführenden Rechnungen verwendet, kann es sinnvoll sein, mehr Nachkommastellen mitzunehmen.
- ✔ **Richtungen** für Kräfte und Momente folgen nicht immer der normativen Vorgabe und sind daher entweder klar mit Pfeilen gekennzeichnet oder sind für die folgende Berechnung nicht von Bedeutung.
- ✔ Ein **Regelwerk** beziehungsweise **Tabellenbuch** Ihrer Wahl ist unverzichtbar, um dieses Buch verstehen und aktiv mitarbeiten zu können.

Törichte Annahmen über den Leser

Wir gehen davon aus beziehungsweise setzen voraus, dass Sie, liebe Leserinnen und Leser …

- ✔ technisch interessiert sind und grundsätzlich Freude daran haben, Lösungen für Aufgabenstellungen auszutüfteln (nicht nur, wenn es um Statik geht!);
- ✔ die Grundkenntnisse der Mathematik, wie das Auflösen einer Gleichung nach einer Unbekannten, beherrschen;
- ✔ vertraut sind mit den Winkelfunktionen von Sinus, Cosinus und Tangens;
- ✔ ein gutes Vorstellungsvermögen haben und einfache Pläne lesen können;
- ✔ dieses Buch gekauft haben, weil Sie die Weiterbildung zum Bautechniker durchlaufen respektive Architektur oder Bauingenieurwesen studieren;
- ✔ gewillt sind, Papier und Bleistift in die Hand zu nehmen und die Rechnungen tatsächlich selbst (mit) zu rechnen.

Wie dieses Buch aufgebaut ist

Nach der Einführung in die Grundlagen der Statik in Teil I beschäftigen sich die weiteren Teile mit in sich abgeschlossenen Themen. Das erste Kapitel enthält dabei immer die theoretische Erklärung neuer Fachbegriffe und Berechnungsmethoden. In den weiteren Kapiteln geht es in der Regel ausschließlich um Beispiele. Demzufolge sollten Sie das erste Kapitel jeweils immer sehr genau lesen, da hier Erklärungen besonders detailliert und anschaulich gegeben werden. Für die weiteren Beispiele wird nach der Aufgabenstellung sofort die fertige Lösung präsentiert und erst im Nachgang wird unter der Überschrift »Wie kommt man drauf« der Rechenweg ausführlich aufgeschlüsselt. Fallen Ihnen bestimmte Gebiete leichter oder haben Sie bereits Vorkenntnisse, so können Sie diese Themen einfach überspringen.

Teil I: Grundlagen – Grundwissen

In Kapitel 1 finden Sie kurze Informationen darüber, was Statik grundsätzlich ist und welche Rolle sie in der Lehre spielt. In Kapitel 2 tauchen Sie tief in die Grundlagen der Statik ein: Einheiten, Normen, griechisches Alphabet, Nachweise, Sicherheitskonzepte und die Baustatik-Begriffe, die im Laufe des Buches verwendet und nicht explizit erklärt werden, werden vorgestellt. Tabelle 2.3 ist als eine Art Wörterbuch zu verstehen, in dem Sie immer nachschauen können, wenn im Buch ein Begriff vorkommt, für den Sie eine Beschreibung brauchen.

Teil II: Kräfte & Momente

Kernstück jeder Statik sind Kräfte, die über Hebel Momente erzeugen. Der zweite Teil beleuchtet intensiv das Wirken, Zerlegen und Zusammenfügen von Kräften. In Kapitel 3 lernen Sie, die Kraft grundsätzlich zu verstehen und Ihre »Wirkung« in der Statik zu erkennen. Kräfte werden zerlegt, zur Resultierenden zusammengefügt und mittels Hebelarmen zu Momenten. Im vierten Kapitel finden die Kräfte – und die Theorie aus Kapitel 3 – erste praktische Anwendung im allgemeinen beziehungsweise im zentralen Kraftsystem. Sie lernen das sehr alte und geniale Verfahren des Seileckverfahrens kennen, mit dessen Hilfe vor Einführung des Taschenrechners Kraftgrößen zeichnerisch zuverlässig ermittelt wurden. Kapitel 5 führt Sie in die Welt der Fachwerke, in der die Kenntnisse von zentralem und allgemeinem Kraftsystem aus Kapitel 4 nochmal aus einer anderen Blickrichtung betrachtet werden.

Teil III: Erstellen von Lastannahmen

Lastqualitäten, Sicherheitsbeiwerte, charakteristische Lasten und Bemessungslasten werden in Kapitel 6 grundsätzlich erklärt, während sich Kapitel 7 mit veränderlichen Lasten beschäftigt. Ab diesem Punkt ist Ihr Tabellenbuch ein unverzichtbarer Begleiter! Sie lernen Wind- und Schneelasten zu berechnen und wie man sie »auf's Dach hebt«. Kapitel 8 ist das Beispielkapitel, in dem Sie Lastannahmen für konkrete Bauteile wie Decke, Treppe oder Fundament aufstellen.

Teil IV: Bestimmen von Schnittgrößen an verschiedenen statischen Systemen

Kapitel 9 beschäftigt sich mit den Grundlagen der statischen Systeme: Dazu zählen Auflagerarten, die Stützweite und der Kerngedanke der Statik, die Gleichgewichtsbedingungen. In den weiteren Kapiteln lernen Sie die verschiedenen statischen Trägersysteme kennen und deren Auflagerkräfte und Schnittgrößen zu bestimmen und graphisch darzustellen. Anhand der Mehrfeldträger in Kapitel 12 erwerben Sie Kenntnisse zur statischen Bestimmtheit von Trägersystemen.

Teil V: Festigkeitslehre

In diesem Teil wechseln wir die Seiten und beschäftigen uns mit den Widerständen von Bauteilen. Kapitel 13 erklärt die Grundbegriffe Widerstands- und Flächenträgheitsmoment und die sich dadurch ergebenden Verformungen, beschäftigt sich mit auftretenden Spannungen und der Frage, wie damit statische Nachweise geführt werden. An konkreten, zusammengesetzten Querschnitten werden in Kapitel 14 die tatsächlichen Widerstandswerte ermittelt. Kleine Ausblicke auf Nachweisformate respektive die Bemessung von Bauteilen sollen Ihre Kenntnisse auf diesem Gebiet verbessern.

Teil VI: Top-Ten der Statik

Sie sind nun am Ziel angekommen und haben sich erste Grundkenntnisse zur Baustatik angeeignet! Wie geht es nun weiter? In diesem Teil stellen wir Ihnen 10 Bücher vor, die Ihr Studium der Baustatik sinnvoll ergänzen und erweitern. Vielleicht haben Sie noch weitere "Statik"-Fächer vor sich: Für auf den Grundlagen aufbauende Fächer und Module wie Bemessung von Tragwerken, Stahlbetonbau, Massivbau, Stahlbau etc. geben wir ebenfalls Empfehlungen für Ihre weitere Ausbildung.

Symbole, die in diesem Buch verwendet werden

Technikus erklärt technisch relevante Zusammenhänge, die Sie verinnerlichen sollten, weil sie grundlegendes Wissen darstellen, auf dem dieses Buch und die Statik aufgebaut sind.

Das Definitions-Symbol zeigt Ihnen, wenn ein Begriff, eine technische Größe oder eine Abkürzung definiert wird.

Mit den wenigen, aber doch spannenden Geschichten möchten wir die Statik außerhalb dieses Buches tragen und den realen Bezug zur Praxis unterstreichen.

Das Tipp-Symbol haben wir immer dann vorangestellt, wenn wir Tricks und Kniffe aus unserer Erfahrung mit Ihnen teilen.

Das Vorsicht-Symbol ist als »verschärfte« Tipp-Variante zu deuten. Bitte lesen Sie diese Anmerkungen besonders aufmerksam.

Unter diesem Symbol sind wichtige Zusammenhänge nochmals in Merksätzen zusammengefasst und wiedergegeben, die Sie sich einprägen sollten.

Das Beispiel-Symbol haben wir nur für kleine Erläuterungsbeispiele zu theoretischen Erklärungen verwendet. Die großen Beispiele, die sich über mehrere Seiten erstrecken, finden Sie unter einer eigenen Überschrift.

Wie es weiter geht

Dieses Buch deckt alle Themenbereiche ab, die Sie für das Bestehen der Prüfung als Bautechniker und Architekturstudent benötigen. Es bildet für Bauingenieurstudenten eine gute und breite Basis, auf der sie mit anspruchsvolleren statischen Systemen arbeiten können.

In unserem Unterricht erleben wir immer wieder, dass sich Studierende am Ende eines Übungsblocks entspannt im Stuhl zurücklehnen und feststellen: »Ei, so schwer ist das ja gar nicht«. Wir wünschen Ihnen, dass dieses Buch ähnliche Glücksmomente für Sie bereit hält!

Teil I
Grundlagen der Baustatik

IN DIESEM TEIL …

In diesem ersten Teil geht es um die Verwendung der Begriffe im Themenfeld der Baustatik in Theorie und Praxis. So hat zum Beispiel das Wort »Statik« in der theoretischen Bautechnik eine andere Bedeutung als in der Baupraxis und besitzt auch in der Physik eine andere Definition. Sie werden die Gemeinsamkeiten, Unterschiede und Überschneidungen kennenlernen und verstehen, wie die Benennungen im Orbit der Baustatik lauten. Sie werden sich mit den Grundlagen des Sicherheitskonzepts beschäftigen und einen Überblick darüber bekommen, was Sie in diesem Buch alles lernen werden und am Ende anwenden können. Theoretisch und praktisch!

IN DIESEM KAPITEL

Statik im Bauwesen und anderswo

Baustatik als Teilgebiet der Mechanik

Statik in Schule und Hochschule, im Beruf und auf der Baustelle

Kapitel 1
Was ist Statik?

Wenn wir in diesem Buch das Wort Statik benutzen, dann meinen wir damit immer das begrenzte Gebiet der Baustatik, dessen Definition in Teil I beschrieben wird.

Die Griechen haben's erfunden

Die Bedeutung des Wortes Statik – und hier ist ausnahmsweise noch nicht die Baustatik gemeint, sondern nur das Wort selbst – liegt laut Duden zum einen in dem griechischen Wort *statikḗ*, was als »die Kunst des Wägens« übersetzt wird, und zum anderen in *statikós*, was »zum Stillstehen bringend« bedeutet.

Die Statik – hier ist jetzt die Baustatik gemeint – ist ein Teil der Mechanik beziehungsweise der Technischen Mechanik (siehe Abbildung 1.1), in dem es darum geht, dass sich »nichts tut« und alles »in Ruhe« bleibt. Das Gegenteil der Statik ist die Dynamik. Hier ist alles fleißig in Bewegung … dreht sich … bewegt sich … idealerweise ohne jeglichen (Reibungs-)Widerstand. In der Statik ist die Vorstellung von sich bewegenden (Bau-)Teilen beunruhigend und es gilt dies zu unterbinden. Bitte stellen Sie sich kurz vor, die Decke über Ihnen würde munter hin und her schaukeln … Damit sind aber keine kleineren Bewegungen in Form von Verschiebungen zum Abtrag von Spannungen gemeint– dazu finden Sie später weitere Informationen.

Einfach machen

Mechanik und damit Statik sind Teilgebiete der Physik, ein Unterrichtsfach, das Sie noch aus Ihrer Schulzeit kennen. Und genau diese Tatsache kann Ihnen beim Erlernen von Statik nützlich sein, denn in der Statik geht es, wie in der Physik, darum, komplexe Situationen auf einfache, idealisierte Systeme herunterzubrechen.

Physik

Mechanik Das Teilgebiet der Mechanik für technische Berufe wird als „Technische Mechanik" bezeichnet

Statik	Dynamik	Festigkeitslehre
Die Lehre von ruhenden, unbewegten Körpern. Die Kräfte sind im Gleichgewicht.	*Die Lehre von Bewegungen. Unterteilt in die Kinematik und die Kinetik. Die Kräfte sind nicht im Gleichgewicht.*	*Die Lehre von Verformungen, Materialeigenschaften und Querschnitten.*

Abbildung 1.1: Statik als Teil der Mechanik

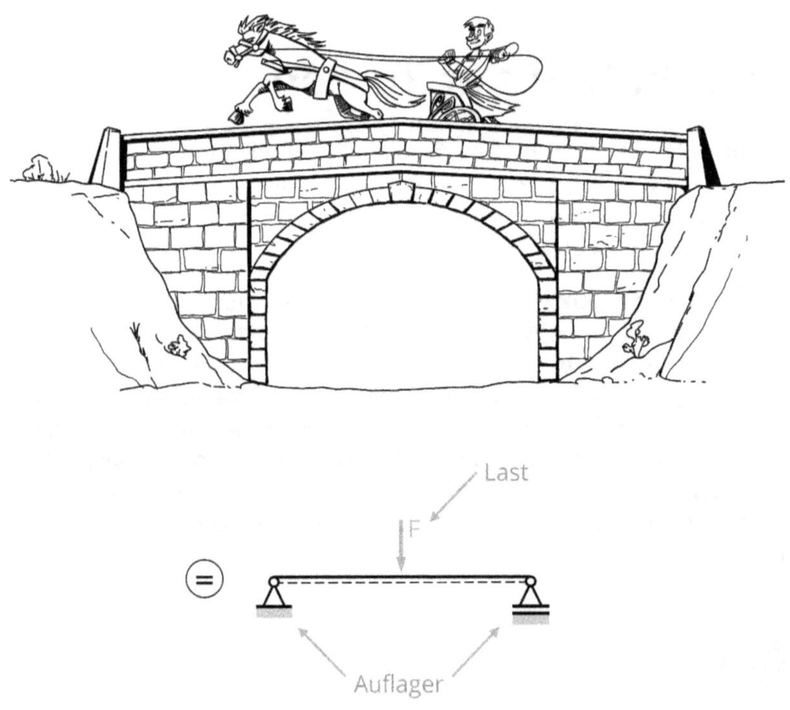

Abbildung 1.2: Wagen auf Brücke als idealisiertes Tragsystem

Ein Wagen wird umgewandelt in eine abstrakte Last, dargestellt als Vektor, aus der Brücke wird ein Trägersystem mit Auflagern unterschiedlicher Qualität. Grundsätzlich werden Lasten und Kräfte als Vektoren (Pfeile) dargestellt, so wie Sie das einst in der Schule in Physik gelernt haben. Mehr dazu erfahren Sie in Kapitel 3 – Kräfte & Momente.

Statik in Theorie und Praxis

Wenn in der Techniker-Schule oder Hochschule von Statik gesprochen wird, dann ist damit immer das Unterrichtsfach gemeint, das die Grundkenntnisse zum Bestimmen von statischen Systemen, Lasten und Kräften sowie der Schnittgrößen vermittelt, die Basis für die »Statik«, als Begriff der Arbeitswelt. Dieser umfasst die Bemessung der Bauteile, also die Dimensionierung der auszuführenden Querschnitte, und das gesamte Themengebiet der Tragwerksplanung.

In der Baupraxis, und somit außerhalb der Lehrinstitute, ist die Statik das Gesamtpaket von Statischem System, Lastannahme, Schnittgrößen, Querschnittswahl und natürlich deren Nachweis. Man spricht hier auch von einem »Tragfähigkeitsnachweis« oder von einer »Statischen Berechnung«. Dabei ist die Abfolge der Teilpunkte einer Statik in der Tat immer die oben genannte, die in folgender Systematik zusammengestellt ist:

1. Statisches System
2. Lastannahme
3. Schnittgrößen
4. Bemessung
5. Ausführungszeichnungen

Dieses Buch beschäftigt sich maßgeblich mit den Punkten 1. bis 3. und gibt nur hier und da Ausblicke auf die spätere Bemessung der Bauteile. Dieses übliche Vorgehen ist vor allem den unterschiedlichen Nachweisformen der Bauteile – eine Stütze erfordert einen anderen Nachweis als ein Biegeträger – in Kombination mit dem unterschiedlichen Verhalten der Werkstoffe geschuldet: Beton hat ein anderes Traglastverhalten als Stahl oder gar Holz. Die Umwelt- und Umgebungsbedingungen des Bauteils zum Beispiel haben auf Holz eine viel markantere Auswirkung als auf Beton oder Stahl. So wird die Bemessung weiter unterteilt in die Fachrichtungen Stahlbetonbau, Stahlbau, Holzbau, Mauerwerksbau etc., die auf der gemeinsamen Basis der Statik-Systematik in den Punkten 1. bis 3. gründet.

In der Praxis wird der Tragwerksplaner, der Ersteller von Tragfähigkeitsnachweisen (Statischen Berechnungen), salopp als Statiker bezeichnet.

Statik in Technologie-Berufen

Wie Sie oben gelesen haben, ist die Statik Teil der Physik und somit essenzielle Grundlage unseres Daseins. Es geht nicht ohne - oder besser, alles ist irgendwie Physik. Da verwundert es nicht, dass in allen Berufsfeldern, die einen technischen Hintergrund haben, auch Statik beziehungsweise (Technische) Mechanik gelehrt wird. In den Basisanforderungen – die wiederum den oben in der Systematik genannten Punkten entsprechen – ist tatsächlich kein Unterschied in den einzelnen Berufsfeldern gegeben. So kann dieses Buch auch für den Bauhorizont überschreitende Berufsgruppen hilfreich sein. Medizintechnologen, Textiltechnologen, Maschinenbauer, Architekten, Bauzeichner und weitere Berufsgruppen haben alle die gleiche Basis und spezialisieren sich erst später in den einzelnen Fachrichtungen.

In Studium und Ausbildung werden die Unterrichtsfächer und Module häufig anders betitelt, zum Beispiel Statik, Technische Mechanik, Tragwerkslehre etc.

Ziel dieses Buches

Wenn Sie dieses Buch durchgearbeitet haben, sind Sie grundlegend vorbereitet, um Bemessungen von Bauteilen durchzuführen und die entsprechenden Nachweise zu erstellen. Sie können anhand von Plänen die statischen Systeme von Bauteilen festlegen respektive erkennen, die Belastungen dieser Bauteile ermitteln und die maßgebenden Schnittgrößen berechnen. Sie werden das Verständnis für die Wichtigkeit der Lastannahme und Schnittgrößenermittlung verinnerlicht haben.

IN DIESEM KAPITEL

Fachvokabeln der Baustatik

Normenbasis Eurocodes

Sicherheitskonzept

Einheiten

Kapitel 2
Fachvokabeln und Sicherheitskonzept

Jedes Berufsfeld oder Fachgebiet hat seine eigenen Terminologien, die entweder ganz neu sind oder bekannte Bezeichnungen mit neuem Sinn belegen. In diesem Kapitel geht es darum, alle notwendigen Details zu erläutern, sodass Sie diese in einer übersichtlichen Sammlung jederzeit nachschlagen können. Die nachfolgenden Kapitel werden sich auf diese Auflistung berufen.

Dichte und Wichte

Der Begriff der Dichte ist aus dem Physikunterricht bekannt und beschreibt der Einheit [kg/m^3] entsprechend die Masse eines Körpers pro Volumeneinheit. Das ist informativ, aber doch eher abstrakt, weil sich die Angabe auf das Volumen bezieht, ohne die wirkende Kraft dieser Masse zu berücksichtigen. Diese wirkende Kraft beruht auf der Gravitation und wird durch die Masse der Erde verursacht; sie wird als Anziehungskraft respektive Gewichtskraft bezeichnet. Für die Statik benötigen wir diese tatsächliche Auswirkung der Masse (= einwirkende Kraft) auf das Tragwerk, was als Wichte bezeichnet wird. In der Statik wird ausschließlich mit Gewichtskräften gerechnet. Damit ist die Erdanziehung und ihre Wirkung auf die Masse erfasst. Mittels der Fallbeschleunigung $g = 9{,}81\ m/s^2$ wird so aus der Dichte die Wichte mit der Einheit [kN/m^3]:

$$\gamma = \varsigma \cdot g$$

Wichte = Dichte · Fallbeschleunigung

	g	kg	t	N	kN	MN
1 g	1	10^{-3}	10^{-6}	10^{-2}	10^{-5}	10^{-8}
1 kg	10^{3}	1	10^{-3}	10	10^{-2}	10^{-5}
1 t	10^{6}	10^{3}	1	10^{4}	10	10^{-2}

Tabelle 2.1: Umrechnung von Masse und Kraft

Die Einheiten von Masse und Last

Das Gewicht eines Körpers, seine Masse, wird in den Einheiten Gramm, Kilogramm oder Tonnen angegeben. Wenn es um Lasten geht, also um die Wirkung von Kräften, ändert sich demzufolge auch die Einheit. Da die grundlegenden Arbeiten zur Wirkung von Kräften von Isaac Newton stammen, werden Lasten in den Einheiten Newton, Kilonewton oder Meganewton angegeben. Es gilt:

$$1\,\text{N} \triangleq 100\,\text{g}$$

Eselsbrücke: Ein Newton entspricht einer Tafel Schokolade.

Zur besseren Handhabung und schlichten Vereinfachung wird die Fallbeschleunigung dabei mit 10,0 m/s^2 statt den korrekten 9,81 m/s^2 in der Umrechnung geführt, sodass aus einem Kilogramm zehn Newton beziehungsweise 1.000 g werden.

Griechisch für Statiker

In Kapitel 1 haben wir die kecke These aufgestellt, die Griechen hätten die Statik erfunden. Tatsächlich sind die Ursprünge vieler technischer Überlegungen bei den griechischen Philosophen zu finden und es verwundert daher nicht, dass Benennungen in Mathematik und Technik bis heute mittels griechischer Buchstaben erfolgen. In Abbildung 2.1 sind die einzelnen Buchstaben, von denen viele im Laufe dieses Buches anzutreffen sind, und ihre Phonetik dargestellt.

In den gegenwärtigen Normen sind diese Ursprünge der Technik angepasst und weiterentwickelt worden und haben zunehmend lateinische Buchstaben erhalten. Durch die Einführung der Eurocodes spielen auch zunehmend englische Begriffe eine Rolle.

$\alpha\,A$	$\beta\,B$	$\gamma\,\Gamma$	$\delta\,\Delta$	$\varepsilon\,E$	$\zeta\,Z$
Alpha	*Beta*	*Gamma*	*Delta*	*Epsilon*	*Zeta*
$\eta\,H$	$\theta\,\Theta$	$\iota\,I$	$\kappa\,K$	$\lambda\,\Lambda$	$\mu\,M$
Eta	*Theta*	*Iota*	*Kappa*	*Lambda*	*Mü*
$\nu\,N$	$\xi\,\Xi$	$o\,O$	$\pi\,\Pi$	$\rho\,P$	$\sigma\,\Sigma$
Nü	*Ksi*	*Omikron*	*Pi*	*Rho*	*Sigma*
$\tau\,T$	$\upsilon\,Y$	$\varphi\,\Phi$	$\chi\,X$	$\psi\,\Psi$	$\omega\,\Omega$
Tau	*Ypsilon*	*Phi*	*Chi*	*Psi*	*Omega*

Abbildung 2.1: Griechisches Alphabet

Ordnung muss sein … die Eurocodes

Im Bauwesen sind die Herzstücke der anzuwendenden Normen die so genannten Eurocodes. Neben vielen kleinen zuarbeitenden Normen, Vorschriften und Regelwerken sind in den derzeit 10 Eurocodes alle Bereiche des Bauwesens hinsichtlich Entwurf, Berechnung und Ausführung von Bauteilen/Bauwerken abgedeckt und geregelt.

Bereits Mitte der 1970er Jahre gab es erste Überlegungen, die in der europäischen Gemeinschaft bestehenden Handels- und Ausführungsunterschiede zu harmonisieren und vergleichbare respektive einheitliche Bedingungen in allen Mitgliedsstaaten zu schaffen. 1997 wurde der erste Eurocode, kurz EC, eingeführt; bis heute sind es 10 Normenwerke, die von der Planung über die Lastannahme hin zur Bemessung von zum Beispiel Holz- oder Stahlbauwerken für alle tragenden Bauteile Regelungen vorgeben.

Als Basis für alle Konstruktionen gelten die Eurocodes 0 und 1

Eurocode 0 (EC0) – DIN EN 1990	Grundlagen der Tragwerksplanung
Eurocode 1 (EC1) – DIN EN 1991	Einwirkungen auf Tragwerke

Tabelle 2.2: Basis-Eurocodes der Tragwerksplanung

In den weiterführenden Eurocodes sind »Bemessung und Konstruktion« für den jeweiligen Werkstoff respektive die Tragwerksart festgelegt.

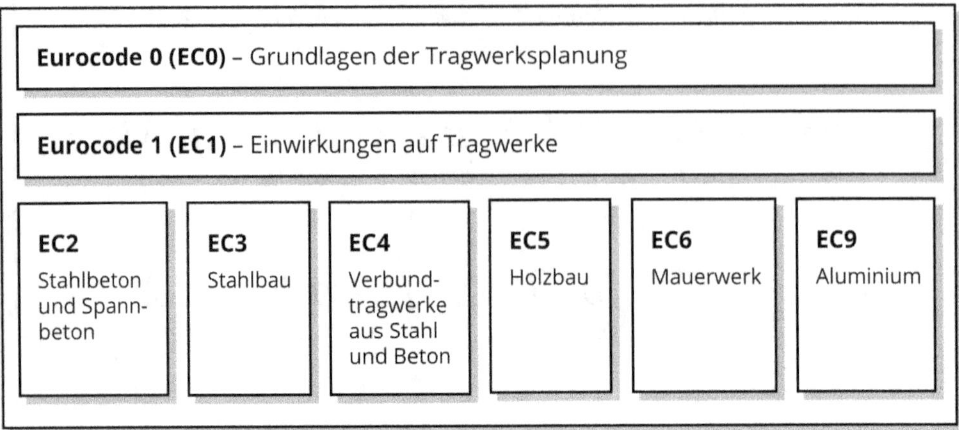

Regeln für die Arbeiten am/ im Boden bzw. der Umgang mit der Gründung finden sich in

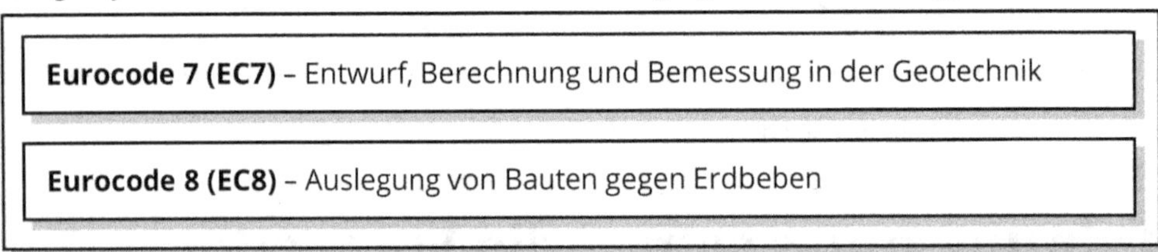

Abbildung 2.2: Überblick der Eurocodes

Ordnung muss sein … das Koordinatensystem

In der Statik unterscheiden sich sowohl die Bezeichnungen der Achsen des Koordinatensystems als auch deren Ausrichtung von der in der Mathematik verwendeten Form. Die senkrechte (Schnitt-)Ebene ist die y-z-Ebene, die x-Achse folgt der Bauteilrichtung:

Die Doppelpfeile auf den Achsen in der räumlichen Darstellung der Abbildung 2.3 stellen das Moment mit der Drehwirkung um die Achse dar. In diesem Buch betrachten wir ausschließlich ebene Systeme in welchem die Normalkraft N in x-Richtung verläuft, die Querkraft V der z-Richtung folgt und das Moment M um die y-Achse rotiert. Das müssen Sie jetzt noch nicht verinnerlichen, Kapitel 9 beschäftigt sich ausführlich mit diesem Thema.

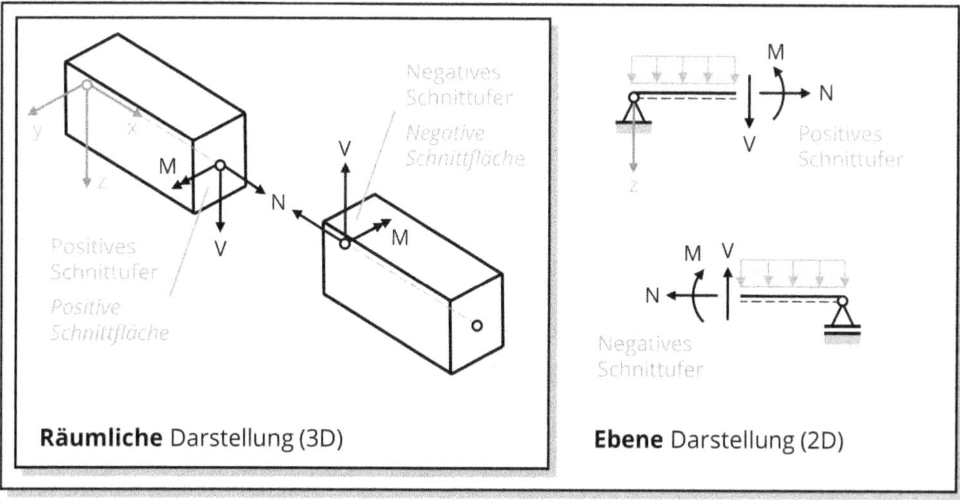

Abbildung 2.3: Räumliches und ebenes Koordinatensystem

Baustatik-Fachvokabeln

Die tatsächliche und unmissverständliche Bedeutung von Begriffen der Baustatik, wie sie allgemein und besonders in diesem Buch verwendet werden, finden Sie in der Zusammenstellung in Tabelle 2.3.

Nachweisformat und Sicherheitskonzept in der Statik

Im Eurocode 0 (EC0) ist das grundlegende Prinzip der Anforderungen an Bauwerke festgehalten. Entwurf, Planung und Ausführung aller Konstruktionen müssen so erfolgen, dass sie die festgelegten Anforderungen an

- ✔ Tragfähigkeit (Bruchzustand)
- ✔ Gebrauchstauglichkeit und
- ✔ Dauerhaftigkeit

während der vorgesehenen Nutzungsdauer erfüllen.

Damit wird sichergestellt, dass Bauwerke während ihrer Nutzungsdauer zuverlässig (= sicher) genutzt werden können und unter wirtschaftlich angemessenen Gesichtspunkten erstellt werden. Quasi ein Kosten-Nutzen-Faktor mit oberster Priorität auf Sicherheit der Menschen, die das Bauwerk nutzen.

Anforderung	Durch eine Norm festgelegte, zu erfüllende Bedingung
Anwendungsregel	Den Prinzipien folgendes Vorgehen
Bauteil	Einzelne, statische (tragende) Teile eines Bauwerks
Bauwerk	Summe aller Bauteile
Beanspruchung E_k oder E_d	Auswirkung der Einwirkung auf ein Bauteil (Normalkraft, Querkraft, Moment etc.)
Beanspruchbarkeit R_k oder R_d	Die sich durch die Anforderungen an Material und Geometrie ergebende maximal aufnehmbare Beanspruchung eines Bauteils
Bemessungswert E_d, R_d, etc.	Charakteristischer Wert inkl. Sicherheitszuschlag (Teilsicherheitsbeiwert); Rechenwert des Tragfähigkeitsnachweises. Index »d«
Charakteristischer Wert E_k, R_k, etc.	»Laborwert« eines Werkstoffes, ohne Sicherheitszuschlag, »Rechenwert« des Gebrauchstauglichkeitsnachweises. Index »k«
Dauerhaftigkeit	Sicherung der Widerstandsfähigkeit gegenüber äußeren (Umwelt-)Einflüssen
Einwirkung	Last, die als Kraft auf ein Bauteil wirkt
Eurocode (EC)	Einheitliche Baunormen für Europäische Mitgliedsstaaten für die Bemessung von Tragwerken
Gebrauchstauglichkeit	Sicherung der Nutzungsanforderungen eines Bauteils
Grenzzustand	Zustand, bei dem die Anforderungen an das Bauteil/ Tragwerk gerade noch erfüllt sind
GZG	Grenzzustand der Gebrauchstauglichkeit; Nachweis, dass die Nutzungsanforderungen (Durchbiegung, Setzung, etc.) gesichert sind
GZT	Grenzzustand der Tragfähigkeit; Nachweis, dass die Tragfähigkeit des Bauteils/-werks gegeben ist. Bei Überschreitung ist mit dem Versagen (Einsturz) zu rechnen! Man spricht auch vom »Bruchzustand«.
Kombinationsbeiwert	Reduziert die Sicherheitsbeiwerte, wenn mehrere veränderliche Lasten zusammen auftreten, zum Beispiel Wind- und Schneelasten am Dach.
Lastgeometrie	Geometrische Form einer Last: Trapezlast, Dreieckslast; aber auch Einzellast
Lastqualität	Sowohl ständige und veränderliche Last, als auch charakteristisch oder als Bemessungslast
Prinzip	Angabe/Festlegung/Vorgehen (auf Basis einer Norm)
(Teil-)Sicherheitsbeiwert	Multiplikations- oder Divisionsfaktor für charakteristische Werte
Tragwerk/-system	Mehrere, miteinander verbundene Bauteile, die als tragende Struktur eines Bauwerks wirken
Üblicher Hochbau	Wohn-, Büro und Industriegebäude mit vorwiegend ruhenden und gleichmäßig verteilten Nutzlasten bis 5 kN/m^2
Werkstoff	Holz, Beton, Stahlbeton, Baustahl, Profilstahl, etc.
Wichte	Gewichtskraft einer Last pro Volumen-/Flächen-/Längeneinheit
Widerstand R	Beanspruchbarkeit
Zustand	Tatsächliche Beanspruchung eines Bauteils, IST-Zustand

Tabelle 2.3: Fachvokabeln der Baustatik

Die Erfüllung dieser Anforderungen erfolgt dabei anhand von Nachweisen, welche die tatsächlichen, individuellen Zustände der Bauteile (zum Beispiel Zugspannung) mit zulässigen Grenzbedingungen vergleichen. Werden die festgelegten Grenzbedingungen überschritten, ist die Sicherheit des Bauteils und damit des Bauwerks nicht mehr einwandfrei gegeben.

Nachweis Grenzzustand der Tragfähigkeit - GZT

Der »erste« und wichtigste Nachweis für jedes Bauteil ist der Nachweis der Tragfähigkeit.

Hier wird nachgewiesen, dass dem Bauteil nicht mehr »zugemutet« wird, als es tatsächlich aushalten kann und somit Stand hält, also nicht einstürzt, siehe nachfolgende Formel (2.1). Beim Entwurf beziehungsweise Planen eines Bauwerks sind die Abmessungen eines Bauteils noch nicht eindeutig festlegbar. Der Planer greift auf Erfahrungen der eigenen Arbeitspraxis oder Fachliteratur zurück, um die Geometrie von Decken, Stützen, Fundamenten etc. festzulegen. Ist die Planung abgeschlossen, müssen die einzelnen Bauteile bemessen, also die erforderlichen geometrischen Querschnitte festgelegt und ihre Tragfähigkeit nachgewiesen werden.

In der Praxis spricht man beim Grenzzustand der Tragfähigkeit (GZT) auch vom »Bruchzustand«, da hier nachgewiesen wird, dass das Bauwerk beziehungsweise das Tragwerk Stand hält und nicht »zusammenbricht«.

Nachweis Grenzzustand der Gebrauchstauglichkeit - GZG

Nachdem die Tragfähigkeit gesichert ist, wird die Gebrauchstauglichkeit überprüft. Dabei wird, wie der Name schon andeutet, die Tauglichkeit des »alltäglichen« Gebrauchs sichergestellt. Im Fokus sind hier zum Beispiel Durchbiegungen (= Verformungen) und Risse.

Sind unter einem Unterzug zum Beispiel große Fensterflächen angeordnet, so kann eine zu große Durchbiegung des Unterzugs Spannungen im Rahmen des Glases verursachen und im ungünstigsten Fall zum Zerbersten des Glases führen. Risse in Leichtbauwänden von Büroräumen sind zwar nur ästhetische Mängel, sollten bei qualitativ angemessener Ausführung dennoch nicht auftreten. Zudem haben Risse und sichtbare Durchbiegungen tragender Bauteile (vor allem »über« uns) einen großen Effekt auf unser Unterbewusstsein: wir fühlen uns ad hoc »unsicher«.

Format der Nachweise

Streng genommen sind die Nachweise der Tragsicherheit ein »Rückwärtsrechnen« über die Grenzwerte: Im Labor ist das tatsächliche Tragverhalten der einzelnen Werkstoffe anhand vieler Versuche getestet und dokumentiert worden: die Zugfestigkeit von Stahl oder die Druckfestigkeit von Beton etc. Die Grenze des Versagens ist damit bekannt. Über die Lastannahme – siehe Teil III in diesem Buch – wird die Beanspruchung des Bauteils ermittelt und dann im Vergleich mit dem Grenzwert eine Mindestabmessung desselbigen ermittelt. Die Sicherheitsbeiwerte – dazu unten mehr – erhöhen den Abstand zum Grenzwert und damit die Sicherheit der Tragfähigkeit.

Die einzelnen Nachweise sind je nach Bauteil und Werkstoff unterschiedlich in der Ausführung, im Grundprinzip jedoch immer der einen Regel folgend:

$$E_d \leq R_d \tag{2.1}$$

Beanspruchung ≤ Beanspruchbarkeit

Die Beanspruchungen E_d dürfen in keinem Fall größer als die Beanspruchbarkeiten R_d sein.

Der tatsächliche Nachweis ist dann der Vergleich dieser erhaltenen Abmessung mit den Grenzwerten.

Da es bei den Nachweisen der Gebrauchstauglichkeit nicht um die Sicherheit (Einsturz beziehungsweise Bruchzustand) geht, dürfen diese Nachweise mit »charakteristischen« Werten geführt werden. Rechnerisch ermittelte Durchbiegungen werden mit empfohlenen Grenzwerten verglichen und in Abwägung der tatsächlichen Anforderungen an die Nutzung des Bauwerks beschränkt oder zugelassen.

Tatsächlich gibt es auch für den Grenzzustand der Gebrauchstauglichkeit (GZG) Teilsicherheitsbeiwerte und Kombinationsbeiwerte. Diese sind jedoch 1,0 oder sogar geringer. Daher wird in der Praxis davon gesprochen. mit »charakteristischen« Werten zu rechnen.

Weitere Nachweise

Neben den in einer Statik zwingend zu führenden Nachweisen des GZT und GZG gibt es noch weitere »kleinere« Nachweise, die entweder in den oben genannten Nachweisen bereits eingearbeitet sind oder separat nachgewiesen werden.

Die **Dauerhaftigkeit** ist ein derartiger Nachweis, der, wie oben schon aufgeführt, als grundlegendes Prinzip des Eurocodes gleichwertig neben der Tragsicherheit und Gebrauchstauglichkeit aufgeführt ist, in der Regel aber über die Wahl der Werkstoffgüte und/oder Abmessungen stillschweigend mit erfolgt ist. Die Dauerhaftigkeit stellt damit sicher, dass die Qualität der Ausführung eines Bauteils eine lange Haltbarkeit und damit Nutzungsdauer ermöglicht. Bei Stahlbetonbauteilen zum Beispiel ist die Betondeckung ein Mittel der Wahl, die Dauerhaftigkeit zu gewährleisten.

Die **Lagesicherheit** wird individuell für jedes Bauteil im Kontext des Bauwerks nachgewiesen und hat dementsprechend viele verschiedene Formate. Ein Binder in der Gabellagerung der Stütze einer Industriehalle zum Beispiel wird zusätzlich mit einem Dorn in der Stütze in seiner Lage gesichert.

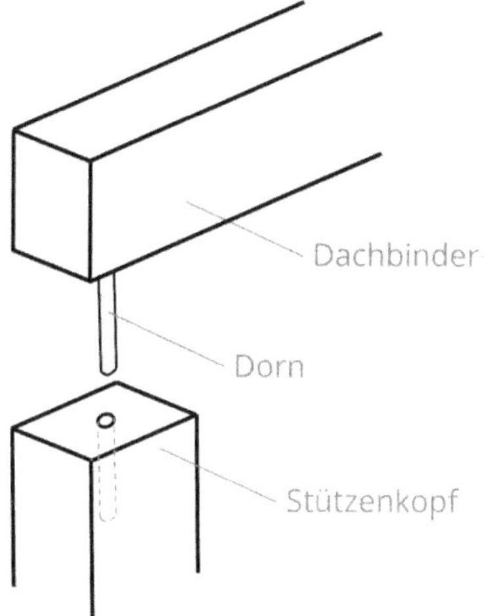

Abbildung 2.4: Lagesicherung mit Dorn

Der Nachweis der **Ermüdung** bei Stahlbetonbauteilen ist in der Regel über die nötige Mindestbewehrung abgedeckt.

In der Baupraxis versucht man, trotz aller Nachweise möglichst wirtschaftlich und kostengünstig zu Arbeiten. Daher versuchen auch Statiker, Tragwerke und deren Bauteile nicht zu »überdimensionieren«, das heißt beispielsweise, einen Stahlträger nicht größer auszuführen als notwendig. Hier spricht man vom so genannten Wirtschaftlichkeitskriterium: $E_d = R_d$

(Teil-)Sicherheitsbeiwerte nach Eurocode 0

Sicherheit ist zentraler und wichtigster Aspekt der Statik. Das Bauwerk muss sicher in seiner Anwendung/Benutzung und somit sicher in seiner Ausführung sein. Dies wird unter anderem über die (Teil-)Sicherheitsbeiwerte γ erreicht, die Beanspruchungen erhöhen und Beanspruchbarkeiten reduzieren. Dabei gilt folgendes Prinzip:

$$E_d = E_k \cdot \gamma_F \leq R_d = R_k/\gamma_M \tag{2.2}$$

Im Eurocode 0 (EC0), dessen ausführliche Benennung DIN EN 1990 – Grundlagen der Tragwerksplanung ist, wird das Prinzip dieses Sicherheitskonzepts beschrieben.

Wie in obiger Formel dargestellt und im Abschnitt Nachweisformat bereits erläutert, erhöhen die (Teil-)Sicherheitsbeiwerte den Abstand zu den Grenzwerten. Was damit gemeint ist, lässt sich am besten an einem Beispiel erklären:

Im Labor ist anhand vieler Versuche mit unterschiedlichen Rezepturen das Gewicht von Stahlbeton in einem Ergebniskorridor ermittelt worden. Der Mittelwert der Ergebnisse hat – nach der Umrechnung – als charakteristischen Wert der Wichte 25 kN/m^3 ergeben und damit Eingang in die Norm EC 1 – DIN EN 1991 Einwirkungen auf Tragwerke – gefunden.

Dieser, für den Werkstoff Stahlbeton charakteristische Eigenlast-Wert, wird mit dem Faktor 1,35 (= γ_F) multipliziert, die tatsächliche Einwirkung also um 35% erhöht, um Unwägbarkeiten, wie Materialstreuung oder Modellunsicherheit »abzudecken«.

Der Sicherheitsbeiwert γ_F auf der Seite der Einwirkungen E erhöht also die tatsächlichen Belastungen und man rechnet demnach »mit mehr, als tatsächlich da ist«.

Spinnen wir diesen Gedanken weiter und gehen auf die »andere Seite« der Nachweisgleichung (2.1), nämlich auf den Widerstand beziehungsweise die Beanspruchbarkeit R, so ist es statisch logisch, die Laborergebnisse der Materialkennwerte (Festigkeiten) von Holz, Stahl, Beton etc. zu reduzieren. Somit wird dem Werkstoff/Bauteil theoretisch »weniger zugetraut, als er/es tatsächlich kann«.

Die Tatsache, dass Werkstoffe in ihrem Traglastverhalten unterschiedlich reagieren, muss natürlich Eingang finden in das Sicherheitskonzept und in den Teilsicherheitsbeiwert und schlägt sich in Form unterschiedlicher Werte und gegebenenfalls Zusatzwerten nieder.

In Abbildung 2.5 ist das Sicherheitskonzept nach EC dargestellt:

Einwirkung – Beanspruchung	**Widerstand – Beanspruchbarkeit**
Charakteristischer Wert einer Einwirkung g_k q_k G_k Q_k Teilsicherheits- und Kombinationsbeiwert γ_G γ_Q γ_A | ψ_0 ψ_1 ψ_2 Bemessungswert (Design-Wert) einer Einwirkung g_d q_d G_d Q_d	Charakteristischer Wert einer Festigkeit R_k f_{yk} $f_{t,0,k}$ f_{ck} Teilsicherheits- und Abminderungsbeiwerte γ_M k_{mod} ζ α_{cc} *Die Bezeichnungen und Formelzeichen werden in den jeweiligen Bemessungsnormen geregelt, z.B. k_{mod} im EC5 (Holzbau)*
Bemessungswert einer Beanspruchung E_d $E_d = \gamma_G \cdot G_k \oplus \gamma_Q \cdot Q_{k,1} \oplus \sum \psi_{Q,i} \cdot \gamma_Q \cdot Q_{k,i}$ oder $E_d = \gamma_G \cdot G_k \oplus 1{,}35 \cdot \sum Q_{k,i}$ E_d N_d V_d M_d B_d	**Bemessungswert einer Beanspruchbarkeit R_d** $f_d = k_{mod} \cdot f_k / \gamma_M$ $R_d = \zeta \cdot X_k / \gamma_M$ R_d f_{yd} $f_{t,0,d}$ f_{cd}

Tragfähigkeitsnachweis nach Eurocode

(Beanspruchung) $E_d \leq R_d$ (Beanspruchbarkeit)

Abbildung 2.5: Sicherheitskonzept nach EC0

Das Plus in einem Kreis ist eine Besonderheit im EC0 und bedeutet »ist zu kombinieren«. Damit ist gemeint, dass mehrere veränderliche Einwirkungen kombiniert werden, zum Beispiel Wind- und Schneelasten. »Kombinieren« bedeutet, dass einmal die Windlast als Leiteinwirkung (= Haupteinwirkung) gesetzt wird und die Schneelast »reduziert« werden darf und ein anderes Mal die Schneelast als Leiteinwirkung mit einer »reduzierten« Windlast gesetzt wird. Dies erfolgt mit den so genannten Kombinationsbeiwerten.

Die zweite Gleichung zur Ermittlung der Bemessungseinwirkung E_d aus Abbildung 2.5 mit einem einheitlichen Teilsicherheitsbeiwert von 1,35 für alle Lasten, ist eine Vereinfachung in Praxis und Lehre, um den Rechenaufwand deutlich zu vereinfachen. Streng genommen ist diese Gleichung nicht im Eurocode geregelt, findet jedoch in der Praxis Anwendung.

Leider sind Techniker nicht immer konsequent in Grammatik und Terminus und es kommt vor, dass manche Bezeichnungen, Abkürzungen oder Buchstaben mehrfach mit unterschiedlichen Bedeutungen verwendet werden. So kann der Buchstabe »R« auf der Seite der Einwirkungen benutzt »Bemessungslast« bedeuten und auf der Widerstandsseite »Beanspruchbarkeit«.

Ausführlichere Erläuterungen, konkrete Zahlenwerte und Rechenbeispiele sind in Kapitel 8 zu finden.

Teil II
Kräfte & Momente

IN DIESEM TEIL …

In diesem Teil geht es um die Grundlagen der Mechanik und Dynamik: Kräfte, die über einen Hebel Momente erzeugen. Sie werden lernen, dass Techniker, Ingenieure und Architekten eher faul, aber in keinem Fall dumm sind und sich, wo es geht, mit Vereinfachungen das Leben angenehmer machen.

- ✔ Sie lernen, schräge Kräfte in ihre lotrechten Anteile zu zerlegen und
- ✔ mehrere Kräfte zur Resultierenden zusammenzufassen.

Es wird jeweils den rechnerischen, aber auch den »uralten« – ziemlich genialen – zeichnerischen Lösungsweg geben, der unglaublich viel Spaß macht und Lust, tiefer in die geheimnisvolle Welt der Statik einzutauchen. Sie werden die verschiedenen Kraftsysteme kennenlernen und schlussendlich Fachwerke untersuchen.

IN DIESEM KAPITEL

Grundsätzliches über Kräfte und Momente

Schräge Kräfte zerlegen und Resultierende bilden

Das Kräftepaar und die Definition eines Moments verstehen

Der Hebelarm

Kapitel 3
Kräfte und Momente

Aus der Einleitung in diesem Buch wissen Sie: In der Statik werden komplexe »Situationen« auf einfache Systeme heruntergebrochen, um sie »rechenbar« zu machen.

Bitte denken Sie kurz darüber nach, seit wann der Mensch ist und baut und ihm dafür digitale Werkzeuge wie der Taschenrechner oder gar ein computergestütztes Statik-Programm zur Verfügung stehen. Ohne elektronische Vereinfachungen wurden bereits vor dem 20. Jahrhundert beeindruckende Bauwerke ganz ohne Strom, Taschenrechner oder Statik-Programm realisiert … basierend auf Tabellenwerken, die im Laufe der Jahrhunderte angelegt, fortgeschrieben und stetig verbessert wurden. Diese Tabellenwerke wiederum basieren auf graphischen Verfahren, die in der Zeit vor dem Papier tatsächlich in Sand geschrieben, seltener in Stein gemeißelt, verwendet wurden. Auch Pflöcke, Seile und Nägel halfen, die Lösungen zu veranschaulichen.

Wie fasst man Kraft in Worte?

Wir benutzen ständig aktiv oder passiv, bewusst oder unbewusst Kräfte. Sie umgeben und »bewegen« uns. Bezieht man sich auf die Anwendung von Kraft, weiß jeder, was gemeint ist. Aber wie erklärt man korrekt, was eine Kraft ist?

Definition einer Kraft

Physikalisch erklärt ist eine Kraft die Ursache für Bewegung. Je nach der Größe der Kraft F, kann eine gewisse Masse m, bewegt werden.

Die physikalische Formel der Kraft lautet demnach:

$$F = m \cdot a$$

$$\text{Kraft} = \text{Masse} \cdot \text{Beschleunigung}$$

In der Statik werden Kräfte entsprechend ihrer eindeutigen Definition verwendet, es sind ihre

- ✔ Größe,
- ✔ Wirkungslinie und
- ✔ Richtung.

Schauen wir uns die einzelnen Komponenten genauer an:

Größe

Das ist recht einfach und klar: Alles, was ist, hat ein Maß, so auch die Kraft. Die Größe einer Kraft muss bekannt sein und wird in der Statik im Allgemeinen in der Einheit [kN] (gesprochen Kilonewton), aber auch Newton [N] oder Meganewton [MN] angegeben.

Mehr zur Einheit der Kraft finden Sie in Kapitel 6 – Grundlagen der Lastannahme.

Wirkungslinie

Eine Kraft wirkt auf ihrer Ebene, die tatsächlich eine Gerade ist, im Raum. Diese Gerade kann eindeutig bestimmt werden (siehe Abbildung 3.1).

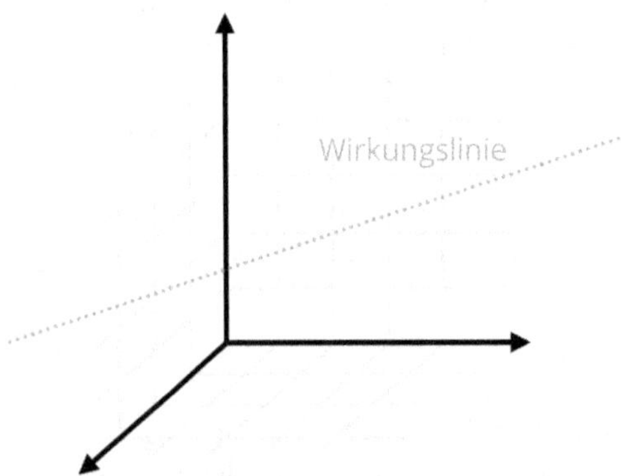

Abbildung 3.1: Wirkungslinie im Raum

Die Wirkungslinie entspricht also der Ausrichtung, ohne dabei Aussagen über die eigentliche Richtung der Kraft zu machen. Betrachten Sie die Linie aus Abbildung 3.1, dann erkennen Sie, dass die Lage, nicht aber die Richtung definiert ist! Ebenfalls wichtig: Die Wirkungslinie einer Kraft ist unendlich, hat also weder Anfang noch Ende. Eine Kraft wird erst dann zu einer wirkenden Kraft, wenn sie auf einen Widerstand trifft.

Richtung

Die Richtung wird durch die Pfeilspitze am entsprechenden »Ende« der Kraft dargestellt. Die Wirkung der Kraft ist damit durch die Pfeilspitze definiert. Die Pfeilspitze an dem einen Ende löst eine andere Wirkung aus, als an dem anderen Ende!

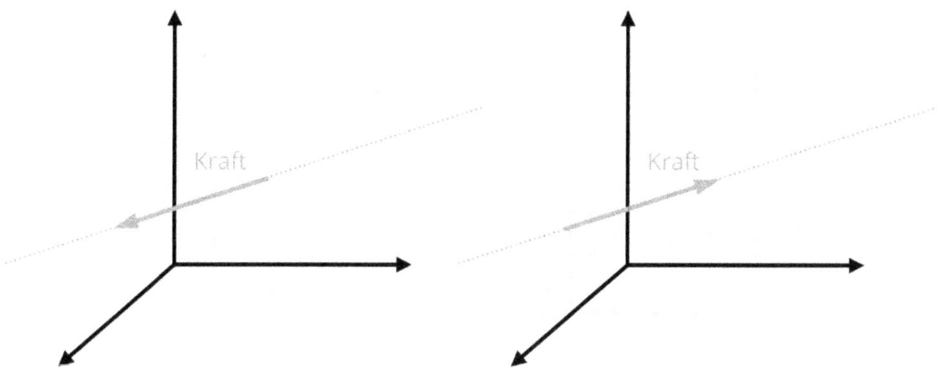

Abbildung 3.2: Unterschiedliche Richtungen auf der gleichen Wirkungslinie

Jede Komponente einer Kraft ist also immer wichtig und zu beachten.

An einem (Bau-)Körper treten stets mehrere unterschiedlich gerichtete Kräfte auf.

Im Kapitel 7 werden zum Beispiel die auftretenden Lasten am Dach berechnet: Eigenlast, Wind und Schnee haben jedoch, wie in Abbildung 3.3 dargestellt, unterschiedliche Ausrichtungen. Um sie addieren zu können, müssen sie »gleichgerichtet« werden.

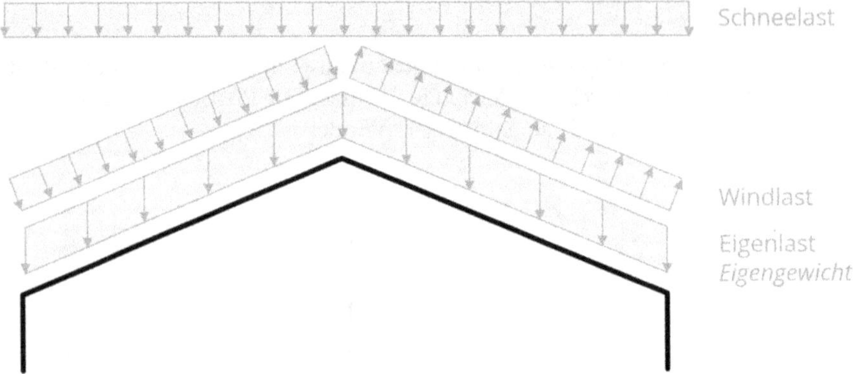

Abbildung 3.3: Unterschiedliche Ausrichtungen der am Dach angreifenden Lasten

Schräge Kräfte zerlegen

Es wirkt wie ein großes Durcheinander an Größen, Richtungen und Wirkungslinien. Es muss also eine Vereinfachung gefunden werden, die Übersicht, Struktur und die Berechnung »per Hand« möglich werden lässt.

Die Handrechnung, also das Überprüfen einer rechnergestützten Lösung, muss zu jeder Zeit beherrscht werden: Vor dem Benutzen von Statik-Programmen, um den Rechner korrekt füttern zu können, und nach dem Benutzen von Statik-Programmen, um die Ergebnisse überprüfen zu können.

Die Verantwortung für die Standsicherheit liegt bei der Person, die den Nachweis erstellt, unabhängig von den Hilfsmitteln – Tabellenbuch, EDV-Programm, Kollegen etc. – derer Sie sich bedient.

Um Kräfte »übersichtlich« und leicht berechnen zu können, zerlegt man schräge Kräfte in ihre horizontalen und vertikalen (Kraft-)Anteile. Die Spannungsnachweise für die Bemessung der Querschnitte – mehr dazu in Teil V – sind ebenfalls ausgelegt auf das lotrechte System von senkrechter oder paralleler Betrachtungsweise zum Bauteil, es entspricht also dem horizontalen und vertikalen Anteil der Kraft.

Es gibt zwei grundsätzliche Wege, sich der Aufteilung der schrägen Kraft in den vertikalen und horizontalen Anteil anzunehmen:

1. die zeichnerische Variante, in der Rechenvorgänge auf ein Minimum an Aufwand und Schwierigkeit reduziert sind, oder

2. der rechnerische Weg, bei dem nur einfache, grobe Skizzen zur Veranschaulichung des Rechenweges zwischen vielen Zahlen Platz finden.

Für die zeichnerische Lösung ...

... braucht es Papier, Lineal, Bleistift und neben ein wenig Geduld folgende Arbeitsschritte, die im Folgenden an einem konkreten Beispiel erläutert werden: Eine Kraft F hat eine Größe von 30 kN und ist unter einem Winkel von 60° geneigt.

1. Die schräge Kraft wird in Größe, Richtung und Wirkungslinie in einem passenden Maßstab aufgezeichnet:

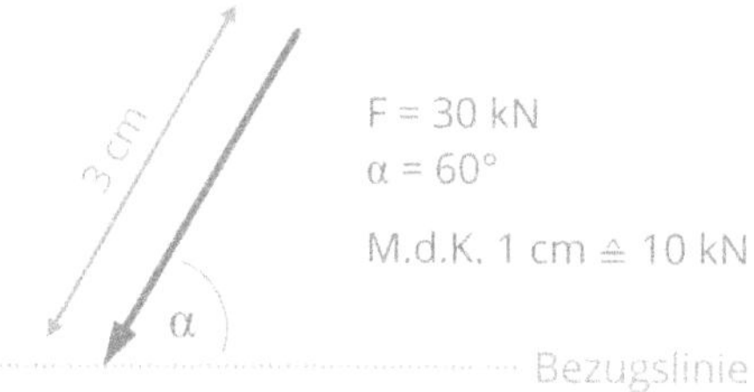

Abbildung 3.4: Kraft maßstabsgetreu antragen

M.d.K. ist die Abkürzung für Maßstab der Kräfte, was vermuten lässt, dass es noch andere Maßstäbe gibt … nämlich den Maßstab der Längen. Dazu folgt mehr in Kapitel 4.

Die zeichnerische Lösung lebt vom Maßstab und der Genauigkeit oder Präzisionsliebe des Ausführenden: Je größer der Maßstab (1:5 ist größer in der Darstellung als 1:20), desto detaillierter das Messergebnis. Je feiner der Bleistiftstrich, desto exakter das Ergebnis.

Je kleiner die aufzuteilende Kraft, desto größer muss der Maßstab sein. Mitunter ist es sinnvoll, auch halbe oder gar Viertel-Millimeter abzulesen!

Wer es ganz genau mag und es noch aus der Zeit der Ausbildung kennt, kann auch Millimeterpapier verwenden. Ein weißes Blatt Papier mit zarten Hilfslinien, die reichlich länger sind, als die zu zeichnenden Linien sind, ist eine ausreichende Alternative.

2. Horizontal und vertikal, also im Winkel von 90° zueinander, werden Hilfslinien (zarte Linien) am Anfang respektive Ende der Kraft angelegt. Die Linien dürfen dabei großzügig über den Anfangs- beziehungsweise Endpunkt der Kraft hinausragen.

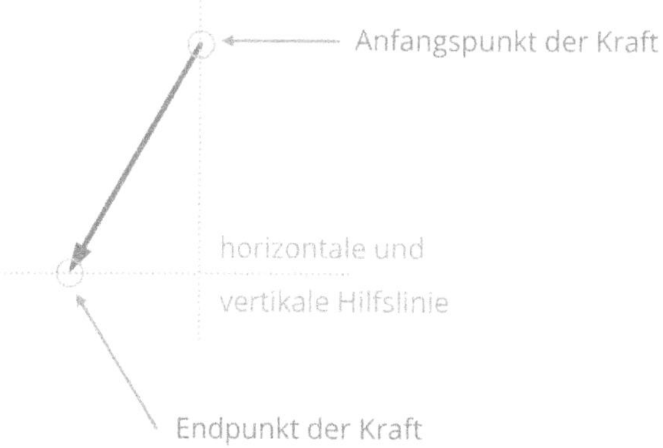

Abbildung 3.5: Hilfslinien antragen

3. Der vertikale Anteil der Kraft wird mit F_V bezeichnet und gibt die exakte Strecke vom Anfangspunkt der Kraft bis zum Schnittpunkt der Hilfslinien an. Der horizontale Anteil, abgekürzt F_H, erstreckt sich vom Schnittpunkt der Hilfslinien bis zum Endpunkt der Kraft.

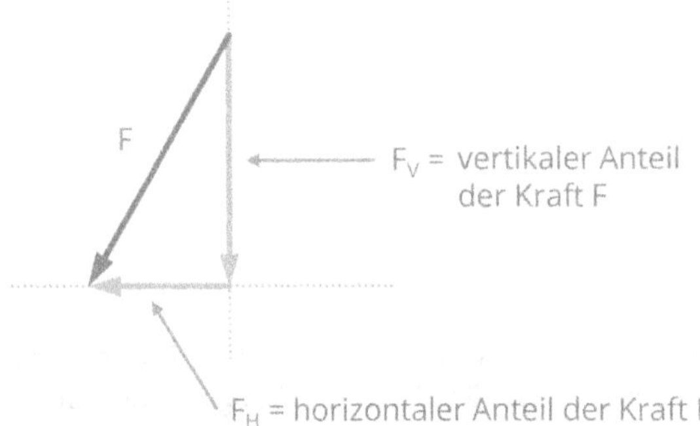

Abbildung 3.6: Den horizontalen und vertikalen Kraftanteil bestimmen

Die Richtungen von F_H und F_V müssen der Richtung von F »folgen«.

4. Über den zuvor festgelegten Maßstab können nun durch das Abmessen der beiden Strecken und das Umrechnen mit dem gewählten Maßstab die Größen von F_H und F_V ermittelt werden.

$$FH \cong 1{,}5\ \text{cm} \cdot 10\ \text{kN/cm} = 15\ \text{kN}$$

$$FV \cong 2{,}6\ \text{cm} \cdot 10\ \text{kN/cm} = 26\ \text{kN}$$

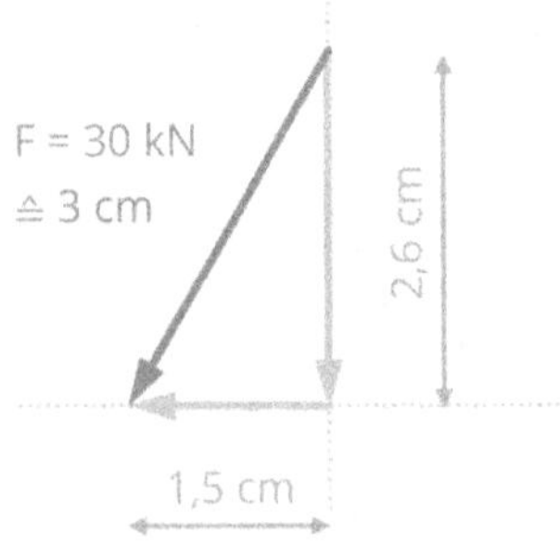

Abbildung 3.7: Größen der Kraftanteile abmessen

Die rechnerische Lösung ...

... bedient sich der Winkelfunktionen:

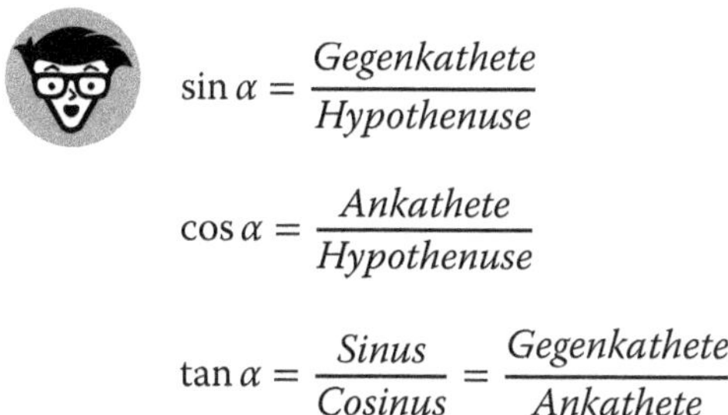

$$\sin\alpha = \frac{Gegenkathete}{Hypothenuse}$$

$$\cos\alpha = \frac{Ankathete}{Hypothenuse}$$

$$\tan\alpha = \frac{Sinus}{Cosinus} = \frac{Gegenkathete}{Ankathete}$$

Die Kraft F ist unter einem Winkel α geneigt. Sowohl die Größe von F als auch der Winkel müssen bekannt sein, um die Kraft eindeutig bestimmen zu können.

Die Tatsache, dass F_V und F_H der vertikale respektive horizontale Anteil von F sind, hat einen rechten Winkel zur Folge, weil die Hilfslinien senkrecht aufeinander stehen. Die Grundbedingung für die Anwendung der einfachen Winkelfunktionen ist also erfüllt.

Damit wird F als längste Strecke (längster Vektor) im Dreieck zur Hypotenuse, F_V wird als die dem Winkel gegenüberliegende Seite zur Gegenkathete und die am Winkel anliegende Seite F_H zur Ankathete.

Abbildung 3.8: Winkelfunktionen im Kraftdreieck

Damit ergibt sich nach Umstellung der Grundgleichungen von Sinus und Cosinus:

$$F_V = F \cdot \sin\alpha$$

$$F_H = F \cdot \cos\alpha$$

Setzen Sie für α stets Winkel $< 90°$ ein. Damit ist sichergestellt, dass die Werte für F_V und F_H auch das richtige Vorzeichen bekommen. Man kann sich zudem eine kleine Eselsbrücke bauen, um sich besser merken zu können, welche Winkelfunktion »wohin« gehört:

Der C**o**sinus hat wie der h**o**rizontale Anteil ein »**o**«.

Wenden wir das Gelernte auf unser Beispiel an, dann sind die Lastanteile der schrägen Kraft von 30kN unter 60° geneigt:

$$F_V = 30 \cdot \sin\ 60° = 25{,}98\ kN$$

$$F_H = 30 \cdot \cos\ 60° = 15{,}0\ kN$$

Vergleichbarkeit der beiden Lösungswege

Betrachten wir die erhaltenen Ergebnisse der beiden Lösungsmöglichkeiten, dann können wir folgendes feststellen: Die Abweichungen sind, dank genauer Ausführung in der zeichnerischen Variante, minimal.

Fast in Vergessenheit geraten …

Wie eingangs schon erwähnt ist die digitale Berechnung von statischen Systemen eine sehr junge Disziplin, die dennoch die seit Jahrtausenden praktizierte, zeichnerische Variante fast vollends ersetzt hat. Die Vorteile beziehungsweise Gründe liegen auf der Hand:

- ✔ Schnelle Ausgabe korrekter Ergebnisse – die Eingabe der richtigen Werte wird vorausgesetzt!
- ✔ Änderungen an den Systemen/Bauwerken sind einfach einzuarbeiten.
- ✔ Die grafische Aufarbeitung der Ergebnisse wird prompt mitgeliefert.

Wir werden dennoch die zeichnerische Lösung immer wieder verwenden, weil sie das notwendige Verständnis für die rechnerische Lösung in sich trägt. Oder anders gesagt: Die zeichnerische Lösung ist die Basis der rechnerischen Lösung und somit unerlässlich für das Verstehen von Statik.

Übung macht den Meister

Da Statik ähnlich wie Mathematik funktioniert, gilt auch hier: Übung macht den Meister.

Anhand der folgenden Beispiele möchten wir Ihnen die Möglichkeit geben, das Zerlegen von Kräften in ihren horizontalen und vertikalen Anteil zu üben, bevor Sie sich in Kapitel 4 mit komplexeren Kraftsystemen beschäftigen:

Eine unter 50° geneigte Kraft G = 18 kN soll sowohl zeichnerisch als auch rechnerisch in ihre lotrechten Anteile zerlegt werden.

Bevor Sie mit dem Rechnen beginnen, und das gilt für alle Arten von Aufgaben in diesem Buch und im realen Leben, sollten Sie kurz innehalten und eine »Beziehung« zu der Aufgabe herstellen. Sie sollten sich eindenken in die Gegebenheiten und ein inneres Bild aufbauen, um eine grobe Abschätzung der Lösung zu erhalten.

Im vorliegenden Beispiel ist eine Kraft von 18 kN gegeben. Das ist eine relativ kleine Kraft und für die zeichnerische Lösung sollte der Maßstab groß gewählt werden, um ein möglichst genaues Ergebnis zu erhalten. Ein geeigneter Maßstab ist hier 1:5. Das heißt 5 kN sind als 1cm Länge anzutragen.

Bei 1:10 würde das Kraft-Dreieck sehr klein und es wäre müßig, die Hilfslinien lotrecht und **genau** anzulegen. Weitere Ungenauigkeiten beim Ablesen addieren sich und das Ergebnis wird entsprechend »weit« von der rechnerischen Lösung abweichen. Im Maßstab 1:1 wird sich die genaueste Lösung ablesen lassen, auch wenn dafür viel Papier verwendet werden muss.

Ein paar Worte zu Richtungen, Normen und Gepflogenheiten ...

Grundsätzlich ist irgendwie alles auf dieser Welt geREGELt. Für scheinbar alles, was ist, hat der (deutsche?) Mensch einen Schriftsatz verfasst, der darüber Auskunft gibt, wie etwas zu verwenden ist. Grundsätzlich ist das eine sinnvolle Sache, weil viele verschiedene Vorgehensweisen im Miteinander von vielen verschiedenen Individuen das Leben erschweren. Egal wo auf der Welt Sie sich befinden, wenn Sie davon sprechen nach 'Norden' zu gehen, weiß Ihr Gegenüber sofort »was« gemeint ist.

Für Winkel ...

... zum Beispiel gilt in der Mathematik folgendes: Gegen den Uhrzeigersinn ist der positive Drehwinkel. Ausgangslage ist dabei die x-Achse im mathematischen Koordinatensystem. Das ist auch in der Baustatik so ... die Drehrichtung des Winkels!

Abbildung 3.9: Drehrichtung von Winkeln

Für das Koordinatensystem ...

... wird in der Baustatik ein modifiziertes System verwendet, das in DIN 1080 niedergeschrieben ist und dem Grundsatz des Kraftflusses folgt.

Die x-Achse ist die Bauteillängsachse, die y- und z-Achse beschreiben die Querschnittsebene senkrecht zur x-Achse.

Hauptaktionsfeld in der Baustatik ist die Schnittebene der y-z-Achse. Senkrechte Lasten wirken demnach in z-Richtung, horizontale Lasten, wie Wind, Wasser- oder Erddruck, dagegen in y-Richtung. Mehr dazu folgt in Teil III – Erstellen von Lastannahmen.

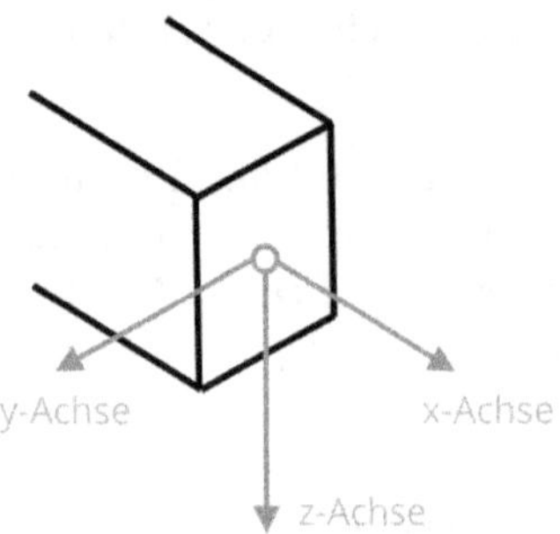

Abbildung 3.10: Koordinatensystem in der Statik

Welche Richtung, bitte?

Im oben gegebenen Zahlenbeispiel gibt es nur eine textliche Angabe. Es ist nicht wirklich klar, wie die Kraft F wirkt. Beim Winkel kann noch argumentiert werden, dass positive Winkelgrößen im mathematischen Koordinatensystem gegen die Uhr angetragen werden. Was jedoch die Richtung angeht, ist vollkommen unklar, ob die Kraft »nach oben« oder »nach unten« gerichtet ist! Intuitiv wird die Kraft »nach unten« angetragen, weil wir alle Erfahrung mit der Schwerkraft haben und ganz automatisch davon ausgehen, dass die Kraft in Richtung Erdmittelpunkt wirkt.

Ein Bild sagt mehr als 1.000 Worte ...

Um Missverständnisse zu vermeiden, sind Skizzen (Pläne) in der Baustatik daher unerlässlich. Ein fixer Bezugspunkt wird definiert und jede fachkundige Person kann Richtungen eindeutig zuordnen. Dieser Bezugspunkt ist zum Beispiel bei Grundrissplänen der Nordpfeil.

Gegen die Norm ...

Manchmal ist es (für ein konkretes Beispiel) unpraktisch die Regeln der Norm zu beachten! Dann ist es durchaus erlaubt und sinnvoll ein eigenes System zu erstellen, um so den Rechenaufwand zu vereinfachen und Verwirrungen zu minimieren. Die Abweichung von der Norm muss natürlich festgehalten werden, denn eine statische Berechnung muss prüffähig sein! Ein Dritter muss »sehen« können, was Sie bei der Berechnung »gedacht« haben.

Ein paar Worte zu Genauigkeiten

Auf der Baustelle ...

... sind in der Regel die Einheiten [cm] und [kN] vernünftige Größen, die in den meisten Fällen eine ausreichende Genauigkeit gewährleisten. Im Stahlbau hat sich aufgrund der Präzision des Werkstoffs die Längeneinheit [mm] durchgesetzt, die in der Mischbauweise oft durch [cm] ersetzt wird. Im Grundbau sind die Einheiten [m] und [MN] angebracht.

Bei der Angabe von Ergebnissen ...

... verfährt man bei den Kräften wie in der Lastannahme und gibt für Werte kleiner als 10 nach dem Komma zwei Stellen an; bei Werten zwischen 10 und 100 gibt man nur noch eine Stelle nach dem Komma an und bei Werten größer 100 ist die Nachkommastelle verzichtbar.

Nun aber zurück zum Beispiel, zur Erinnerung folgen ...

... die einzelnen Schritte für die zeichnerische Lösung:

1. Die Last im gewählten Maßstab unter dem angegebenen Winkel antragen.
2. Die vertikale und horizontale Hilfslinie mit zartem Bleistiftstrich großzügig antragen.
3. Den vertikalen Lastanteil vom Anfangspunkt der Kraft bis zum Schnittpunkt der Hilfslinien sichtbar markieren. Die Richtung der ursprünglichen Kraft ist zu beachten!
4. Der horizontale Lastanteil erstreckt sich vom Schnittpunkt der Hilfslinien zum Ende der schrägen Kraft.
5. Die Längen der Lastanteile werden gemessen und mittels des Maßstabs in die Kraftgröße umgerechnet.

Wir wählen den Maßstab von 1:5, was eine unter 50° geneigte Strecke von 3,6 cm ergibt. Sofern nichts anderes angegeben ist, gehen wir in der Baustatik immer von Gewichtskräften aus, die der Schwerkraft folgend »nach unten« gerichtet sind.

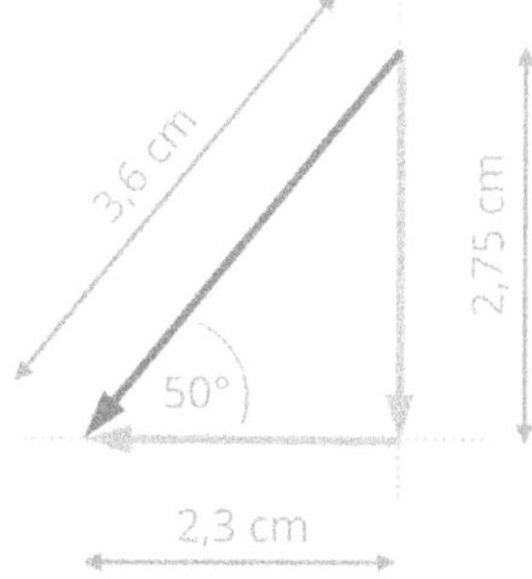

Abbildung 3.11: Schritte 1. bis 4. der zeichnerischen Lösung

Schritt 5: Die abgemessenen Strecken ergeben unter dem verwendeten Maßstab

- ✔ einen horizontalen Lastanteil F_H von 2,3 cm · 5 [kN/cm] = 11,5 kN,
- ✔ einen vertikalen Lastanteil F_V von 2,75 cm · 5 [kN/cm] = 13,75 kN.

Rechnerisch ...

... erhält man das Ergebnis übersichtlich in zwei Zeilen:

$$F_V = 18 \cdot \sin\ 50^\circ = 13{,}79\ \text{kN}$$

$$F_H = 18 \cdot \cos\ 50^\circ = 11{,}57\ \text{kN}$$

Kräfte sind Herdentiere

Da Kräfte selten allein auftreten, geht es im nachfolgenden Kapitel darum, Kraftsysteme bearbeiten zu können. Die erste neue Vokabel, die Sie lernen, um dies verstehen zu können, ist ...

... die Resultierende

Treten mehrere Kräfte gleichzeitig (in einem System) auf, so wirken sie aufeinander und bewirken zusammen ein Resultat. Diese Auswirkung vieler Einzelkräfte kann in einer einzigen Kraft zusammengefasst werden, der Resultierenden.

Die Resultierende ist die eine Kraft, welche die Einzellasten in

- ✔ Größe,
- ✔ Wirkungsrichtung und
- ✔ Angriffspunkt – Lage

ersetzt.

Stellen Sie sich drei Seile vor, die am Kopf eines Mastes befestigt sind, an denen unterschiedlich stark gezogen wird.

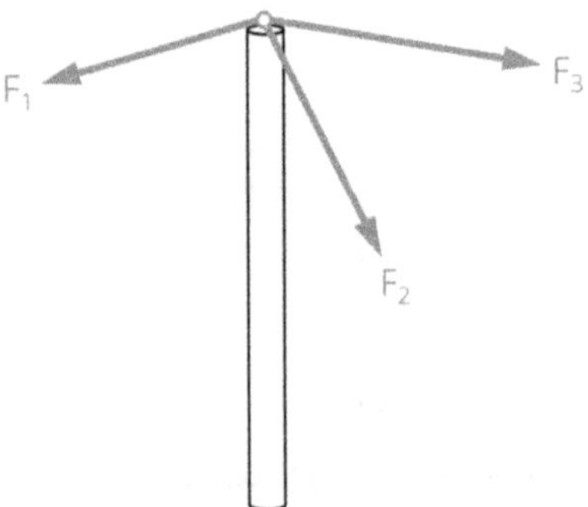

Abbildung 3.12: Kräfte an einem Masten

Soll eine Aussage über die Auswirkung der Kräfte am Kopf des Mastes getroffen werden, muss das Resultat der Belastung aus den drei Kräften ermittelt werden: Die angreifenden Kräfte werden durch die eine Kraft ersetzt oder in ihr vereint, die die Wirkung der Einzellasten exakt widerspiegelt. Diese ersetzende Kraft wird Resultierende genannt.

Wer gewinnt das Spiel?

Um den Begriff Resultierende besser zu verstehen, betrachten Sie einen Wettkampf im Tauziehen.

Abbildung 3.13: Tauziehen

Die einzelnen Personen werden durch die Kraft, mit der sie auf ihrer Seite an dem Seil ziehen, "ersetzt".

Abbildung 3.14: Die Personen werden durch Kräfte ersetzt

In Abbildung 3.13 ist zu erkennen, dass die Personen nicht, wie in Abbildung 3.14 abstrahiert, auf einer Wirkungslinie ziehen (dargestellt durch die hellgraue Punktlinie) ... Einzelheiten dazu finden Sie weiter unten. Zunächst folgt eine vereinfachte Darstellung, um den Begriff der Resultierenden zu erklären.

Auch ohne physikalische oder statische Kenntnisse von Kräften ist jedem klar, wer in diesem Spiel gewinnt: Die Seite, die »stärker« zieht, also einen Kraftüberschuss auf ihrer Seite hat. In der Statik berechnet man für jede Seite die Resultierende, indem die einzelnen Kräfte addiert werden. Da die Einzelkräfte in diesem Beispiel alle auf einer Wirkungslinie liegen, ist die Berechnung eine einfache Addition:

Die Resultierende der linken Seite wird R_{li} genannt, damit folgt:

$$R_{li} = P_1 + P_2 + P_3 + P_4 + P_5 + P_6$$

Die Resultierende der rechten Seite ergibt:

$$R_{re} = P_7 + P_8 + P_9 + P_{10} + P_{11} + P_{12}$$

Werden für die Einzelkräfte Zahlen statt Buchstaben eingesetzt, ergeben sich für R_{li} und R_{re} vergleichbare Zahlenwerte. Ist $R_{li} > R_{re}$, "gewinnt" die linke Seite, weil dort stärker gezogen wird.

Abbildung 3.15: Resultierende der Einzelkräfte R_{li} und R_{re}

Auch das Ergebnis aus dem Vergleich von R_{li} und R_{re} ist eine Resultierende.

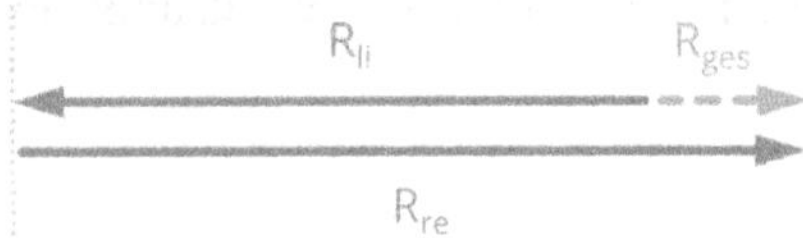

Abbildung 3.16: End-Resultierende R_{ges}

Durch die Resultierende werden komplexe Systeme zum einen drastisch vereinfacht, zum anderen ist die Auswirkung der vielen Einzelkräfte klar erkennbar.

... zurück zum Mast ...

Wenden wir das oben Gelernte auf das Beispiel des Masten aus Abbildung 3.12 an. Um die Resultierende berechnen zu können, müssen neben der Richtung der angreifenden Einzelkräfte, die bereits aus der Abbildung bekannt sind, noch folgende Angaben gegeben sein, um die Kräfte eindeutig definieren zu können:

- ✔ Größe und
- ✔ Wirkungslinie

BEISPIEL

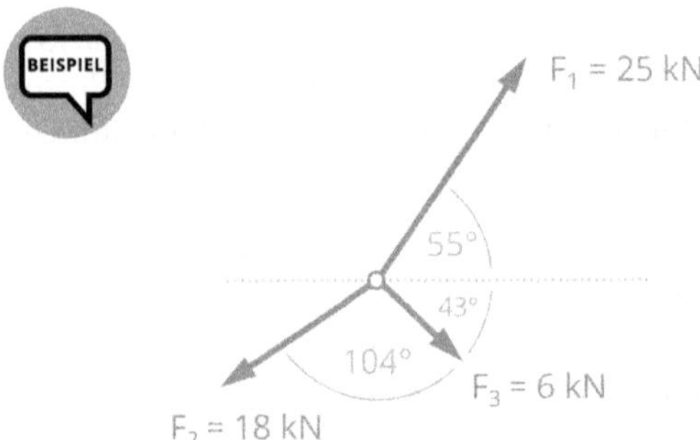

Abbildung 3.17: Angabe zu den Einzelkräften

Die rechnerische Variante ...

Jede der drei angreifenden Kräfte muss nun in die jeweilige horizontale und vertikale Komponente zerlegt werden. Für die übersichtliche und einfachere Weiterverwendung der Komponenten benutzen wir für die rechnerische Lösung eine Tabelle (siehe Tabelle 3.1). Um diese korrekt befüllen zu können, bedarf es einiger Vorüberlegungen:

- ✔ Welche Richtung soll das positive Vorzeichen haben? Im horizontalen Anteil nach »rechts« oder »links«, für die vertikale Komponente nach »oben« oder »unten«?

Von Vorteil ist es, die Richtungen so zu wählen, dass mit positiven Zahlen gerechnet werden kann. In diesem Beispiel haben wir die Richtung für die horizontalen Anteile nach »rechts« und die vertikalen Anteile nach »unten« gewählt.

Wenn Sie besser mit dem genormten System zurechtkommen, wie es in Abbildung 3.10 dargestellt ist, dann wählen Sie die Richtungen entsprechend nach unten und nach links positiv. Das Ergebnis ist, egal welche »Richtungsordnung« man wählt, immer gleich.

Für F_2 ist der Winkel relativ zu F_3 angegeben. Um die Anteile korrekt ermitteln zu können, benötigt man den Winkel zur Bezugsebene oder senkrecht zur Bezugseben:

$$180^\circ - 104^\circ - 43^\circ = 33^\circ$$

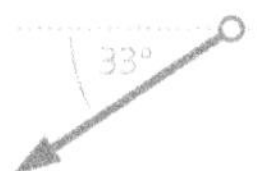

Abbildung 3.18: Den fehlenden Teilwinkel ermitteln

Mittels der Winkelfunktionen werden die einzelnen Komponenten berechnet und in die Tabelle eingetragen:

	H [kN] $\rightarrow^+$ *(nach rechts positiv)*	V [kN] $\downarrow^+$ *(nach unten positiv)*
F_1	$25 \cdot \cos 55^\circ = 14{,}34$	$-25 \cdot \sin 55^\circ = -20{,}48$
F_2	$-18 \cdot \cos 33^\circ = -15{,}1$	$18 \cdot \sin 33^\circ = 9{,}80$
F_3	$6 \cdot \cos 43^\circ = 4{,}39$	$6 \cdot \sin 43^\circ = 4{,}09$
	$\Sigma H = R_H = 3{,}63$ kN	$\Sigma V = R_V = -6{,}59$ kN

Tabelle 3.1: Horizontale und vertikale Kraftkomponenten

Die Summe der Anteile für die drei Kräfte in der jeweils gewählten Richtung ergibt dann die Komponenten R_H und R_V der Resultierenden R:

$$R_H = 3{,}63 \text{ kN und } R_V = -6{,}59 \text{ kN}$$

Um die Resultierende korrekt zu berechnen, ist es hilfreich, eine Skizze anzufertigen: Für die horizontale Richtung ist in der Tabelle »nach rechts« als die positive Richtung festgelegt worden. Die Summe der Einzelkräfte hat eine positive Zahl ergeben. Das bedeutet, dass die Richtung des horizontalen Kraftanteils der Resultierenden R_H diese Richtung behält. Beim vertikalen Anteil hat das Ergebnis eine negative Zahl ergeben, was bedeutet, dass die Richtung »nach oben« entgegengesetzt der festgelegten Richtung »nach unten« angetragen werden muss. Wenn man die Ergebnisse aus der Tabelle korrekt verarbeitet, muss die Skizze wie folgt aussehen:

Pythagoras ist mit an Bord

Für den rechnerischen Lösungsweg ist diese Skizze nicht nötig, sie hilft aber ungemein, um besser zu verstehen, was gerechnet werden muss. Mathematiker haben diese Skizze im Kopf

Abbildung 3.19: Lastanteile der Resultierenden

und wissen, dass für die Bestimmung der Größe von R der Satz des Pythagoras verwendet wird:

$$a^2 + b^2 = c^2$$

»a« und »b« stehen hierbei für die Lastanteile R_H und R_V aus der Tabelle 3.1, »c« ist die tatsächliche Größe von R. Es muss also nach »c« aufgelöst werden:

$$c = \sqrt{a^2 + b^2}$$

$$R = \sqrt{3,63^2 + (-6,59)^2} = 7,52\ kN$$

Spätestens an dieser Stelle ist es auch für eingefleischte Mathematiker unerlässlich, eine Skizze von R und den Komponenten anzufertigen, um dem Leser der Berechnung zu vermitteln, welcher Winkel für die Bestimmung der Wirkungslinie berechnet wird.

Die geneigte Resultierende R wird vom Anfangspunkt der horizontalen Lastkomponente zum Endpunkt der vertikalen Komponente angetragen.

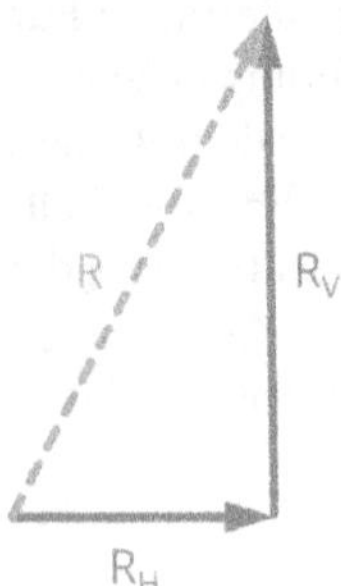

Abbildung 3.20: Richtung der Resultierenden R

In welche Richtung neigt sich der Kahn?

Bleibt als letzte Unbekannte die tatsächliche Neigung von R, also die Wirkungslinie, die durch den Winkel bestimmt wird. Bezug ist wieder die horizontale Ebene.

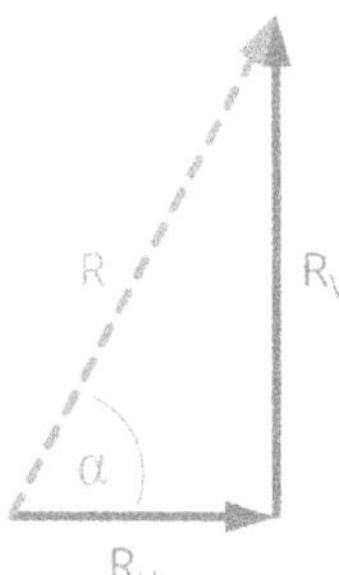

Abbildung 3.21: Neigung der Resultierenden R

Für die Bestimmung von α verwenden wir den Tangens. Sinus und Cosinus sind natürlich auch möglich, weil in dem Kraft-Dreieck nun alle drei Seiten bekannt sind. Um eine mögliche Fehlerfortführung zu minimieren, werden R_H, R_V und der Tangens verwendet, weil R selbst aus den Anteilen R_H und R_V berechnet worden ist. Diese ergeben sich wiederum mittels der Winkelfunktionen aus den ursprünglichen Kräften F_1, F_2 und F_3. Das sind viele kleine Rechenwege, die immer die Gefahr des Verrechnens bergen.

Durch die Verwendung des Tangens umgehen wir eine weitere mögliche Fehlerquelle und bedienen uns der bekannten Größen von R_H und R_V.

$$\tan \alpha = R_V/R_H$$

$$\Rightarrow \alpha = 61{,}15^\circ$$

Die zeichnerische Variante ...

Die Resultierende ist die eine Kraft, welche die Einzelkräfte ersetzt. Für die rechnerische Lösung haben wir eine Tabelle erstellt und die einzelnen Kraftanteile erst berechnet, um sie dann zu summieren. Für die zeichnerische Variante gehen wir etwas einfacher vor: Die Kräfte werden »wie sie sind« addiert, indem sie einfach aneinandergehängt werden - natürlich maßstäblich und unter dem korrekten Winkel!

Machen Sie mit: Holen Sie sich ein DIN-A4-Blatt, einen Bleistift, ein großes Geodreieck und ein Lineal.

Als Maßstab eignet sich 1:5. Das bedeutet, dass F_1 mit einer Länge von 5 cm angetragen wird. Starten Sie mit einer zarten horizontalen Linie in der Mitte des Blattes, welche die Bezugsebene darstellt. F_1 tragen Sie dann »beliebig« unter 55° an.

Kräfte zeichnerisch zu summieren, bedeutet, sie aneinander zu hängen. F_2 beginnt also am Ende von F_1. Den Winkel zur horizontalen Bezugsebene haben wir bereits mit 33° ermittelt.

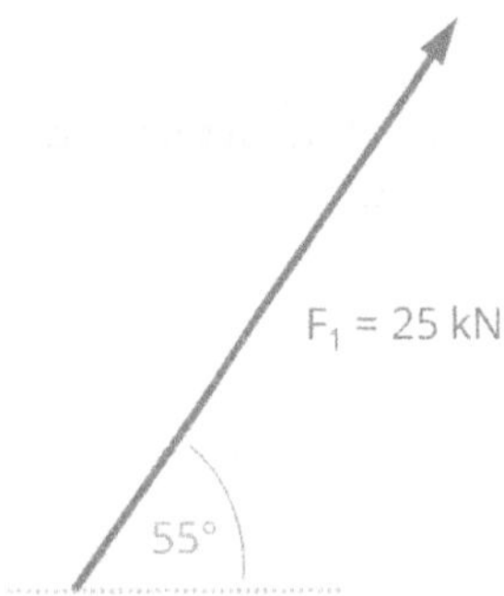

Abbildung 3.22: F_1 im Maßstab antragen

Hier hilft eine neue zarte Hilfslinie am Ende von F_1, um den Winkel korrekt antragen zu können.

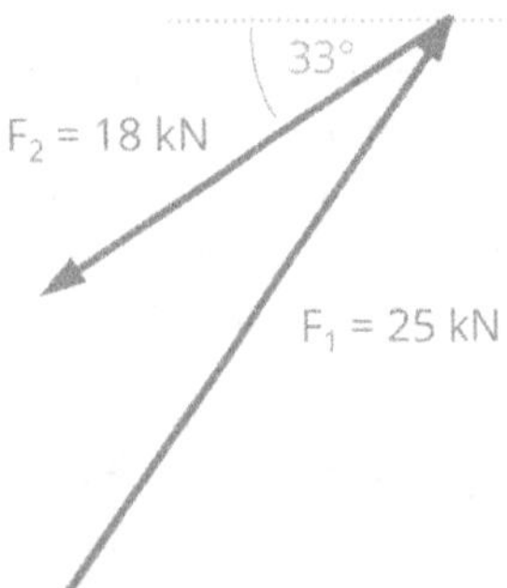

Abbildung 3.23: F_2 an F_1 anhängen

F_3 wiederrum hängt sich an F_2.

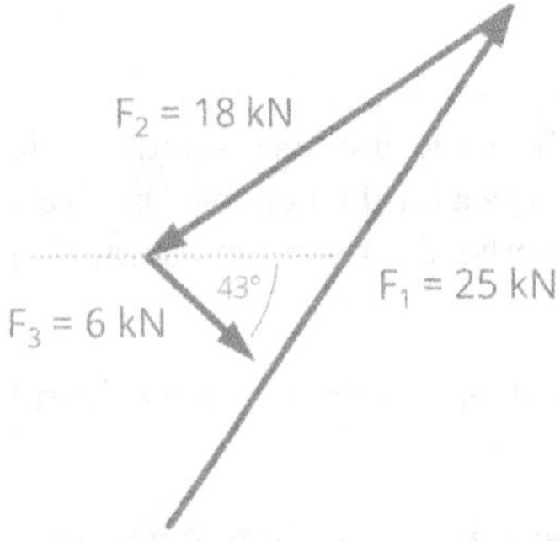

Abbildung 3.24: F_3 als letzte Kraft an F_2 anschließen

Die Resultierende ist das Ergebnis der Wirkung der Einzelkräfte und ergibt sich vom Anfangspunkt der ersten Kraft F_1 zum Endpunkt der letzten Kraft F_3.

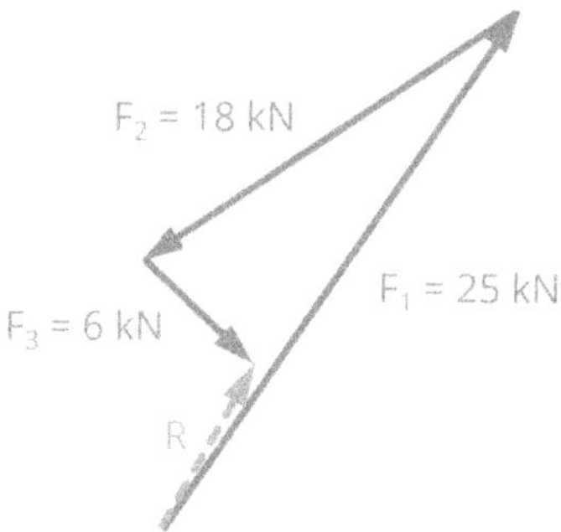

Abbildung 3.25: Die Resultierende als Summe der Einzelkräfte

Größe und Neigung werden abgelesen.

Welche Größen haben Sie in Ihrem Versuch ermittelt? Wenn Sie sauber gearbeitet haben, sollten Sie für R eine Länge von etwa 1,5 cm und einen Winkel von ca. 60° ablesen können. R ergibt sich dann zu 7,5 kN. Vergleichen Sie die Werte mit der rechnerischen Lösung.

Wenn Sie zu weit von der rechnerischen Lösung abweichen, dann haben Sie entweder nicht genau genug gearbeitet oder beim Antragen der Winkel ist ein Fehler aufgetreten.

Die Reihenfolge, in der Sie die einzelnen Kräfte antragen, ist unerheblich. Das Ergebnis ist immer gleich.

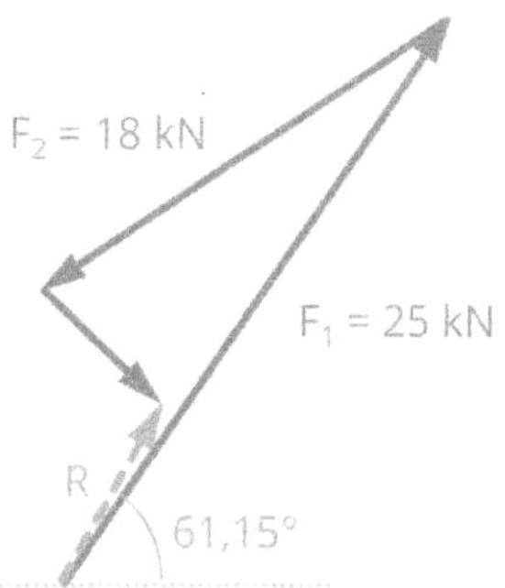

Abbildung 3.26: Die Neigung der Resultierenden

Was folgt aus der Berechnung der Resultierenden?

Die Berechnung der Resultierenden im Beispiel des Mastes zeigt, in welche Richtung er umfallen wird, wenn keine stabilisierenden Maßnahmen getroffen werden – oder besser gesagt, diese stabilisierende Maßnahme lässt sich mithilfe der Resultierenden genau definieren. Um den Masten »in Ruhe« zu halten, ist eine vierte Kraft nötig, die der Resultierenden exakt entgegenwirkt.

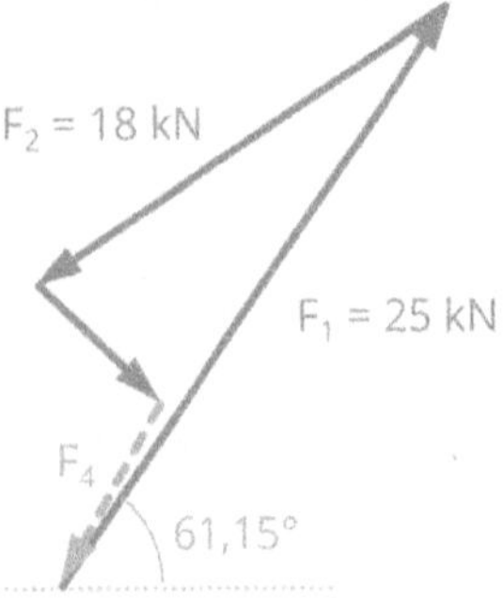

Abbildung 3.27: Die Resultierende als stabilisierende Gegenkraft

Das Krafteck ist damit geschlossen, der Anfangspunkt entspricht dem Endpunkt, die Summe aller angreifenden Kräfte ist null. Das ist eins der wesentlichen Grundprinzipien der Statik, der Lehre vom Gleichgewicht der Kräfte an ruhenden Körpern!

Versuchen Sie das nachfolgende Beispiel selbst zu rechnen bzw. zu zeichnen.

Ermitteln Sie rechnerisch die Kraft, welche den Mast stabilisiert.

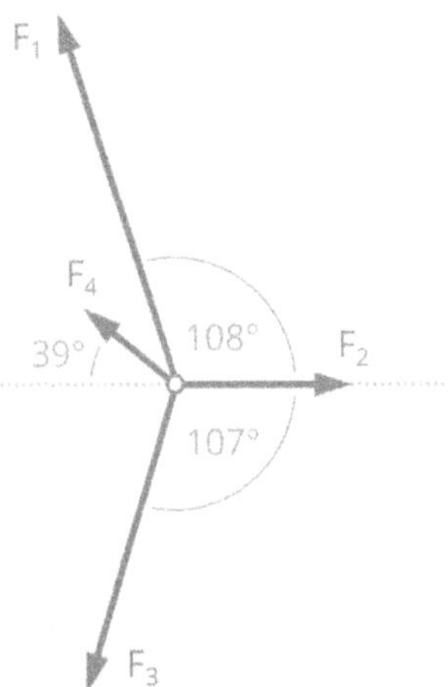

Abbildung 3.28: Angreifende Kräfte

Die auftretenden Kräfte haben dabei folgende Größen:

$F_1 = 68kN$ $F_2 = 32kN$ $F_3 = 56kN$ $F_4 = 21kN$

Bevor Sie beginnen, nehmen Sie sich wieder Zeit, sich mit der Aufgabenstellung vertraut zu machen und »Vorbereitungen« für die Lösung zu treffen. Die stabilisierende Kraft liegt zwischen F_2 und F_3 mit: F = 32,6 kN; $\alpha_R = -48{,}2°$ ($-41{,}8°$).

Das Kräftepaar und die Definition eines Moments

Zu Beginn des Kapitels haben Sie gelernt, dass eine Kraft eine Bewegung erzeugt, wenn sie auf einen Widerstand (Körper) trifft.

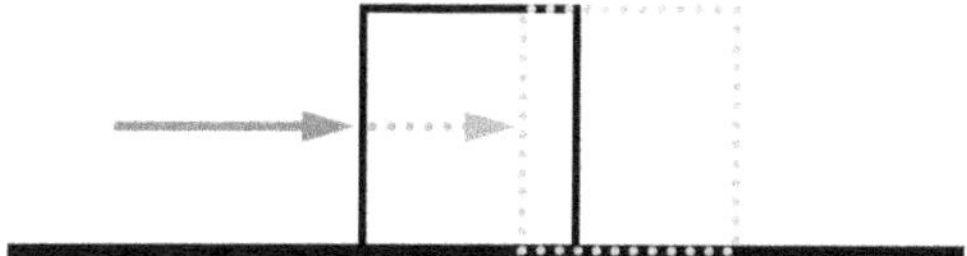

Abbildung 3.29: Eine Kraft wirkt auf einen Körper und verschiebt diesen

Wirken auf einen Körper mehrere Kräfte, so ist die daraus resultierende Auswirkung abhängig von den Parametern Größe, Richtung, Neigung und Lage der Wirkungslinie im Raum.

Der Körper bleibt in Ruhe, wenn sich die Kräfte gegenseitig aufheben, weil sie auf der gleichen Wirkungslinie entgegengesetzt wirken und natürlich gleich groß sind.

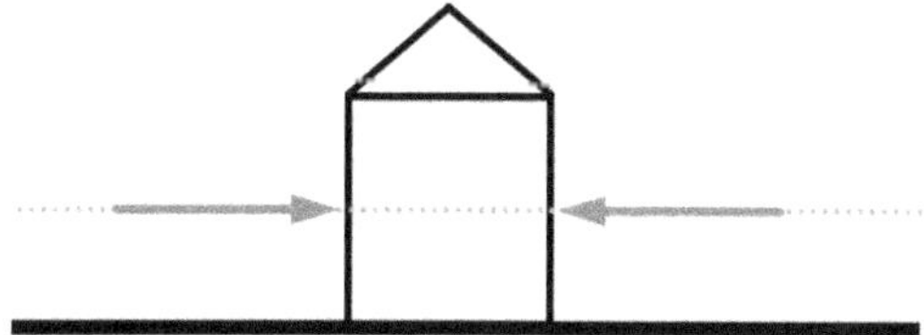

Abbildung 3.30: Sich aufhebende Kräfte

Der Körper verdreht sich, wenn die Wirkungslinien der gleich großen Kräfte zwar gleichgerichtet – also parallel – sind, aber einen Abstand zueinander haben.

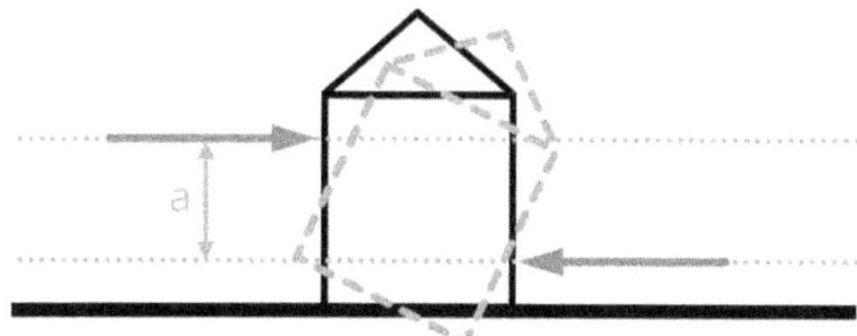

Abbildung 3.31: Ein Kräftepaar erzeugt eine Verdrehung des Körpers

Diese Bewegung wird durch das entstandene (Dreh-)Moment [kNm] erzeugt und kann wie folgt definiert werden:

$M = F \cdot a$

Moment = Kraft · Abstand

Ein Moment tritt also immer dort auf, wo eine Kraft mit einem Abstand/ Hebelarm wirkt. Um tatsächlich wirken zu können, also Einfluss auf einen bestimmten (Dreh-)Punkt auszuüben, muss die Kraft natürlich »dort« auch ankommen. Dies geschieht über ein Hilfsmittel, etwa eine Eisenstange, ein Brett oder Kantholz …

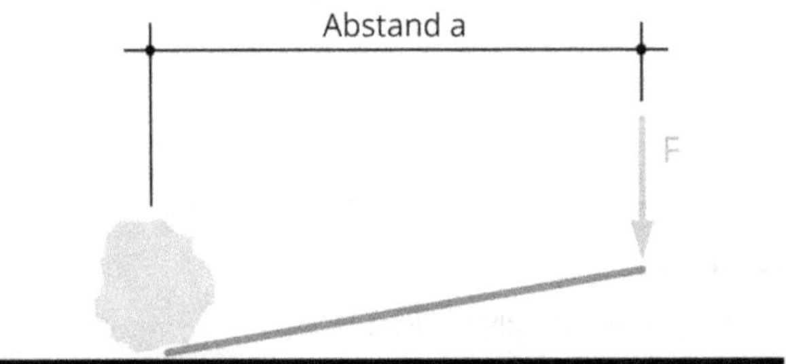

Abbildung 3.32: Eine Kraft wirkt mit Abstand auf eine Masse

Der Hebelarm

Dieser Abstand, mit dem eine Kraft auf einen Drehpunkt wirkt, wird in der Mechanik als »Hebel« bezeichnet. Sicher haben Sie schon von dem berühmtesten Zitat über den Hebel gehört, das man Archimedes zuschreibt. Es beinhaltet die Aussage, dass der Hebel nur lang genug sein müsste, um es möglich werden zu lassen, ganze Planeten aus den Angeln zu heben.

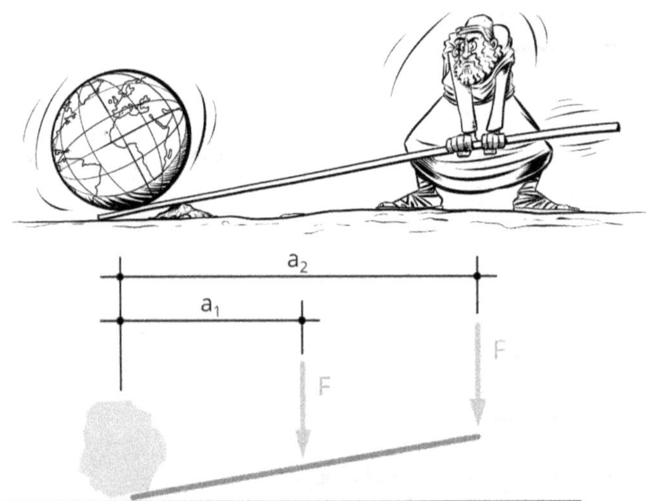

Abbildung 3.33: Verschiedene Hebel erzeugen verschieden große Momente

Der Beweis für diese Behauptung kann zumindest rechnerisch geführt werden:

Da das Moment das Produkt aus Kraft und Hebelarm ist, kann mithilfe eines »unendlich« langen Hebelarms jede Masse bewegt werden, weil auch das Moment »unendlich« groß wird.

Im Beispiel in Abbildung 3.33 sollen die beiden Kräfte F gleich groß sein, nur der Hebel verändert sich. Damit gilt:

$$M_1 = F \cdot a_1 \quad \text{und} \quad M_2 = F \cdot a_2$$

Weil $a_2 > a_1$ ist auch $M_2 > M_1$

Der Hebelarm ist immer der **kürzeste** Abstand zwischen Drehpunkt und Wirkungslinie der Kraft – siehe Abbildung 3.34.

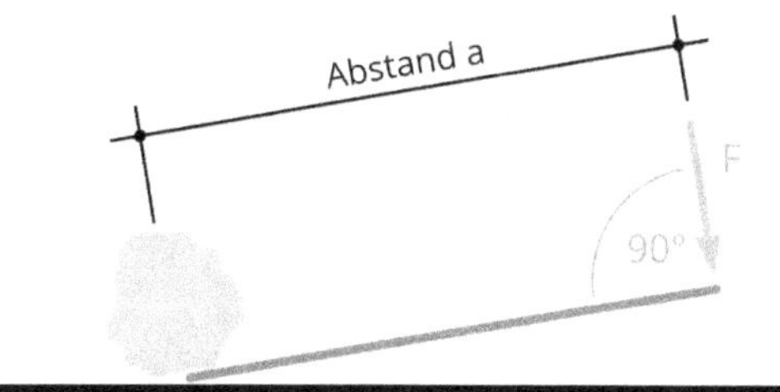

Abbildung 3.34: Kürzester Abstand vom Drehpunkt zur Kraft

Dies bedeutet, dass der Winkel zwischen Abstand und Kraft 90° beträgt, sie also senkrecht zueinander stehen. Die Neigung oder Lage des tatsächlich genutzten Hebels in Form der erwähnten Eisenstange oder des Kantholzes geht mitunter gar nicht in die Berechnung des Drehmomentes ein!

Spannende Details

Interessant ist, dass der Hebelarm für ein Kräftepaar unterschiedlich sein kann und das Moment gleich groß bleibt. Wie ist das nun zu verstehen? Ein Kräftepaar besteht aus zwei gleich großen Kräften, die einen Abstand zueinander haben.

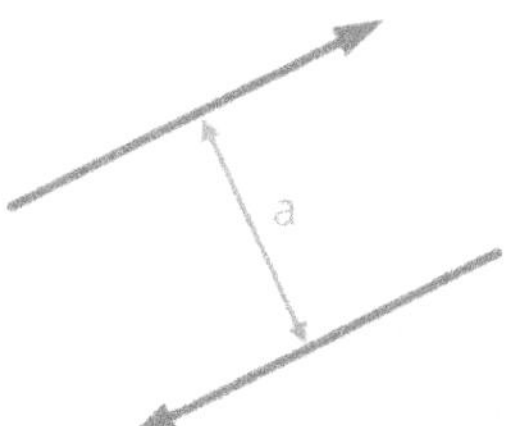

Abbildung 3.35: Kräftepaar mit Abstand a

Das erzeugte Moment ergibt sich zu $M = F \cdot a$.

Wird nun ein beliebiger Drehpunkt D zwischen den beiden Kräften gewählt, ergeben sich für die einzelnen Kräfte neue Hebelarme.

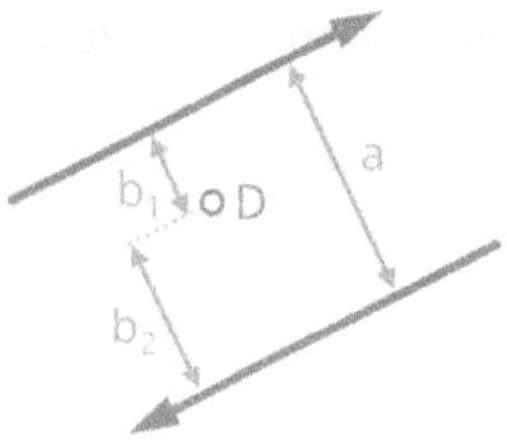

Abbildung 3.36: Kräftepaar mit einem Drehpunkt D

Das erzeugte Moment am Drehpunkt D ergibt sich zu

$M = F \cdot b_1 + F \cdot b_2$ ... Kraft mal Hebelarm für jede einzelne Kraft ...

$M = F \cdot (b_1 + b_2)$ ... F ausklammern ...

$M = F \cdot a$ ... ergibt die ursprüngliche Gleichung und damit auch die ursprüngliche Größe des Moments!

Was passiert, wenn der Drehpunkt außerhalb des Kräftepaares liegt?

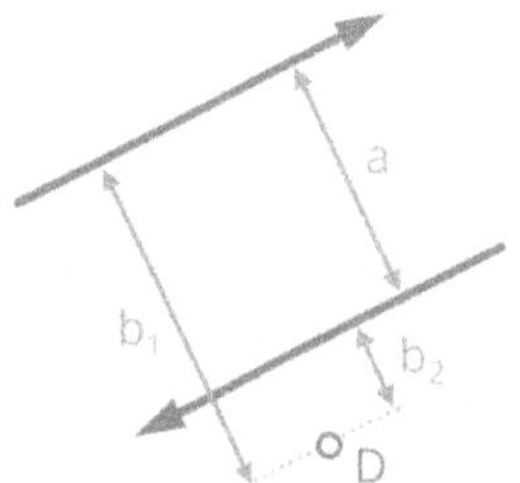

Abbildung 3.37: Kräftepaar mit einem Drehpunkt D außerhalb

Das erzeugte Moment am Drehpunkt D:

$M = F \cdot b_1 - (!)\ F \cdot b_2$ VORSICHT! Beachten Sie den Drehsinn um D!!!

$M = F \cdot (b_1 - b_2)$ ... F ausklammern ...

$M = F \cdot a$ ... ergibt die ursprüngliche Gleichung.

Schwindelig vom Drehsinn der Momente

Etwas, das noch nicht behandelt wurde, ist der Drehsinn der Momente. Kräftepaare bewirken »Drehungen«, wenn sie auf Körper/ Widerstand treffen oder eine Kraft mit einem Hebel auf einen Punkt wirkt. Dabei kann dieser Drehsinn mit oder gegen die Uhr erfolgen.

Stellen Sie sich vor, Sie müssten die Reifen Ihres Autos wechseln und stehen mit dem Schraubenschlüssel in der Hand vor dem Rad. Sie setzen den Schlüssel auf die Schraube und drehen nun ... in welche Richtung? Rechtsherum, also mit der Uhr? Oder gegen die Uhr? Die Schraube soll sich öffnen ...

Wenn an einem Körper mehrere Kräfte mit einem Hebel wirken, so ist der Drehsinn jeder dieser Kräfte um den Drehpunkt von Bedeutung, denn dieser bestimmt den Drehsinn des Moments (um diesen Drehpunkt).

Der Drehsinn des Kräftepaares im Beispiel hat um den Drehpunkt die gleiche Richtung, nämlich gegen die Uhr.

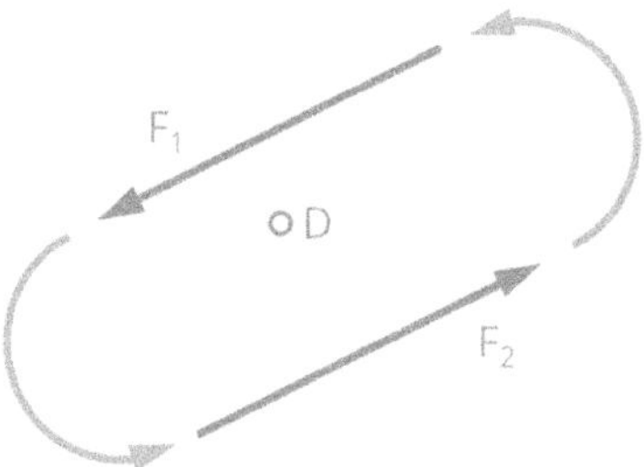

Abbildung 3.38: Drehsinn der Kräfte um den Drehpunkt

Ändert sich die Richtung der Kraft, ändert sich auch der Drehsinn um den Drehpunkt.

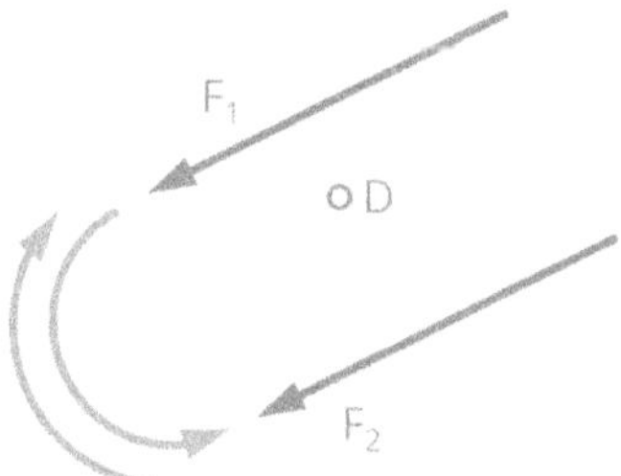

Abbildung 3.39: Richtungsänderung der Kraft und somit auch des Moments

Dadurch ergeben sich völlig neue Bedingungen für die Beanspruchung/Verdrehung des Körpers, auf den dieses Kräftepaar wirkt.

Sind F_1 und F_2 (immer noch) gleich groß, dann erzeugt F_2 das größere Moment um den Drehpunkt D, weil der Abstand (= Hebelarm) zu D größer ist als für F_1. Der Körper wird sich also mit der Uhr verdrehen.

Rolle rückwärts

Ist ein Moment M und der Abstand a einer Kraft F zum Angriffspunkt bekannt, so kann durch Umstellen der Gleichung die Größe der Kraft ermittelt werden:

$$F = M/a$$

Kraft = Moment/Abstand

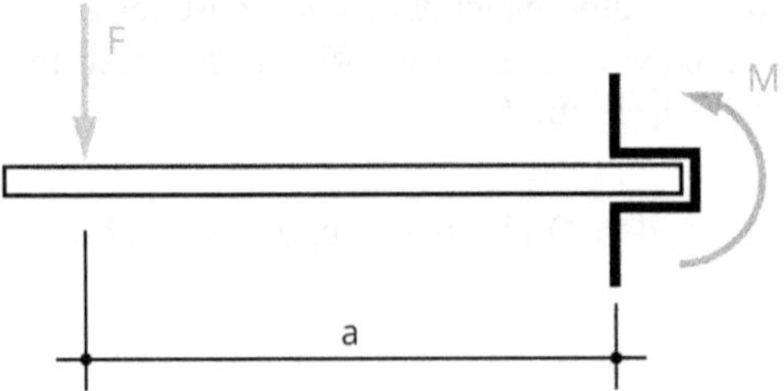

Abbildung 3.40: Bekanntes Moment an einem Bauteil

Für das bekannte Moment kann über den Abstand (= Hebelarm) die wirkende Kraft F ermittelt werden. Wäre das Bauteil in Abbildung 3.40 ein Vordach, so könnte mit der Größe von F die Dimension einer möglichen Stütze ermittelt werden.

IN DIESEM KAPITEL

Zentrales Kraftsystem und allgemeines Kraftsystem

Rechnerische Bestimmung der Resultierenden

Zeichnerische Lösung: das Seileckverfahren

Kapitel 4
Kraftsysteme

Kräfte sind uns bekannte Herdentiere. Sie treten, wie in Kapitel 3 beschrieben, selten allein auf. Komplexe Systeme, und das sind Bauwerke immer, egal wie einfach die Konstruktion sein mag, haben komplexe ... nennen wir es hier erst einmal Krafthäufungen.

Je nachdem, ob die Kräfte an nur einer zentralen Stelle oder an mehreren verschiedenen Stellen am Träger/Bauteil angreifen, unterscheidet man das **zentrale Kraftsystem** und das **allgemeine Kraftsystem**.

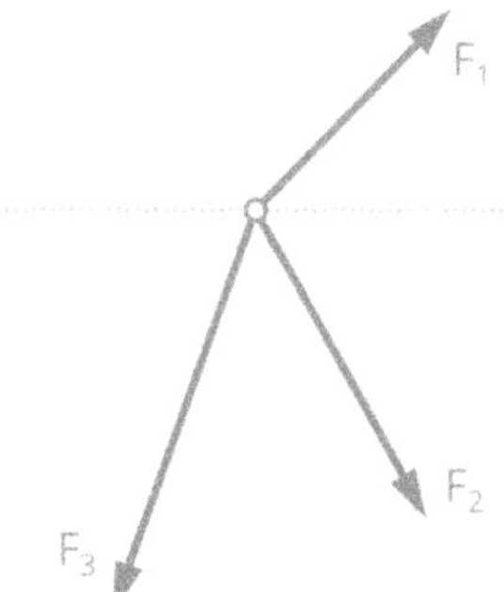

Abbildung 4.1: Zentrales Kraftsystem – die Kräfte greifen an einem Punkt an

Die einzelnen Kräfte haben ihrer Größe entsprechend Auswirkungen auf das Bauteil, die es zu kennen gilt, um eine ausreichende Bemessung (Dimensionierung) dieses Bauteils festlegen zu können. Es gilt also, die Resultierende der angreifenden Einzelkräfte in Größe, Lage und Richtung zu kennen. Die Ermittlung von Größe und Lage der Resultierenden

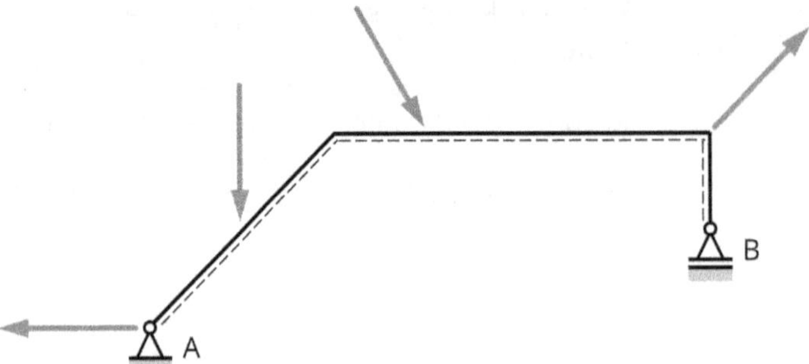

Abbildung 4.2: Allgemeines Kraftsystem – die Kräfte greifen an unterschiedlichen Stellen an

wird in Kapitel 3 erläutert; in diesem Kapitel folgt die Bestimmung der Lage im allgemeinen Kraftsystem.

Das zentrale Kraftsystem

Die Lage, also der Angriffspunkt der Resultierenden, ist beim zentralen Kraftsystem sofort ersichtlich und bedarf keiner weiteren Berechnung oder Überlegung. Was jedoch Größe und Richtung betrifft, lässt sich nur anhand der Skizze keine verlässliche Aussage treffen …

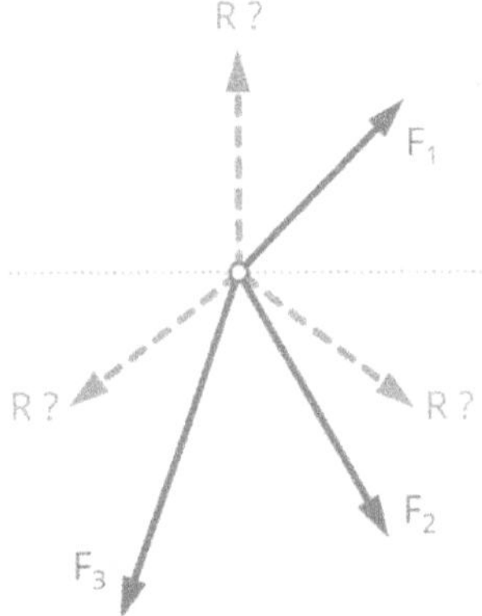

Abbildung 4.3: Wie wirkt die Resultierende?

… Größen und Richtungen der Einzelkräfte werden benötigt.

Wir möchten die Ermittlung der Resultierenden anhand eines Beispiels erklären. Bitte seien Sie mutig und versuchen Sie, gleich selbst (mit) zu rechnen. Alles Nötige dazu finden Sie in Kapitel 3.

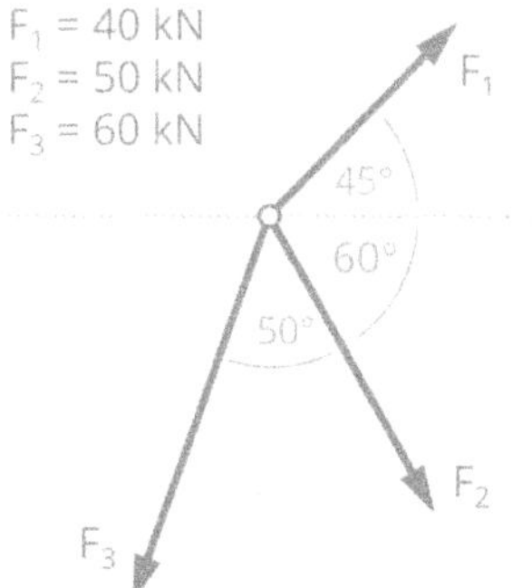

Abbildung 4.4: Zahlenbeispiel zentrales Kraftsystem

Mit den konkreten Angaben von Größe und Neigungsrichtung der Einzelkräfte können Sie bereits beim bloßen Betrachten des Systems eine Ahnung davon bekommen, wie sich die Resultierende ausbilden wird.

Wir, als praktizierende Dozenten für Baustatik, empfehlen unseren Schülern und Studierenden stets vor dem eigentlichen Berechnen kurz innezuhalten und das System ganzheitlich zu erfassen. Für dieses konkrete Zahlenbeispiel bedeutet das, eine grobe Einschätzung der tatsächlichen Größe und Richtung der Resultierenden zu ermitteln. Damit wird zum einen das Bewusstsein für die Aufgabe geschärft und zum anderen später der Abgleich mit dem Rechenergebnis möglich. Gibt es große Abweichungen, kann das bei ausreichender Erfahrung in der Berechnung von Statik der Hinweis auf einen Rechenfehler sein. Ihnen als Neuling in der Baustatik wiederrum hilft der Abgleich mit dem Rechenergebnis, das Abschätzen zu optimieren.

Die rechnerische Lösung

Wenn Sie anwenden, was Sie in Kapitel 3 über das Zerlegen von Kräften gelernt haben, dann erhalten Sie für die vertikalen beziehungsweise horizontalen Kraftanteile die folgenden Einzelwerte (übersichtlich in einer Tabelle dargestellt):

	H [kN] $\leftarrow^{+}$	V [kN] $\uparrow^{+}$
F_1	$-40 \cdot \cos 45° = -28{,}28$	$40 \cdot \sin 45° = 28{,}28$
F_2	$-50 \cdot \cos 60° = -25{,}00$	$-50 \cdot \sin 60° = -43{,}30$
F_3	$60 \cdot \cos 70° = 20{,}52$	$-60 \cdot \sin 70° = -56{,}38$
	$\Sigma H = R_H = -32{,}76$ kN	$\Sigma V = R_V = -71{,}40$ kN

Tabelle 4.1: Horizontale und vertikale Kraftkomponenten

WICHTIG: Legen Sie die Richtungen der horizontalen und vertikalen Anteile vor Beginn der Rechnung fest und folgen Sie dieser Richtung innerhalb der Rechnung konsequent.

Das Resultat der Auswirkungen und somit zugleich der horizontale respektive vertikale Lastanteil der Resultierenden sind sofort ersichtlich: ΣV und ΣH, wobei $\Sigma V = R_V$ also der vertikale Anteil der Resultierenden und $\Sigma H = R_H$ der horizontale Anteil der Resultierenden ist (siehe Abbildung 4.5). Bedenken Sie, dass die Richtung sowohl für R_V als auch R_H entgegengesetzt der festgelegten Richtung liegt, da für beide Summenwerte ein negatives Vorzeichen berechnet wurde.

Wie steht es um die tatsächliche Länge und Größe der Resultierenden?

Die Größe der Resultierenden …

… bestimmen wir mit Hilfe des Satzes von Pythagoras, welcher besagt, dass in einem rechtwinkligen Dreieck die Summe der Quadrate der kürzeren Strecken dem Quadrat der längsten Strecke entspricht.

Da das Quadrat negativer Zahlen immer ein positives Ergebnis ergibt, müssen wir die negativen Vorzeichen der Tabellenwerte bei der Größenermittlung von R nicht weiter beachten und setzen nur die Beträge der Summenzahlen ein:

$$R = \sqrt{71{,}40^2 + 32{,}76^2} = 78{,}56 \text{ kN}$$

Der klare Nachteil der rechnerischen Lösung gegenüber der zeichnerischen ist, dass alles sehr »abstrakt« im Kopf und mittels Zahlen erfolgt. Die »Vorstellung« dessen, was man da eigentlich genau macht, ist schwierig. Und da der Mensch zuerst respektive sehr viel schneller visuell versteht, geschieht es fast von selbst, dass im Kopf, zeitgleich ein Bild entsteht, welches das Verständnis verbessert. Im Fall des Satzes des Pythagoras: ein rechtwinkliges Dreieck. Dazu erfahren sie weiter unten mehr.

Die Neigung der Resultierenden

Bei der Ermittlung der Neigung der Resultierenden sind die Vorzeichen von ΣV und ΣH sehr wohl zu beachten. Rein aus der Berechnung der Größe der Resultierenden R ist eine Richtung/Neigung nicht zu erkennen.

Nun ist eine Skizze unumgänglich, um selbst und anderen aufzeigen zu können, was zu rechnen ist. Skizzen sind unmaßstäblich und sollen abstrakte oder lange Rechenwege bildlich unterstützen oder zusammenfassen.

Die festgelegten Richtungen von V und H (in der 1. Zeile von Tabelle 4.1 ersichtlich) zeigen an, wie die Kräfte angetragen werden müssen. Dabei spielen die Vorzeichen von ΣV und ΣH jetzt die entscheidende Rolle: ist das Ergebnis der Summenkräfte (ΣV, ΣH) positiv, ist die vorgegebene Richtung einzuhalten; ist das Ergebnis negativ, darf der Richtung nicht gefolgt werden respektive muss entgegengesetzt angetragen werden. In unserem Beispiel ergibt sich sowohl für ΣV als auch ΣH ein negatives Vorzeichen und die Richtungen müssen in beiden Fällen entgegengesetzt gezeichnet werden: V nach unten, H nach rechts.

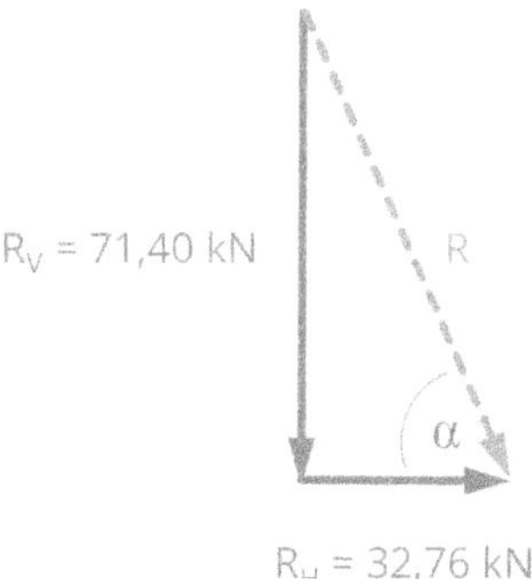

Abbildung 4.5: Skizze zur Ermittlung der Richtung der Resultierenden

Den Neigungswinkel α der Resultierenden haben wir innerhalb des Kraftdreiecks angesetzt, für den direkten Bezug zu den Kraftkomponenten und die korrekte Anwendung der Winkelfunktionen gilt:

Gegeben sind, bezogen auf den Winkel α, die Gegenkathete und die Ankathete. Damit ergibt sich für die Berechnung von α der Tangens:

$$\tan \alpha = 71{,}40/32{,}76 \Rightarrow \alpha = 65{,}35°$$

Somit sind Größe, Lage und Richtung der Resultierenden bekannt, und es ist klar, dass sich das System nach »rechts unten« bewegen wird, als Auswirkung des Zusammenwirkens der drei Einzelkräfte.

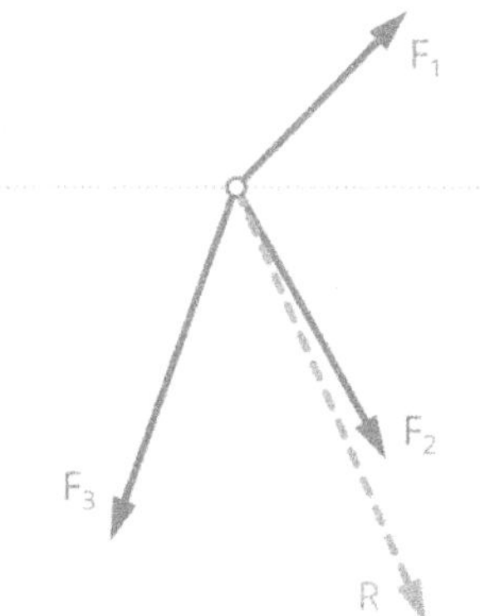

Abbildung 4.6: Lage und Richtung der Resultierenden aus F_1, F_2 und F_3

Soll das System in Ruhe gehalten werden, so muss eine vierte (Halte-)Kraft F_4, die in Lage und Richtung exakt gegengesetzt zu R ist, angreifen. Die Größe von F_4 beträgt damit 78,56 kN.

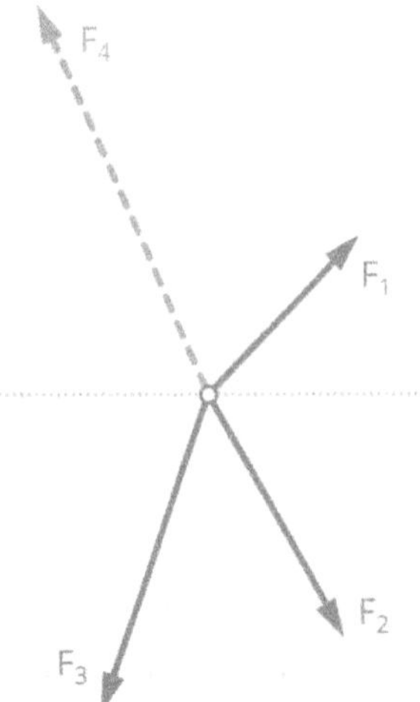

Abbildung 4.7: Lage und Richtung der stabilisierenden Kraft F_4

Die zeichnerische Lösung

Die zeichnerische Lösung für das zentrale Kraftsystem kennen Sie bereits aus Kapitel 3: Als Handwerkszeug benötigen Sie ein ausreichend großes Stück Papier, einen feinen Bleistift, ein langes Lineal und ein Geodreieck für die Winkelbestimmung. Machen Sie eine kurze Lesepause und holen Sie sich Ihr Werkzeug; ein DIN-A4-Blatt ist hier ausreichend (und Karopapier sehr hilfreich bei den ersten Aufgaben).

Die Einzelkräfte sind in Größe und Neigung gegeben und werden in einem passenden Maßstab sprichwörtlich »aneinandergehängt« (mehr dazu finden Sie in Kapitel 3). Für unser Beispiel ist ein Maßstab von 1:10 ein gutes Maß: 1 cm entsprechen dabei 10 kN. Somit wird F_1 mit 4 cm angetragen, F_2 mit 5 cm und F_3 mit 6 cm.

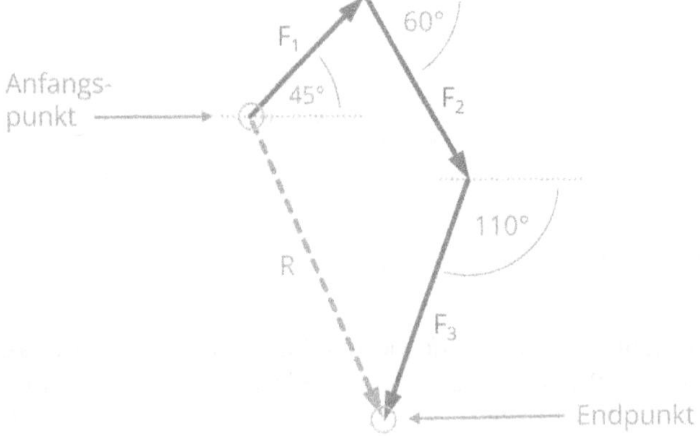

Abbildung 4.8: Kräfteplan – Aneinandergehängte Einzelkräfte ergeben die Resultierende R

Achten Sie beim Antragen der Kräfte unbedingt auf die Winkel, die sich immer auf die horizontale Bezugslinie beziehen! Für F_3 ergibt sich demnach $50 + 60 = 110°$.

Die Resultierende ist die Summe aller Einzelkräfte und ergibt sich damit vom Anfangspunkt der ersten Kraft bis zum Endpunkt der letzten Kraft. Größe und Richtung von R werden aus der Zeichnung herausgemessen und mit dem gewählten Maßstab umgerechnet. Der Angriffspunkt der Resultierenden ist der zentrale Punkt, an dem alle Kräfte angreifen. Haben Sie sorgfältig gearbeitet, dann stimmen Ihre Zeichenwerte exakt mit den Rechenwerten überein. Für die zeichnerische Lösung ist also tatsächlich kein einziger Rechenvorgang nötig!

Das allgemeine Kraftsystem

Im allgemeinen Kraftsystem haben die einzelnen Kräfte eine beliebige Lage im System/ am Träger. Die Auswirkung der angreifenden Einzelkräfte, also die sich ergebende Verschiebung oder Rotation des Systems, ist damit selbst bei Angabe der Kraftgrößen nur schwer abschätzbar. Bleibt nur die Bestimmung der Resultierenden mit den uns bekannten Rechenwegen und zeichnerisch mittels einer Erweiterung des Kräfteplans.

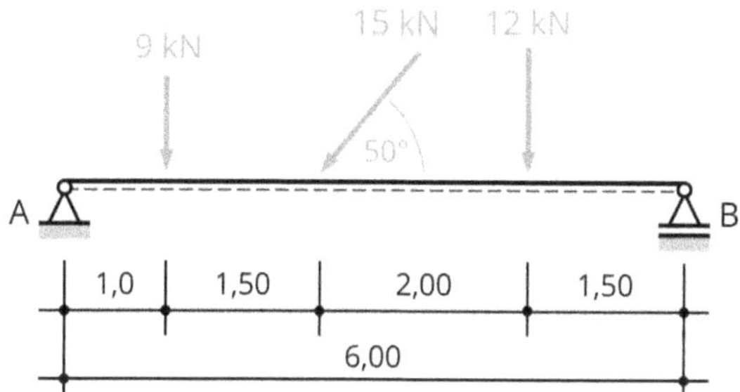

Abbildung 4.9: Allgemeines Kraftsystem mit Größenangaben

Die rechnerische Ermittlung von Größe und Richtung der Resultierenden haben Sie bereits kennengelernt. Nehmen Sie das Kraftsystem aus Abbildung 4.9 und fertigen Sie die Tabelle mit den vertikalen und horizontalen Lastanteilen der Einzelkräfte an. Beachten Sie die Richtungen von H und V …

Die rechnerische Lösung

Im Handumdrehen quadriert und aus der Summe die Wurzel gezogen, ergibt sich die Resultierende zu 33,9 kN.

$$R = \sqrt{32{,}49^2 + 9{,}64^2} = 33{,}9\ kN$$

Den Winkel ermitteln Sie flugs mit dem Tangens und fertigen für das bessere Verständnis zusätzlich eine Skizze an.

	V [kN] ↓⁺	H [kN] ←⁺
F_1	9,0	0
F_2	$15 \cdot \sin 50° = 11{,}49$	$15 \cdot \cos 50° = 9{,}64$
F_3	12,0	0
	$\Sigma V = R_V = 32{,}49$ kN	$\Sigma H = R_H = 9{,}64$ kN

Tabelle 4.2: In Kraftanteile zerlegte Kräfte

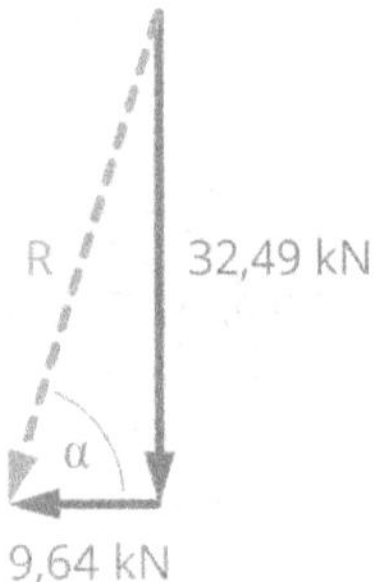

Abbildung 4.10: Kraftanteile R_V und R_H sowie die Resultierende R mit Winkel α

Der Neigungswinkel α errechnet sich zu:

$$\tan\alpha = \frac{32{,}49}{9{,}64} \quad \Rightarrow \quad \alpha = 73{,}5°$$

So weit, so gut. Größe und Richtung der Resultierenden sind bekannt. Die Auswirkung der einzelnen Einwirkungen kann diesbezüglich benannt werden. Nur ... an welcher Stelle im System greift die Resultierende an?

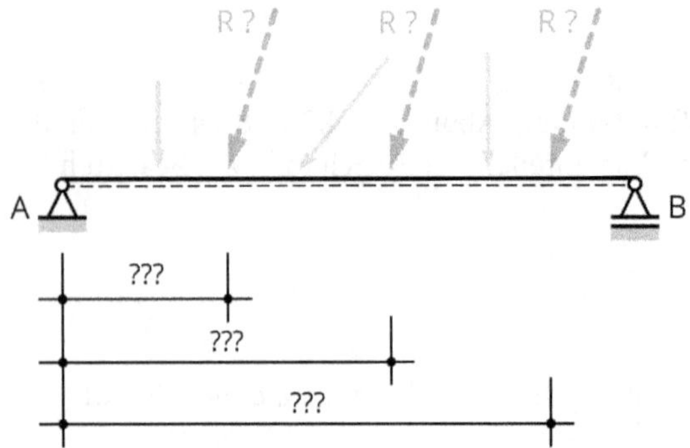

Abbildung 4.11: Wo greift die Resultierende R an?

Um die Lage, also den Angriffspunkt der Resultierenden, zu bestimmen, bedienen wir uns des Momentensatzes.

Zur Erinnerung: Die Resultierende ersetzt die Einzelkräfte in ihren Wirkungen.

Der Momentensatz

Was wir bisher nur auf die Kräfte angewandt haben, erweitern wir nun auf die Momente: Die Summe der Momente aus den Einzelkräften wird durch das Moment der Resultierenden ersetzt. Statt »ersetzt« kann man auch »gleichgesetzt« schreiben. Oder anders formuliert: Was von den Einzelkräften bewirkt wird, muss auch die Resultierende bewirken:

$$F_1 \cdot a_1 + F_2 \cdot a_2 + F_3 \cdot a_3 = R \cdot a_R \tag{4.1}$$

Die a_i sind dabei die Hebelarme in den festzulegenden Drehpunkt, entweder Punkt A oder Punkt B. Für die Erklärung haben wir uns für A als Drehpunkt entschieden und die Hebelarme damit »a« benannt.

Für die Einzelkräfte können die Hebelarme eindeutig bestimmt werden, da deren Lage im System angegeben ist. Bleibt als einzige Unbekannte in der Gleichung (4.1): a_R, der Hebelarm der Resultierenden in den festgelegten Drehpunkt. Et voilà … die Lage der Resultierenden wird durch das Umstellen der Gleichung und Auflösung nach a_R bestimmt.

$$a_R = \frac{F_1 \cdot a_1 + F_2 \cdot a_2 + F_3 \cdot a_3}{R}$$

Erinnern Sie sich an die Definition des Begriffes Hebelarm aus Kapitel 3: Der Hebelarm ist der **kürzeste** Abstand vom Drehpunkt zur Wirkungslinie der Kraft

Je nach Drehpunkt ergeben sich dann die jeweiligen Hebelarme:

Im Fall der schrägen Kraft F_2 bedarf es eines gewissen Rechenaufwands, um die Hebelarme zu bestimmen, und das natürliche Bedürfnis des technisch interessierten Menschen, die Dinge einfach zu gestalten beziehungsweise gute (= einfache) Lösungen für komplexe Herausforderungen zu finden, regt sich. Und wieso nun wieder schräge Kräfte? Dazu folgt unten mehr. Zuerst folgt der mathematische Weg der Bestimmung von a_2 anhand von Abbildung 4.13.

Die bekannte horizontale Länge von 2,50 m ist die Hypotenuse und der gesuchte Hebelarm die Gegenkathete zum Winkel 50°.

$$a_2 = 2{,}50 \cdot \sin\ 50^\circ \Rightarrow a_2 = 1{,}915\,\text{m}$$

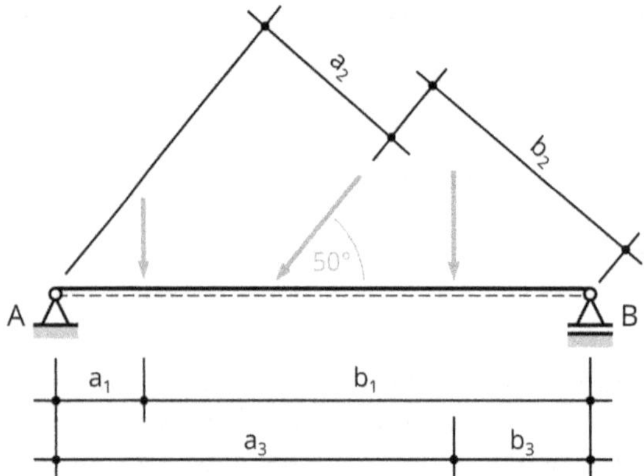

Abbildung 4.12: (Senkrechte) Hebelarme der Einzelkräfte

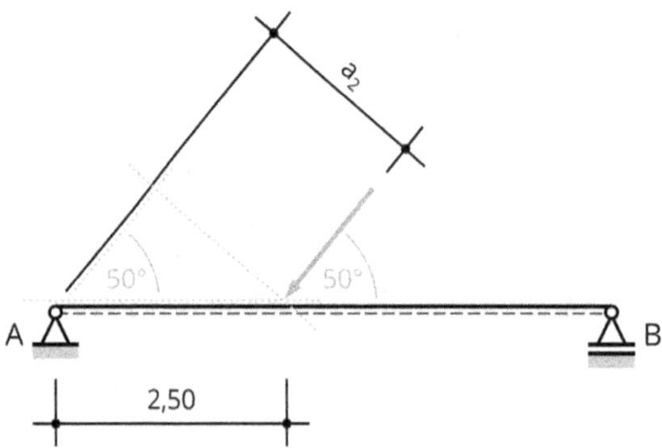

Abbildung 4.13: Bestimmung von a_2 am Dreieck

Um die Winkelfunktionen anwenden zu können, bedarf es eines rechtwinkligen Dreiecks, das sich in komplexeren Systemen als unserem Beispiel nur über die teils langwierige Ermittlung von weiteren Längen korrekt darstellen lässt ... und da Sie hier ein »Für Dummies«-Buch in Händen halten, wollen wir Ihnen zeigen, wie das auch einfacher zu händeln ist.

Mach es einfach

In Kapitel 3 haben wir ausführlich erläutert, dass schräge Kräfte unnötig schwer zu handhaben sind und wir sie daher in den horizontalen und vertikalen Anteil zerlegen. Es ist natürlich konsequent, bei der Ermittlung der Hebelarme wieder damit anzufangen. Also rechnen wir für die schräge Kraft von nun an unbeirrt mit den lotrechten Anteilen, dann wird die Bestimmung des Hebelarms eine recht einfache Sache:

Den horizontalen Anteil von F_2 haben wir zwecks der Leserlichkeit leicht oberhalb der Bezugslinie gezeichnet. Tatsächlich wirkt die Kraft natürlich auf der Bezugslinie/im Bauteil. So können die Hebelarme für die Lastanteile mittels der gegebenen Maßketten ermittelt werden.

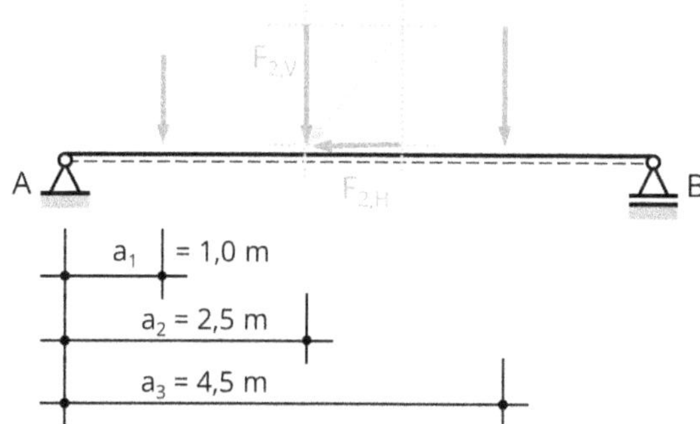

Abbildung 4.14: Kraftsystem ohne schräge Kräfte

Gleichung (4.1) gilt nach wie vor und wird für die Aufsplittung der schrägen Kraft in die lotrechten Kraftanteile »erweitert« angewandt. Für den Drehpunkt A folgt:

$$F_1 \cdot a_1 + F_{2,V} \cdot a_{2,V} + F_{2,H} \cdot a_{2,H} + F_3 \cdot a_3 = R \cdot a_R \tag{4.2}$$

Damit ist die Resultierende aber wieder geneigt und der erhaltene Hebelarm ist eine schräge Länge, die senkrecht auf die (Wirkungslinie der) Kraft wirkt. Setzen wir Zahlen ein, ergibt sich:

$$9 \cdot 1{,}0 + 11{,}49 \cdot 2{,}50 + 9{,}64 \cdot 0 + 12 \cdot 4{,}50 = 33{,}9 \cdot a_R$$

$$\Rightarrow a_R = 2{,}71 \text{ m} \tag{4.3}$$

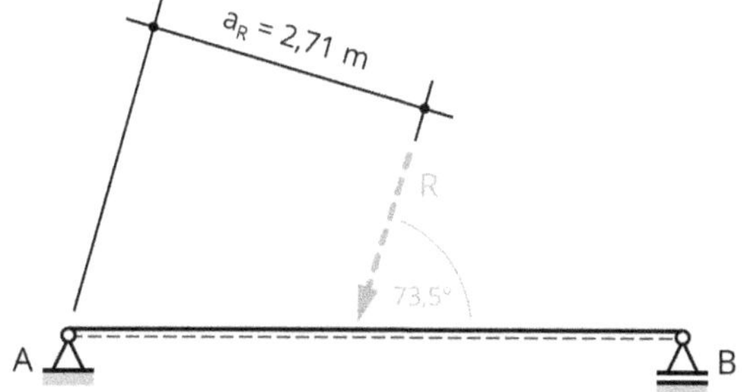

Abbildung 4.15: Senkrechter Hebelarm auf der geneigten Resultierenden

Beim Übertragen des Ergebnisses in das System stehen wir vor der anspruchsvollen Aufgabe, die Längen und Winkel korrekt anzutragen und dabei exakt in A zu landen:

… und ein letztes Mal erinnern wir Sie daran, dass wir konsequent und unbeirrt nur mit horizontalen und vertikalen Lastanteilen rechnen!

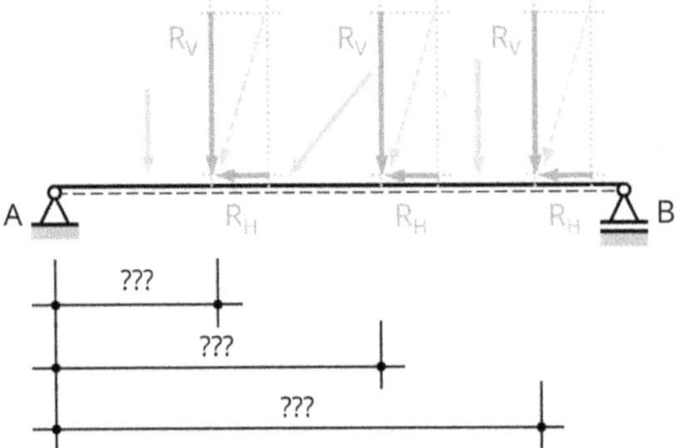

Abbildung 4.16: Resultierende, in horizontalen und vertikalen Anteil zerlegt

Da die horizontalen Anteile schräger Kräfte im ebenen, allgemeinen Kraftsystem keine Momentenwirkung auf die Drehpunkte in der Bezugsebene haben, können sie aus der Gleichung genommen werden:

$$F_1 \cdot a_1 + F_{2,V} \cdot a_{2,V} + F_3 \cdot a_3 = R_V \cdot a_{R,V} \tag{4.4}$$

Bestückt mit Zahlenwerten …

$$9 \cdot 1{,}0 + 11{,}49 \cdot 2{,}50 + 12 \cdot 4{,}50 = 32{,}49 \cdot a_{R,V}$$

$$\Rightarrow a_{R,V} = 2{,}82 \text{ m} \tag{4.5}$$

… ergibt sich der einfach anzutragende Hebelarm für die Resultierende:

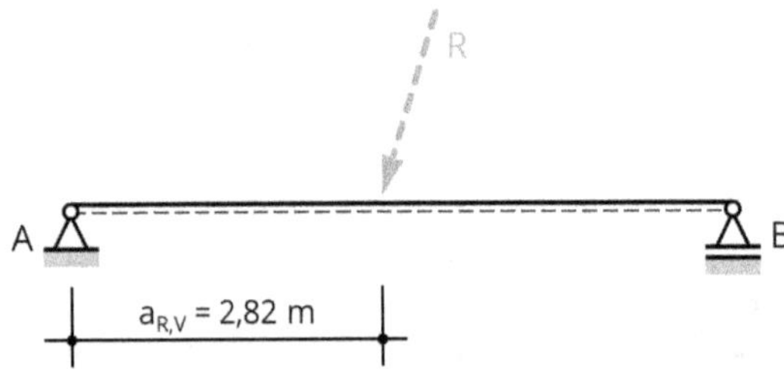

Abbildung 4.17: Waagrechter Hebelarm der Resultierenden

Den Drehsinn für die Gleichungen (4.3) und (4.5) haben wir als »mit der Uhr« positiv festgelegt. Damit ergibt sich, dass alle angreifenden Kräfte um den Punkt A »mit der Uhr« drehen und daher ein Plus-Zeichen erhalten, weil sie sich »gleich« dem festgelegten Drehsinn verhalten.

Die zeichnerische Lösung – Das Seileckverfahren

Für das allgemeine Kraftsystem verwendet man für die zeichnerische Lösung das sogenannte Seileckverfahren, dessen einer Teil der »Kräfteplan« ist, den Sie bereits kennen, und der für die Bestimmung der Lage um den »Lageplan« ergänzt wird. Wir möchten die Wirkweise des Seileckverfahrens direkt am Beispiel erklären.

Das Vorgehen zur Anfertigung des Kräfteplans haben Sie bereits kennengelernt. Dass die Einzelkräfte an unterschiedlichen Stellen im System angreifen, ist dabei unerheblich, und das Aneinanderhängen der Kräfte erfolgt nach dem bekannten Vorgehen.

Versuchen Sie, die Aufgabe wieder selbst Schritt für Schritt mit anzufertigen. Nehmen Sie ein neues DIN-A4-Blatt, einen (feinen) Druckminenbleistift und idealerweise ein großes Geodreieck und ein langes Lineal für die Parallelverschiebung. Nehmen Sie das Blatt quer und tragen Sie links den Lageplan und rechts den Kräfteplan an; ein Maßstab von 1:100 für die Längenwerte und 1:3 für die Kräfte erlaubt für dieses Beispiel gutes Arbeiten und ein recht genaues Ablesen der zu bestimmenden Werte.

Lageplan
M.d.L. 1:100

Kräfteplan
M.d.K. 1 cm ≙ 3 kN

Abbildung 4.18: Blatteinteilung für das Seileckverfahren – Schritt 1

Arbeitsschritte beim Seileckverfahren:

1. Sie beginnen mit der Bezugslinie des Trägers und tragen diese dem Maßstab entsprechend mit 6,0 cm an - in der linken Hälfte des Blatts, etwa in der Mitte der Höhe (siehe Abbildung 4.18).

2. Nun tragen Sie im Lageplan die Wirkungslinien der Kräfte großzügig nach den gegebenen Maßen mit zartem Bleistiftstrich ein und addieren im Kräfteplan die Einzelkräfte, indem Sie sie aneinanderhängen.

3. Die Resultierende erstreckt sich vom Anfangspunkt der ersten Kraft zum Endpunkt der letzten Kraft. Deren Werte ermitteln Sie durch das Messen respektive Ablesen. Für unsere Zeichnung ergibt sich die Größe zu ca. 11,6 cm, was 35 kN wären, und der Winkel α_R zu ca. 74°.

4. Jetzt wird der sogenannte Pol, als Schnittpunkt aller Polstrahlen, »beliebig« festgelegt. Eine gute Lage für den Pol ist dann gegeben, wenn die Polstrahlen eindeutig unterschiedliche Neigungswinkel haben. Die Polstrahlen sind Hilfslinien, welche die Einzelkräfte am Anfangs- und Endpunkt »einfangen« oder »umhüllen«. Ziehen sie also vom festgelegten Pol großzügig über den Anfangs-/Endpunkt der

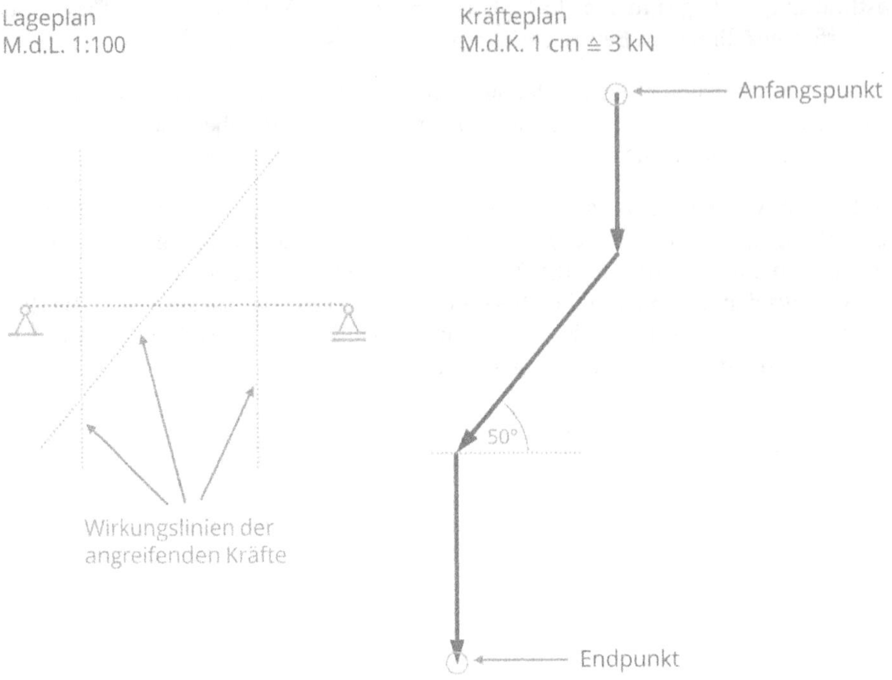

Lageplan
M.d.L. 1:100
Kräfteplan
M.d.K. 1 cm ≙ 3 kN
Anfangspunkt
50°
Wirkungslinien der
angreifenden Kräfte
Endpunkt

Abbildung 4.19: Seileckverfahren – Schritt 2

Lageplan
M.d.L. 1:100
Kräfteplan
M.d.K. 1 cm ≙ 3 kN
R
Abgelesene Werte:
für R 11,6 cm ≙ 35 kN
für α_R ca. 74°
α

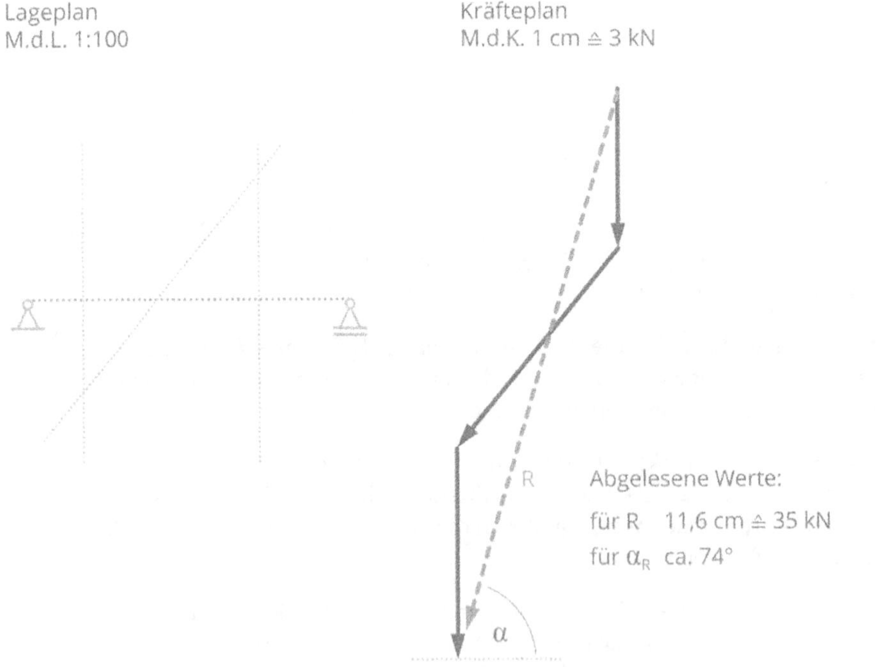

Abbildung 4.20: Seileckverfahren – Schritt 3

Kraft hinaus die Polstrahlen. Diese werden nummeriert und beginnen nicht bei »1« sondern bei »0«

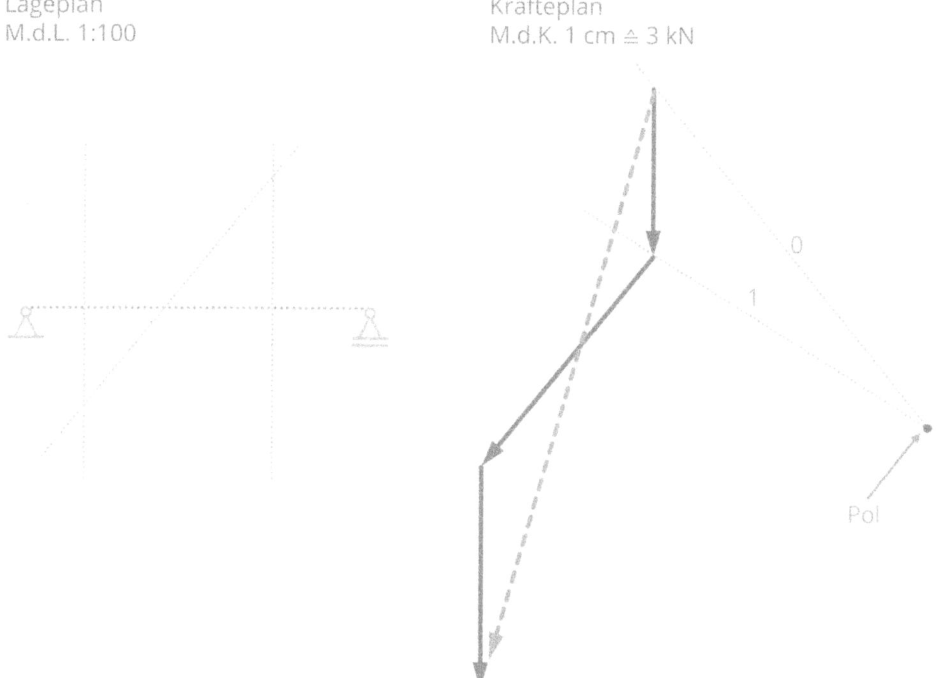

Abbildung 4.21: Seileckverfahren – Schritt 4: Polstrahlen der ersten Kraft

Für die bessere Handhabe und Übersichtlichkeit empfehlen wir Ihnen neben der Nummerierung unterschiedliche Farben – Fineliner – für die einzelnen Strahlen zu verwenden.

Die Verwendung von Farben in den Prüfungen sollten Sie immer vorab mit Ihrem Lehrer beziehungsweise Dozenten klären. Häufig sind die Farben rot und grün in den Prüfungen nicht zugelassen.

5. Versehen Sie jede Einzelkraft mit einem Polstrahl PS an ihrem Anfangs- und Endpunkt. Bis auf den ersten (PS 0) und letzten Polstrahl (PS 3) sind die Strahlen (PS 1 und 2) immer Teil von zwei Kräfteeinteilungen, nämlich einmal am Anfangs- und einmal am Endpunkt von verschiedenen Kräften!

   Jede Einzelkraft bildet nun zusammen mit den sie einhüllenden Polstrahlen ein Dreieck:

   (Kraft-)Dreieck 1: F_1, PS 0 und PS 1

   (Kraft-)Dreieck 2: F_2, PS 1 und PS 2

   (Kraft-)Dreieck 3: F_3, PS 2 und PS 3

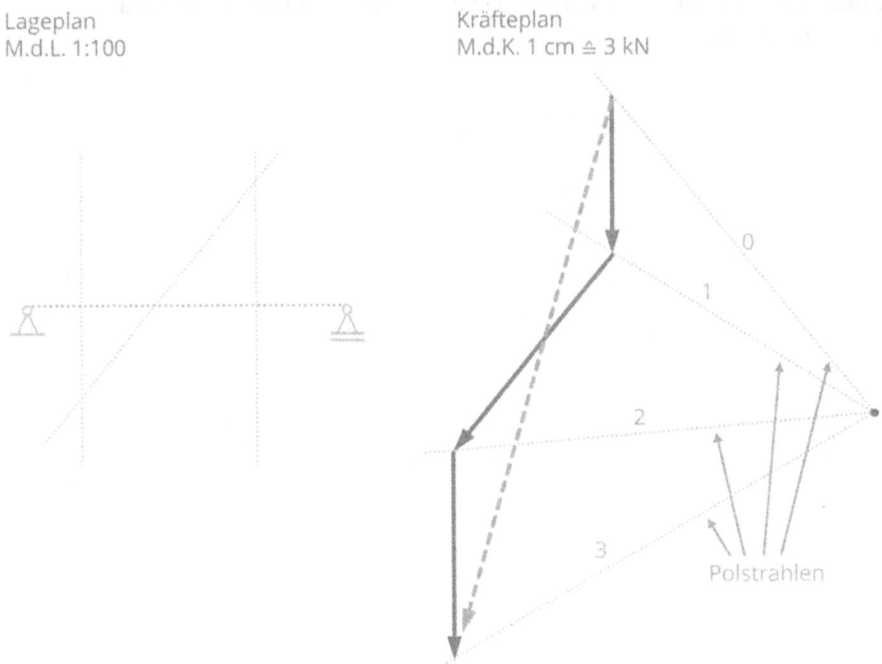

Abbildung 4.22: Seileckverfahren – Schritt 5: alle Polstrahlen des Kraftsystems

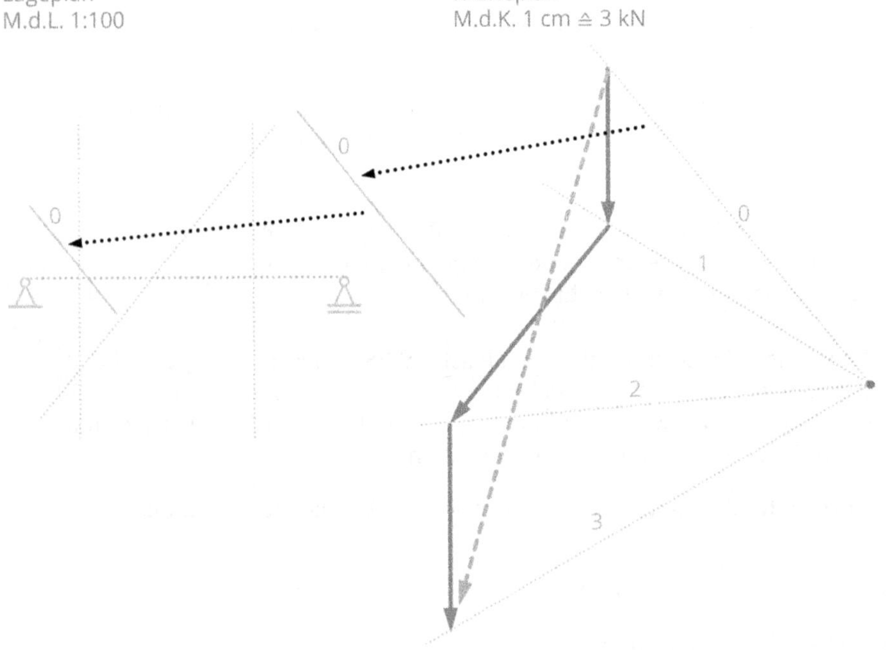

Abbildung 4.23: Seileckverfahren – Schritt 6: Schnittpunkt von PS 0 mit der Wirkungslinie von F_1

6. Nun werden die Polstrahlen in den Lageplan übertragen, um aus jedem (Kraft-) Dreieck, das sich aus der Einzelkraft mit den beiden Polstrahlen gebildet hat, einen (Schnitt-)Punkt zu erzeugen!

   Für F_1 ergibt sich mit den Polstrahlen »0« und »1« ein Dreieck, das also im Lageplan einen Punkt ergeben muss. Hierfür verschieben wir den Polstrahl »0« parallel in den Lageplan und verschneiden ihn »beliebig« mit der Wirkungslinie der ersten Kraft.

   Die Lage von Polstrahl »0« ist dabei wirklich beliebig und hat nur die Bedingung des Schnittpunktes mit der Wirkungslinie:

Abbildung 4.24: Mögliche Lagen des Polstrahls

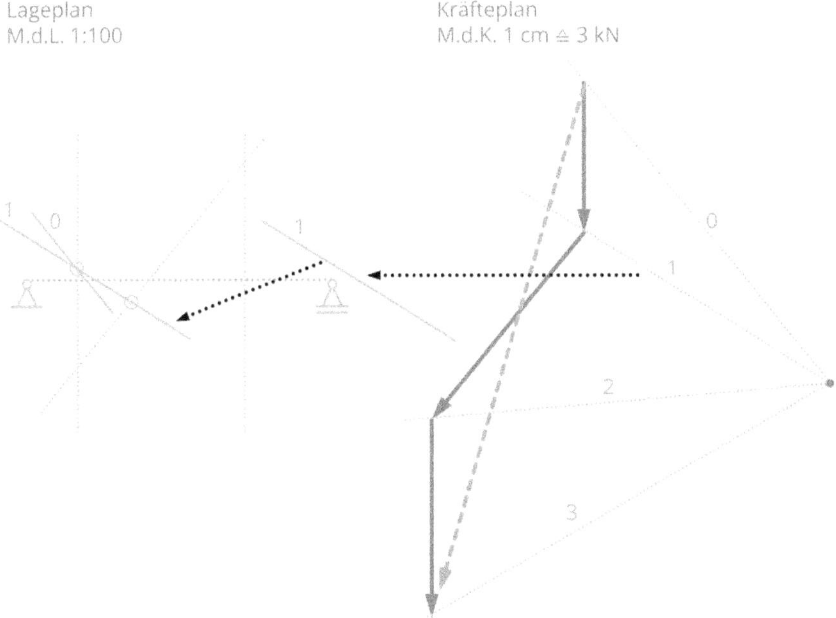

Abbildung 4.25: Seileckverfahren – Schritt 7: Lage von PS 1

7. Zwei von drei Teilen des Dreiecks, die den (Schnitt-)Punkt bilden müssen, sind damit schon zusammengebracht und haben die Lage des Punktes fixiert. PS 1 hat also zwingend die Lage durch den Schnittpunkt von PS 0 mit der Wirkungslinie von F_1 und beschließt damit das zum Punkt gewordene Dreieck.

   Da PS 1 sowohl Teil vom Dreieck 1 als auch vom Dreieck 2 ist, muss PS 1 lang genug sein und auch die Wirkungslinie von F_2 schneiden.

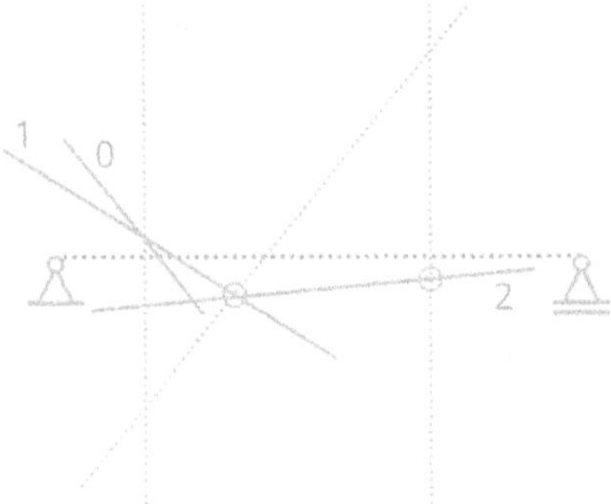

Abbildung 4.26: Seileckverfahren – Schritt 8: PS 2 kreuzt die Wirkungslinien von F_2 und F_3

8. PS 1 hat damit auf der Wirkungslinie von F_2 wieder den Fixpunkt für PS 2 markiert, der, als Teil vom Dreieck 2 und 3, auch die Wirkungslinie von F_3 kreuzen muss.

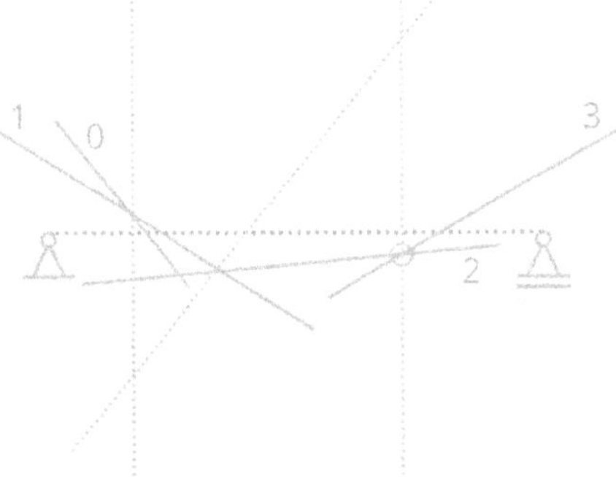

Abbildung 4.27: Seileckverfahren – Schritt 9: den letzte Polstrahl in den Lageplan übertragen

9. Bleibt, als letzten Polstrahl Nummer 3 durch den Schnittpunkt von PS 2 mit der Wirkungslinie von F_3 zu verschieben.

Wie kann man nun die Lage der Resultierenden finden?

Auch für die Resultierende ist ein Dreieck vorhanden! Gehen Sie zurück zu Abbildung 4.22 und studieren Sie den Kräfteplan. Das Dreieck der Resultierenden wird aus den Polstrahlen 0 und 3 gebildet. Werden PS 0 und PS 3 im Lageplan verlängert, so ist der Schnittpunkt DER Punkt, durch den auch die Wirkungslinie der Kraft (= Resultierende) verlaufen muss.

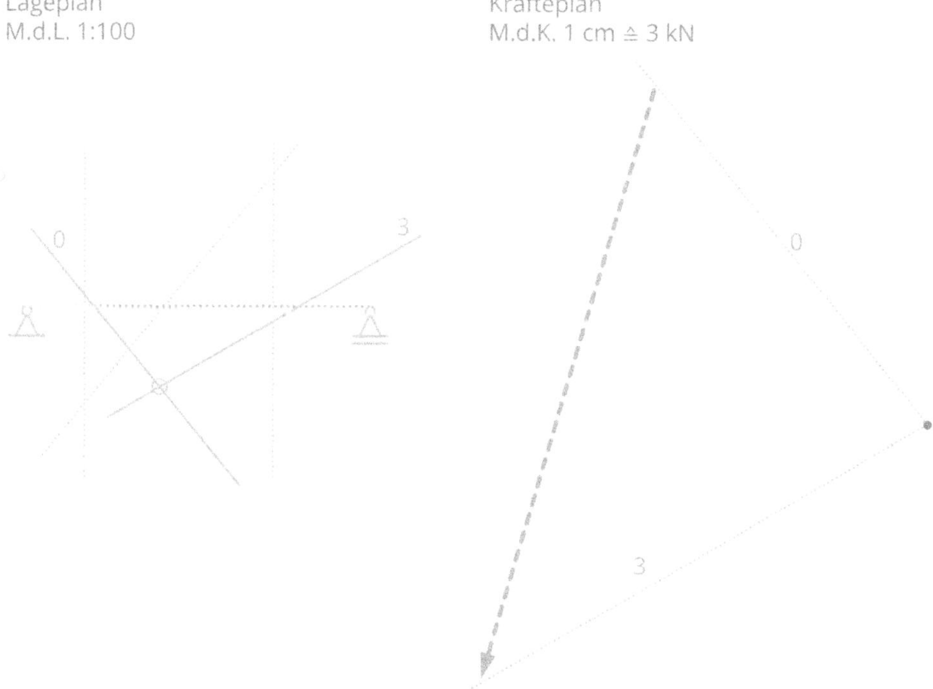

Abbildung 4.28: (Kraft-)Dreieck der Resultierenden

10. Mittels Parallelverschiebung wird diesmal die Kraft oder besser die Wirkungslinie der Kraft vom Kräfteplan in den Lageplan verschoben ...

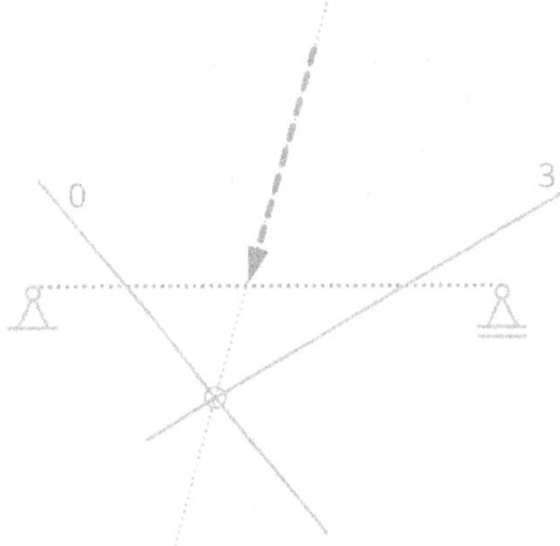

Abbildung 4.29: Seileckverfahren – Schritt 10: Wirkungslinie der Resultierenden im Lageplan

11. ... und die Werte der Lage der Resultierenden können abgelesen werden.

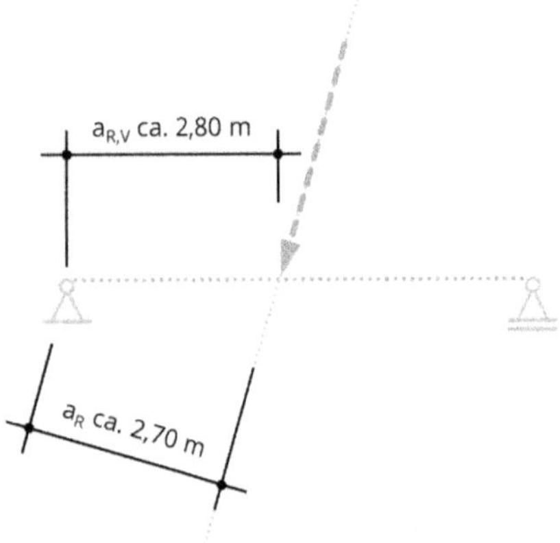

Abbildung 4.30: Seileckverfahren – Schritt 11: Hebelarme der Resultierenden

Ihre Zeichnung zum Seileckverfahren sollte nun in etwa so aussehen:

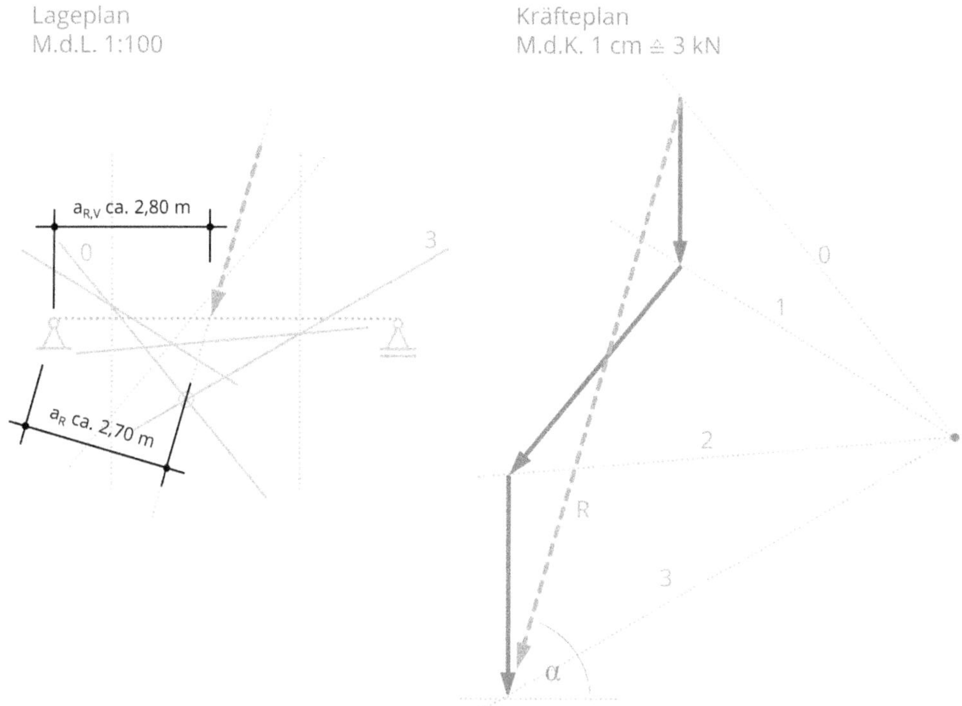

Abbildung 4.31: Vollständiges Seileckverfahren

Je genauer Sie gearbeitet haben, desto näher ist der abgelesene Wert für den Hebelarm am »Rechenwert« der Gleichung (4.5). Ganz ohne Taschenrechner ermittelt! Die Baumeister in früheren Zeiten haben alle Bauwerke nur mit dieser Methode berechnet und umgesetzt.

IN DIESEM KAPITEL

- Regeln zur Bildung von Fachwerken
- Regeln zur Bestimmung von Nullstäben
- Berechnung von Fachwerken

Kapitel 5
Fachwerke

Fachwerke werden im Bauwesen bereits seit vielen Jahrhunderten zum Bau von Häusern, Brücken, Hallen und vielen weiteren Tragwerken eingesetzt. Hierbei werden diese in einzelne »Druck- und Zugstäbe« aufgelöst. Dadurch sind Fachwerke sehr leichte, stabile und effiziente Konstruktionen und bei heutigen Bauaufgaben nicht mehr wegzudenken.

Man unterscheidet ebene und räumliche Fachwerke, wobei räumliche Fachwerke aufgrund des zweiachsigen Lastabtrags eine geringere Konstruktionshöhe aufweisen. Nachfolgend konzentrieren wir uns aber ausschließlich auf ebene Fachwerkssysteme.

Was ist aber der Grund dafür, dass Fachwerke seit Jahrhunderten eingesetzt werden und auch für heutige Bauvorhaben so wichtig sind? Zur Beantwortung dieser Fragen schauen wir uns die wichtigsten positiven Eigenschaften von Fachwerken genauer an:

- ✔ Fachwerke sind sehr material- und ressourceneffiziente Tragsysteme und liefern damit einen Beitrag zum wirtschaftlichen und klimagerechtem Bauen.
- ✔ Fachwerke haben verglichen mit anderen Tragsystemen ein sehr geringes Eigengewicht im Verhältnis zur Tragfähigkeit.
- ✔ Fachwerke können baustellenfern konstruiert und vorbereitet werden. Die Montage auf der Baustelle erfolgt über einfache Verbindungselemente.

Darüber hinaus haben Fachwerksysteme häufig einen großen Einfluss auf das optische Erscheinungsbild eines Bauwerks und sind daher für die Architektur von elementarer Bedeutung. Für Planerinnen und Planer ist es daher unerlässlich sich mit der Konstruktion und dem Tragverhalten von Fachwerken auseinander zu setzen, um sinnvoll geplante und architektonisch ansprechende Bauwerke zu entwerfen.

Fachwerke richtig entwerfen und konstruieren

Fachwerke bestehen aus einzelnen Fachwerkstäben (auch Pendelstäbe genannt), welche an Knotenpunkten miteinander verbunden sind, um Lasten respektive Kräfte zu übertragen. Für die statischen Untersuchungen müssen folgende Voraussetzungen erfüllt sein:

- ✔ Gerade und starre Stäbe, welche in den Knotenpunkten verbunden sind.
- ✔ Stabachsen der Stäbe schneiden sich in den Knotenpunkten.
- ✔ Reibungslose Gelenke in den Knotenpunkten (= echte Fachwerksknoten).
- ✔ Lasten und Kräfte wirken als Einzellasten in den Knotenpunkten.
- ✔ Verformungen aufgrund der Belastung sind gering.

In der Baupraxis können diese Voraussetzungen nicht hundertprozentig eingehalten werden. Die hieraus resultierenden Fehler sind in der Regel sehr gering und können für die statischen Berechnungen vernachlässigt werden.

Nomen est omen: Fachwerkstäbe richtig benennen

In Abhängigkeit von der räumlichen Anordnung ist es üblich, Fachwerksstäbe in Obergurtstäbe, Untergutstäbe, Diagonalstäbe und Vertikalstäbe (auch Pfosten genannt) zu unterteilen. Diese sind in der nachfolgenden Abbildung am Beispiel eines Fachwerkträgers dargestellt:

Häufig werden die Abkürzungen O (Obergurtstäbe), U (Untergurtstäbe), D (Diagonalstäbe) und V (Vertikalstäbe) mit fortlaufendem Zahlenindex (z.B. O_1, O_2, etc.) für die Kennzeichnung der Fachwerkstäbe verwendet.

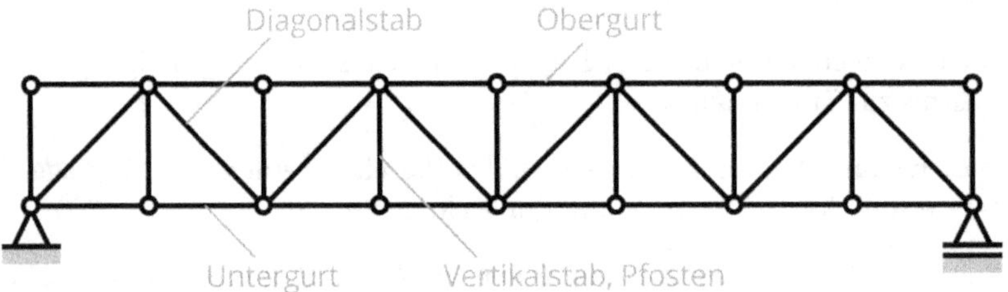

Abbildung 5.1: Bezeichnung der Fachwerkstäbe

Build it up: Fachwerkaufbau und Bildungsgesetze

Beim Entwurf beziehungsweise bei der Konstruktion von Fachwerken sind sogenannte »Bildungsgesetze« zu beachten (auch Bildungsregeln genannt). Die Einhaltung dieser

Bildungsgesetze ist von großer Bedeutung und sehr wichtig, damit das Fachwerkssystem funktioniert und mit einfachen Methoden statisch berechnet werden kann.

1. Bildungsgesetz

An einem Einzelstab werden zwei weitere Fachwerkstäbe gelenkig angeschlossen, sodass ein »unverschiebliches Dreieck« (= Fachwerkdreieck) entsteht. Diesen Vorgang kann man beliebig oft wiederholen, um ein Fachwerk zu konstruieren und zu erweitern:

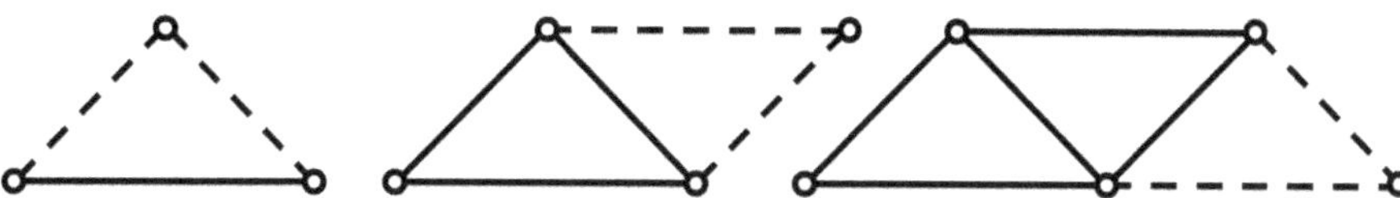

Abbildung 5.2: Beispiel zum 1. Bildungsgesetz

2. Bildungsgesetz

Zwei unverschiebliche Fachwerke nach dem 1. Bildungsgesetz können mit drei weiteren Stäben miteinander verbunden werden:

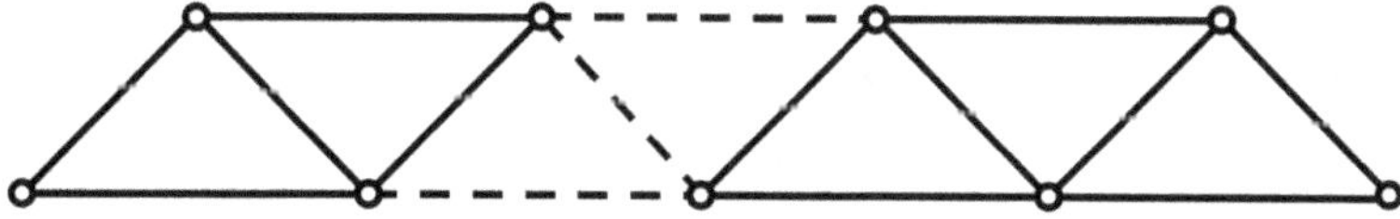

Abbildung 5.3: Beispiel zum 2. Bildungsgesetz mit drei Stäben

Werden zwei unverschiebliche Fachwerke an einem Knotenpunkt miteinander verbunden, wird nur noch ein zusätzlicher Stab benötigt:

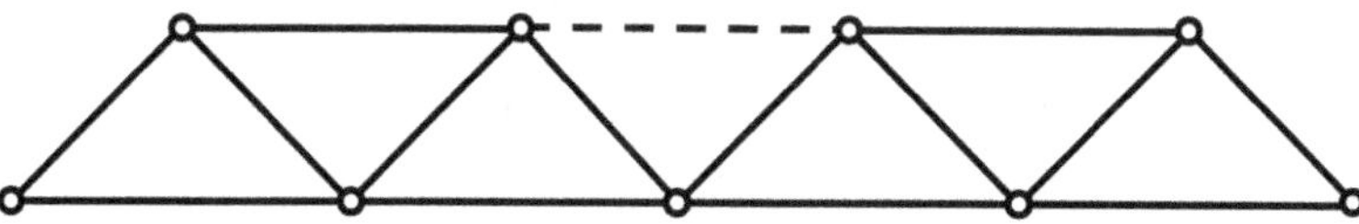

Abbildung 5.4: Beispiel zum 2. Bildungsgesetz mit einem Stab

3. Bildungsgesetz

Bei einem unverschieblichen Fachwerk nach den ersten beiden Bildungsgesetzen dürfen Stäbe entnommen und an einer anderen Stelle wieder eingesetzt werden:

Wie innen, so außen: Statische Bestimmtheit

Bei Fachwerken unterscheidet man zwischen der »inneren statischen Bestimmtheit« und der »äußeren statischen Bestimmtheit«. Ein statisch bestimmtes System ist die Grundvoraussetzung, um mit den bisher vorgestellten Methoden statische Berechnungen durchführen zu können.

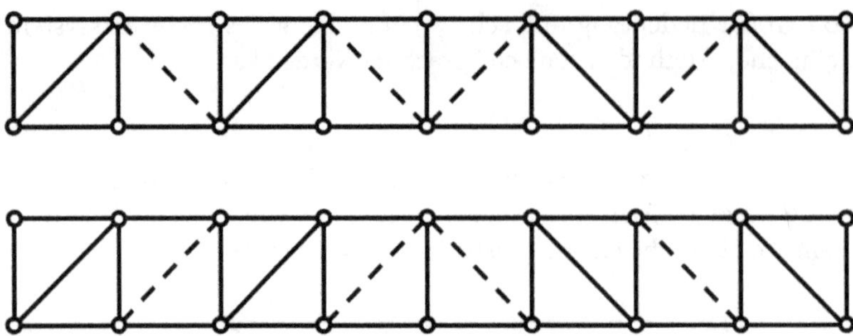

Abbildung 5.5: Beispiel zum 3. Bildungsgesetz

Innere statische Bestimmtheit

Damit wir mit den »drei Gleichgewichtsbedingungen« (weiter unten finden Sie dazu mehr) die Stabkräfte eines Fachwerks berechnen können, muss die innere statische Bestimmtheit gegeben sein. Dies ist der Fall, wenn ein Fachwerk nach dem 1. Bildungsgesetz konstruiert wurde. Zur Kontrolle können wir nach und nach zwei Stäbe eines Fachwerkdreiecks entfernen, bis letztlich nur noch ein Einzelstab übrigbleibt:

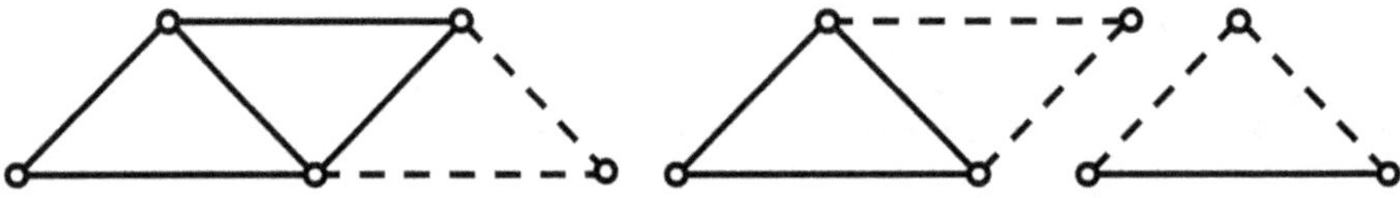

Abbildung 5.6: Kontrolle der inneren statischen Bestimmtheit

Äußere statische Bestimmtheit

Die äußere statische Bestimmtheit muss gegeben sein, damit wir die »äußeren Kräfte« berechnen können, auch »Lagerreaktionen« oder »Auflagerkräfte« genannt, siehe Kapitel 9 – Grundlagen der Schnittgrößenermittlung. Mit der folgenden Gleichung kann sowohl die innere als auch die äußere statische Bestimmtheit für ebene Fachwerke überprüft werden:

$$n = a + s - 2k \tag{5.1}$$

a = Anzahl der Auflagerreaktionen

s = Anzahl der Fachwerkstäbe

k = Anzahl der Knotenpunkte

$n = 0 \Rightarrow$ Fachwerk ist statisch bestimmt

$n > 0 \Rightarrow$ Fachwerk ist statisch unbestimmt

$n < 0 \Rightarrow$ Fachwerk ist statisch unterbestimmt (= kinematisch,instabil)

Für den in Abbildung 5.7 dargestellten Fachwerkträger ist die statische Bestimmtheit rechnerisch zu überprüfen.

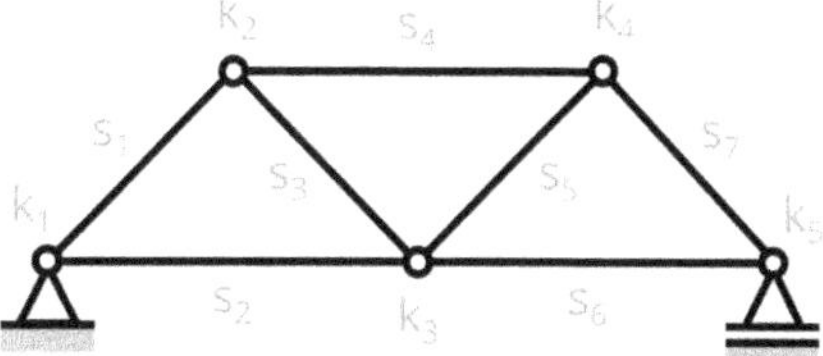

Abbildung 5.7: Beispiel zur statischen Bestimmtheit

Anzahl der Auflagerreaktionen:

a = 3 (Ermittlung der Lagerreaktionen,mehr dazu in Kapitel 9)

Anzahl der Fachwerkstäbe:

s = 7 (Stäbe s_1 bis s_7)

Anzahl der Knotenpunkte:

k = 5 (Knoten k_1 bis k_5)

Statischen Bestimmtheit:

$n = 3 + 7 - 2 \cdot 5 = 0$

$\Rightarrow$ Fachwerk ist statisch bestimmt

In der Praxis hat man es sehr häufig mit statisch unbestimmten beziehungsweise überbestimmten Systemen zu tun. Für die statischen Berechnungen müssen hierfür spezielle EDV-Programme eingesetzt werden.

Das Fachwerk ist im Fluss

Um ein Fachwerk sinnvoll entwerfen zu können, ist ein gutes Grundverständnis für den »Kraftfluss« innerhalb eines solchen Systems von großer Wichtigkeit. Abbildung 5.8 zeigt, dass durch die Anordnung der Diagonalstäbe beeinflusst werden kann, ob diese »Druck- oder Zugkräfte« erhalten. Dies ist insbesondere für den architektonischen Entwurf relevant, da Fachwerkstäbe mit reiner Zugbeanspruchung sogar durch Seile ersetzt werden können. Druckbeanspruchte Stäbe sind wiederum auf Ausknicken (= Knicken) zu untersuchen.

Die richtige Darstellung der Pfeile ist von großer Wichtigkeit, insbesondere für die Ermittlung der unbekannten Stabkräfte. »Drückt« der Pfeil auf den Knoten, so handelt es sich um einen Druckstab (Pfeil zeigt in Richtung des Knotens). »Zieht« der Pfeil am Knoten, so handelt es sich um einen Zugstab.

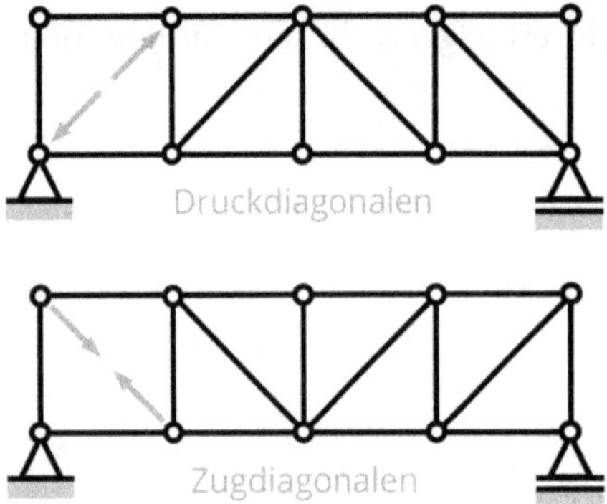

Abbildung 5.8: Anordnung der Diagonalstäbe

Vorbemessung weitgespannter Dachtragwerke

Fachwerke werden sehr häufig als Tragwerke für weitgespannte Dächer eingesetzt, beispielsweise für große Hallen und Supermärkte. In diesem Zusammenhang spricht man auch von sogenannten Fachwerkbindern. Als Material kommt in der Regel Holz oder Stahl zum Einsatz.

Die Länge solcher Fachwerksysteme wird durch den Grundriss, also dem architektonischen Entwurf bestimmt. Häufig stellt sich dann die Frage: Wie hoch muss ein entsprechender Fachwerkbinder ausgeführt werden? Was sind also sinnvolle »Konstruktionshöhen« respektive »Binderhöhen« in Abhängigkeit von der »Spannweite«? Tabelle 5.1 gibt hierzu Empfehlungen für den Entwurf:

Binderform	Statisches System	Spannweite L	Binderhöhe H
Parallelbinder	H, L	7,5 bis 40 m	$\left(\frac{1}{8}\ bis\ \frac{1}{12}\right)\cdot L$
Trapezbinder	H, L	7,5 bis 40 m	$\left(\frac{1}{8}\ bis\ \frac{1}{12}\right)\cdot L$
Dreieckbinder	H, L	7,5 bis 25 m	$\left(\frac{1}{6}\ bis\ \frac{1}{9}\right)\cdot L$

Tabelle 5.1: Vorbemessung von Fachwerkbindern aus Holz und Stahl

Für einen Parallelbinder (Ober- und Untergurt sind parallel) mit einer Spannweite von 24 m ist eine Vorbemessung durchzuführen. Eine sinnvolle Binderhöhe ist hierbei zu wählen.

$H = 1/8 \cdot 24 = 3{,}0$ m (oberer Grenzwert)

$H = 1/12 \cdot 24 = 2{,}0$ m (unterer Grenzwert)

$\Rightarrow$ Gewählt: Binderhöhe $H = 2{,}5$ m

In der Fachliteratur finden Sie viele, teilweise auch voneinander abweichende Informationen für sinnvolle Konstruktionshöhen von Fachwerksystemen. Vereinfacht können Sie sich aber als Faustformel $H = L/10$ merken.

Ermittlung von Stabkräften

Fachwerkstäbe erhalten ausschließlich Normalkräfte und sind daher in Druck- und Zugstäbe zu unterteilen. Für die statische Berechnung beziehungsweise für die Bemessung (= Dimensionierung) der Stäbe und der Knotenpunkte ist es daher notwendig, die Größe der Druck- beziehungsweise Zugbeanspruchung zu ermitteln. Hierfür stehen sowohl rechnerische als auch grafische Verfahren auf Grundlage der in Kapitel 3 und 4 erläuterten Methoden zur Verfügung.

Bei null anfangen: Die Nullstabregeln

Vor der Bestimmung von Stabkräften muss ein Fachwerk auf Nullstäbe überprüft werden. Nullstäbe sind Stäbe, die in Anhängigkeit von der Belastung beziehungsweuse des Lastfalls keinerlei Beanspruchung erfahren. Nullstäbe müssen anschließend nicht mehr berechnet werden und erleichtern so die nachfolgenden Untersuchungen des Fachwerks. Um Nullstäbe vorab erkennen zu können, müssen Sie die drei nachfolgenden Regeln beachten:

1. Sind an einem unbelasteten Knoten zwei Fachwerkstäbe angeschlossen, die nicht in gleicher Richtung wirken (also keine Gerade bilden), so sind beide Stäbe Nullstäbe.
2. Sind an einem belasteten Knoten zwei Fachwerkstäbe angeschlossen, die nicht in gleicher Richtung wirken und greift die äußere Kraft in Richtung eines Stabes an, so ist der andere Stab ein Nullstab.
3. Sind an einem unbelasteten Knoten drei Fachwerkstäbe angeschlossen, von denen zwei in gleicher Richtung wirken, so ist der dritte Stab ein Nullstab.

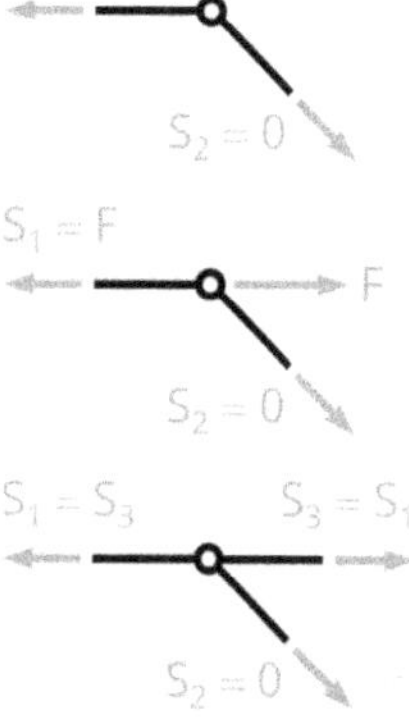

Wurde ein Nullstab ermittelt, ist dieser im System mit »0« zu kennzeichnen. Für die nachfolgenden Untersuchungen (Ermittlung von Nullstäben und Stabkräften) wird dieser Stab gedanklich aus dem System entfernt.

Grundlage für die Regeln zur Ermittlung der Nullstäbe sind die sogenannten »Gleichgewichtsbedingungen«. Diese haben Sie in den Kapiteln 3 und 4 bereits kenngengelernt: $\Sigma V = 0$ und $\Sigma H = 0$. Mit diesen Gleichungen können Sie sich die genannten Regeln auch ganz einfach herleiten. Probieren Sie es aus!

Für das in Abbildung 5.9 dargestellte Fachwerksystem sind die Nullstäbe zu bestimmen. Das Fachwerk wird durch vier Einzellasten belastet. Die Auflagerreaktionen sind gegeben. Die Ergebnisse sind in Abbildung 5.10 zusammenfassend dargestellt.

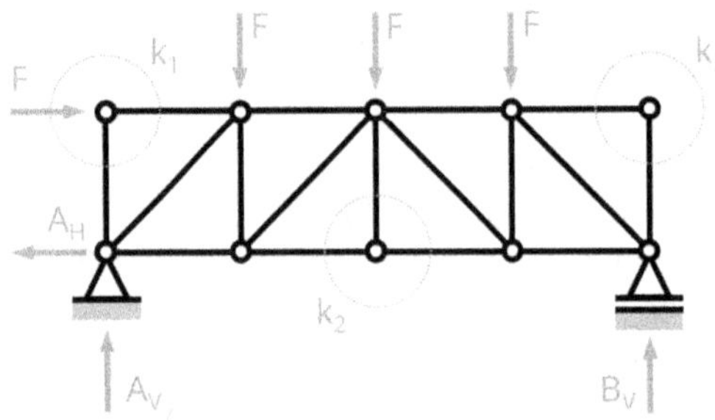

Abbildung 5.9: Parallelbinder inklusive der äußeren Einwirkung

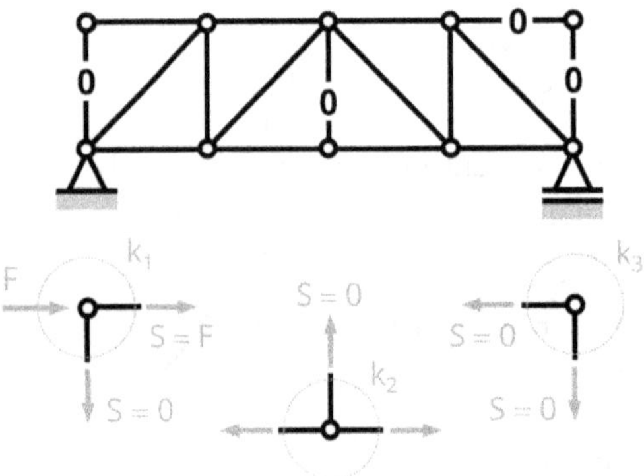

Abbildung 5.10: Nullstäbe des Fachwerksystems

Fachwerkknoten k_1: *(Nullstabregel Nr. 2)*

Ein Knoten mit zwei Fachwerkstäben wird durch eine horizontale Einzellast belastet, welche in gleicher Richtung wie der Obergurtstab wirkt. Daher ist der Vertikalstab ein Nullstab.

Fachwerkknoten k_2: *(Nullstabregel Nr. 3)*

Bei diesem unbelasteten Knoten mit drei Fachwerkstäben wirken die beiden Untergurtstäbe in gleicher Richtung. Daher ist der Vertikalstab ein Nullstab.

Fachwerkknoten k_3: *(Nullstabregel Nr. 1)*

Ein unbelasteter Knoten mit zwei Fachwerkstäben ohne äußere Last. Da beide Stäbe nicht in gleicher Richtung wirken sind beide Stäbe Nullstäbe.

Schnipp, schnapp, Knoten ab: Das Knotenschnittverfahren

Beim Knotenschnittverfahren »schneiden« wir jeden einzelnen Knoten aus dem Fachwerk heraus und betrachten diesen unabhängig vom übrigen System. Da sich die Stabachsen (= Wirkungslinien) der Stabkräfte im Knotenpunkt schneiden, ergibt sich ein zentrales Kraftsystem. Mit Hilfe der Gleichgewichtsbedingungen $\Sigma V = 0$ und $\Sigma H = 0$ können wir die Stabkräfte ganz einfach berechnen. Da aber nur diese zwei Gleichgewichtsbedingungen zur Verfügung stehen, dürfen je Knoten auch nur zwei unbekannte Stabkräfte vorhanden sein.

Wie bereits erläutert, hat die Richtung des Pfeils eine große Bedeutung. Wollen wir unbekannte Stabkräfte ermitteln, so gehen wir immer von Zugkräften aus. Das gilt auch, wenn wir eine Druckkraft vermuten. Durch diese Vorgehensweise können wir die Ergebnisse ganz einfach deuten: **bei einem positiven Ergebnis war die Annahme richtig und es handelt sich um einen Zugstab, bei einem negativen Ergebnis wiederum um einen Druckstab.**

Bei der Anwendung des Knotenschnittverfahrens geht man folgendermaßen vor:

1. Fachwerk beschriften: Knoten mit Kleinbuchstaben (k_1, k_2, k_3, etc.), Stäbe mit Großbuchstaben (O_1, O_2, U_1, V_1, etc.)
2. Statische Bestimmtheit überprüfen (siehe Gleichung 5.1)
3. Ermittlung der Lagerreaktionen (siehe Kapitel 9)
4. Ermittlung der Nullstäbe
5. »Freischneiden« der einzelnen Knoten, beginnend am Auflager. Die unbekannten Stabkräfte werden als Zugkräfte angetragen, hier verwenden wir die gleiche Beschriftung wie bei den Stäben (O_1, O_2, U_1, V_1, etc.)
6. Berechnung der Stabkräfte mit den Gleichgewichtsbedingungen: $\Sigma V = 0$ und $\Sigma H = 0$

Für das in Abbildung 5.11 dargestellte Fachwerk sind die Stabkräfte zu bestimmen. Die Ergebnisse sind in einer Tabelle übersichtlich darzustellen.

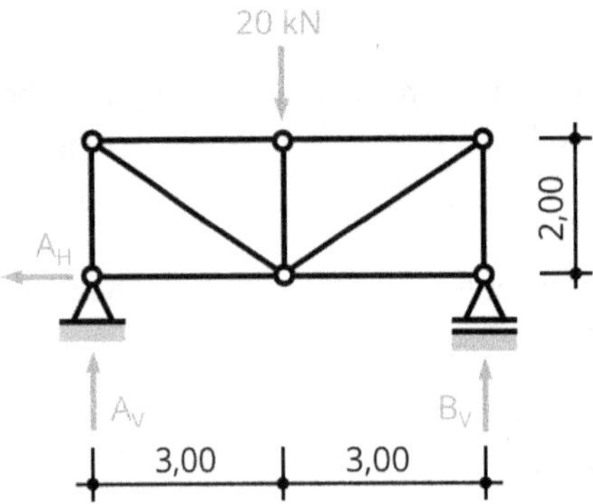

Abbildung 5.11: Fachwerkträger mit vertikaler Einzellast in Feldmitte

1. Fachwerkknoten beschriften

Zunächst beschriften wir das Fachwerk nach unserem festgelegtem Schema, Knoten mit Kleinbuchstaben und Stäbe mit Großbuchstaben:

2. Statische Bestimmtheit überprüfen

Bei der Überprüfung der statischen Bestimmtheit müssen wir einfach die bereits bekannte Gleichung »$n = a + s - 2k$« anwenden. Damit wir die Aufgabe mit den Gleichgewichtsbedingungen lösen können, muss das Ergebnis immer »0« sein.

$a = 3$ (Anzahl der Auflagerreaktionen)

$s = 9$ (Anzahl der Fachwerkstäbe)

$k = 6$ (Anzahl der Knotenpunkte)

$n = 3 + 9 - 2 \cdot 6 = 0$

$\Rightarrow$ Fachwerk ist statisch bestimmt

3. Ermittlung der Lagerreaktionen

Aufgrund der Symmetrie (symmetrisches System mit symmetrischer Belastung) lassen sich die Auflagerkräfte sehr einfach ermitteln, indem wir die vertikale Last auf beide Auflager gleich verteilen. Die Grundlagen zur Berechnung von Auflagerkräften respektive Lagerreaktionen werden im Kapitel 9 ausführlich erklärt.

$A_V = B_V = 40/2 = 20$ kN

$A_H = 0$, da keine äußere horizontale Kraft vorhanden ist

4. Ermittlung der Nullstäbe

Nachdem wir die Auflagerkräfte bestimmt haben und somit sämtliche äußere Lasten bekannt sind, können wir nun die Nullstäbe mithilfe der Nullstabregeln ermitteln und mit einer »0« im System kennzeichnen, siehe Abbildung 5.12.

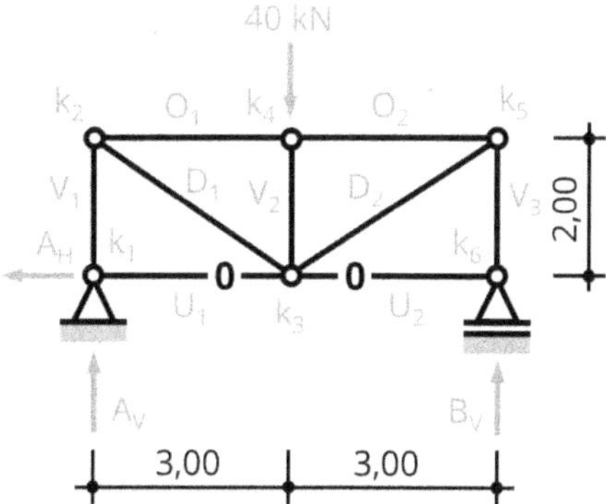

Abbildung 5.12: Fachwerkträger mit Beschriftung

5. und 6. Freischneiden der Knoten und Ermittlung der Stabkräfte

Wir betrachten nun nachfolgend jeden einzelnen Knoten (k_1 bis k_6) durch »freischneiden« und bestimmen die Stabkräfte durch Anwendung der Gleichgewichtsbedingungen.

Knoten k_1:

Abbildung 5.13 zeigt den freigeschnittenen Knoten k_1. In der Literatur gibt es verschiedene Darstellungsformen mit unterschiedlichem Detailierungsgrad. Grundsätzlich können Sie auf das Mitführen von Einheiten verzichten. Nullstäbe sollten ebenfalls aus den Zeichnungen entfernt werden, um sich das Leben etwas zu vereinfachen.

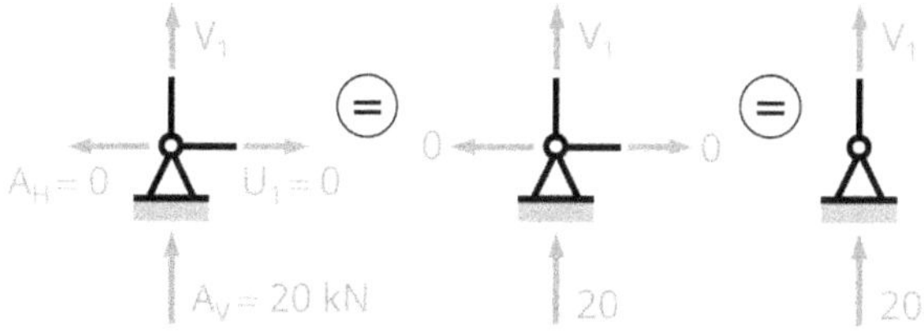

Abbildung 5.13: Freigeschnittener Knoten k_1

$$\Sigma V = 0: \downarrow^{+} \ (\textit{nach unten positiv})$$

$$-A_V - V_1 = -20 - V_1 = 0$$

$$\Rightarrow V_1 = -20 \text{ kN } (\textit{Druckkraft, da negatives Vorzeichen})$$

Da wir zu Beginn sämtliche Kräfte als Zugkräfte definieren, können wir dem Ergebnis entnehmen, dass es sich um eine Druckkraft handelt (negatives Vorzeichen). Die Stabkraft V_1 »drückt« also auf den Knoten.

$\Sigma V = 0: \downarrow^{+}$ (*nach unten positiv*)

Bei den Gleichgewichtsbedingungen ist es sehr wichtig, vorab den »positiven Richtungssinn« vorzugeben, hier nach unten wirkend. Sämtliche Kräfte, die »nach unten« wirken, werden also »positiv« angesetzt, Kräfte, die »nach oben« wirken, werden »negativ« angesetzt.

In den nachfolgenden Berechnungen und Beispielen wird der positive Richtungssinn nur noch mit dem Pfeilsymbol $\downarrow^{+}$ hinter der Gleichgewichtsbedingung gekennzeichnet.

Grundsätzlich kann der positive Richtungssinn frei gewählt werden. Das Ergebnis ist in jedem Fall immer gleich. Es ist jedoch empfehlenswert, sich einmal für eine positive Richtung zu entscheiden (zum Beispiel »nach unten positiv«) und das »schematisch« bei jeder weiteren Aufgabe so ausnahmslos anzuwenden.

Knoten k_2:

In Abbildung 5.14 ist der freigeschnittene Knoten k_2 dargestellt. Die bereits ermittelte Stabkraft V_1 wird hier als bekannte Grüße eingetragen. Sie erinnern sich: Es dürfen nur zwei unbekannte Stabkräfte an einem Knoten vorhanden sein (hier D_1 und O_1).

Winkel zwischen D_1 und O_1:

$\tan \alpha = 2{,}00/3{,}00$

$\Rightarrow \alpha = \tan^{-1}(2{,}00/3{,}00) = 33{,}7°$

$\Sigma V = 0: \downarrow^{+}$

$V_1 + D_1 \cdot \sin \alpha = -20 + D_1 \cdot \sin\ 33{,}7° = 0$

$\Rightarrow D_1 = 36$ kN (*Zugkraft*)

$\Sigma H = 0: \rightarrow^{+}$

$O_1 + D_1 \cdot \cos\ \alpha = O_1 + 36 \cdot \cos\ 33{,}7° = 0$

$\Rightarrow O_1 = -30$ kN (*Druckkraft*)

Jeder betrachtete Knoten ist ein zentrales Kraftsystem. Für die Anwendung der Gleichgewichtsbedingungen müssen Sie daher die »schrägen« Kräfte in ihre horizontalen und vertikalen Komponenten mit Hilfe der Winkelfunktionen aufteilen.

Knoten k_3:

Auch beim Knoten k_3 vereinfachen wir den Schnitt indem wir die Nullstäbe entfernen. Aufgrund der Symmetrie sind nicht nur die äußeren Lagerreaktionen gleich (symmetrisch),

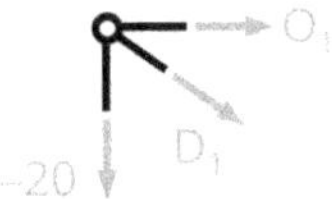

Abbildung 5.14: Freigeschnittener Knoten k_2

sondern auch die »inneren« Stabkräfte. Nachfolgend wird das am Beispiel von dem Stab D_2 untersucht.

$$\Sigma H = 0: \rightarrow^{+}$$

$$D_2 \cdot \cos\alpha - D_1 \cdot \cos\alpha = D_2 \cdot \cos\ 33{,}7° - 36 \cdot \cos\ 33{,}7° = 0$$

$$\Rightarrow D_2 = 36\ \text{kN}\ (\textit{Zugkraft})$$

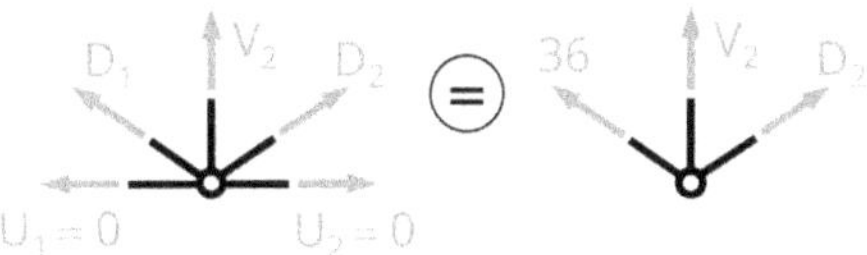

Abbildung 5.15: Freigeschnittener Knoten k_3

Knoten k_4:

Am Knoten k_4 werden wir die Stabkraft des vertikalen Stabs V_2 bestimmen. Da sich jetzt auch die Symmetrie des Systems besser einschätzen lässt, wissen Sie, dass der die Stabkraft O_2 gleich O_1 sein muss. Zur Veranschaulichung wird dies nachfolgend noch einmal nachgewiesen. Der Knotenschnitt ist in Abbildung 5.16 dargestellt:

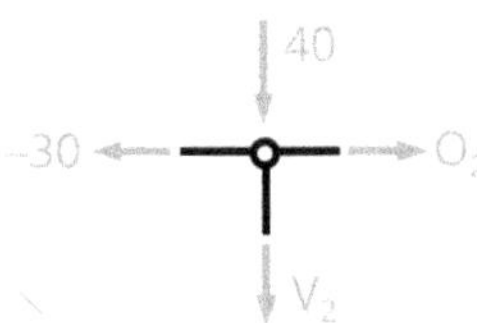

Abbildung 5.16: Freigeschnittener Knoten k_4

$$\Sigma V = 0: \downarrow^{+}$$

$$V_2 + 40 = 0$$

$$\Rightarrow V_2 = -40\ \text{kN}\ (\textit{Druckkraft})$$

$$\Sigma H = 0: \rightarrow^{+}$$

$$O_2 - (-30) = 0$$

$$\Rightarrow O_2 = -30\ \text{kN}\ (\textit{Druckkraft})$$

Aufgrund der Symmetrie erkennen man, dass die noch fehlende Stabkraft V_3 der Stabkraft V_1 entspricht. Daher müssen wir keine weiteren Berechnungen mehr durchführen.

In Tabelle 5.2 sind die Ergebnisse zusammengefasst. Wichtig ist es anzugeben, ob es sich bei den Stäben um *Druckstäbe (D)* oder *Zugstäbe (Z)* handelt.

V_1	−20 kN *(D)*	D_1	36 kN *(Z)*	O_1	−30 kN *(D)*	U_1	0 *(Nullstab)*
V_2	−40 kN *(D)*	D_2	36 kN *(Z)*	O_2	−30 kN *(D)*	U_2	0 *(Nullstab)*
V_3	−20 kN *(D)*						

Tabelle 5.2: Zusammenfassung der Stabkräfte

Fachwerke zerschneiden: Schnittverfahren nach Ritter

Beim Schnittverfahren nach Ritter (auch Rittersches Schnittverfahren genannt) schneidet man zur Ermittlung der unbekannten Stabkräfte das Fachwerk in zwei Teile (siehe Abbildung 5.17). Der (Ritter-)Schnitt muss hierbei so geführt werden, dass maximal drei unbekannte Stabkräfte freigeschnitten werden. Wie beim Knotenschnittverfahren werden die Stabkräfte anschließend mit den Gleichgewichtsbedingungen berechnet.

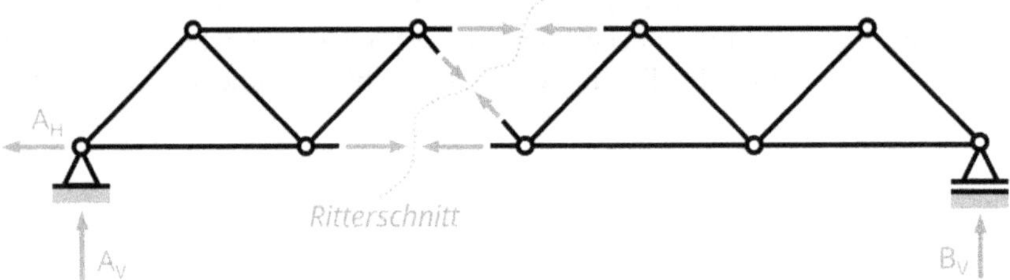

Abbildung 5.17: Schnittverfahren nach Ritter

Wichtig ist es jedoch zu wissen, dass die beiden bisher verwendeten Gleichungen $\Sigma V = 0$ und $\Sigma H = 0$ nicht mehr ausreichen - man benötigt also eine weitere Bedingung! Wie eingangs bereits erwähnt, gibt es insgesamt »drei Gleichgewichtsbedingungen« in der Baustatik:

$\Sigma V = 0$ (siehe Gleichung 9.2)

$\Sigma H = 0$ (siehe Gleichung 9.3)

$\Sigma M = 0$ (siehe Gleichung 9.4)

Mithilfe der dritten Gleichung, $\Sigma M = 0$, kann man die unbekannten Stabkräfte ermitteln. Eine ausführliche Erklärung zu den drei Gleichgewichtsbedingungen finden Sie in-m Kapitel 9 – Grundlagen der Schnittgrößenermittlung.

Wie oben erläutert, muss man den Schnitt so führen, dass maximal drei unbekannte Stabkräfte freigeschnitten werden. Aber warum ist das so?

Hat man nur »eine« Gleichung zur Verfügung, so kann man auch nur »eine« Unbekannte (= gesuchte Variable) berechnen, bei »zwei« Gleichungen hingegen »zwei« Unbekannte. Da nur »drei« Gleichgewichtsbedingungen (= drei Gleichungen) zur Verfügung stehen, kann man auch nur maximal »drei« Unbekannte (Stabkräfte) berechnen.

Für das vorherige Beispiel zum Knotenschnittverfahren (siehe Abbildung 5.18) sind die Stabkräfte O_1, D_1 und U_1 mittels Ritterschnitt zu bestimmen.

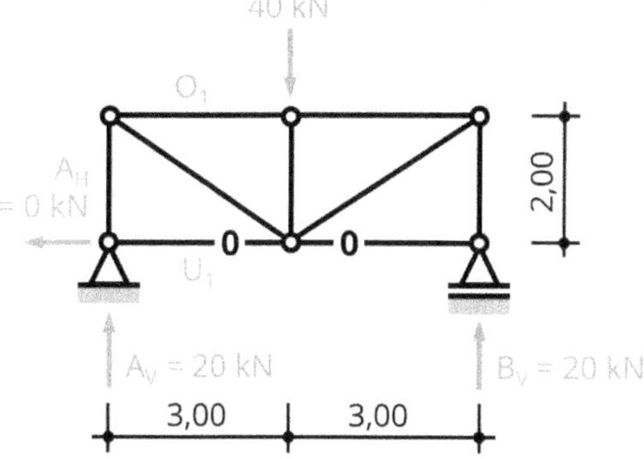

Abbildung 5.18: Fachwerksystem und Auflagerkräfte

Um die unbekannten Stabkräfte zu bestimmen, müssen diese zuerst »freigeschnitten« werden. In Abbildung 5.19 werden die gesuchten Kräfte dargestellt:

Den Stab U_1 wurde bereits zuvor als Nullstab identifiziert. Damit bleiben nur noch zwei unbekannte Stabkräfte übrig: O_1 und D_1. Zu Beginn werden wir mit $\Sigma V = 0$ die Stabkraft D_1 bestimmen, da nur diese einen Vertikalanteil hat. Die Aufteilung in horizontale und vertikale Komponenten einer Kraft mit Sinus und Cosinus haben Sie bereits in den Kapiteln 3 und 4 angewendet.

$$\Sigma V = 0: \downarrow^{+}$$

$$D_1 \cdot \sin \alpha - 20 = D_1 \cdot \sin\ 33{,}7° - 20 = 0$$

$\Rightarrow D_1 = 36$ kN (*Zugkraft*)

Mittels Momentengleichgewicht können wir nun die unbekannte Stabkraft O_1 bestimmen. Dazu drehen wir um den Knotenpunkt k_3, damit die Stabkräfte D_1 und U_1 aus der Gleichung fallen, da sich deren Wirkungslinie im gewählten Knotenpunkt schneiden (= keinen Hebelarm haben):

$$\Sigma M = 0:$$

$$O_1 \cdot 2{,}0 + 20 \cdot 3{,}0 = 0$$

$\Rightarrow O_1 = -30$ kN (*Druckkraft*)

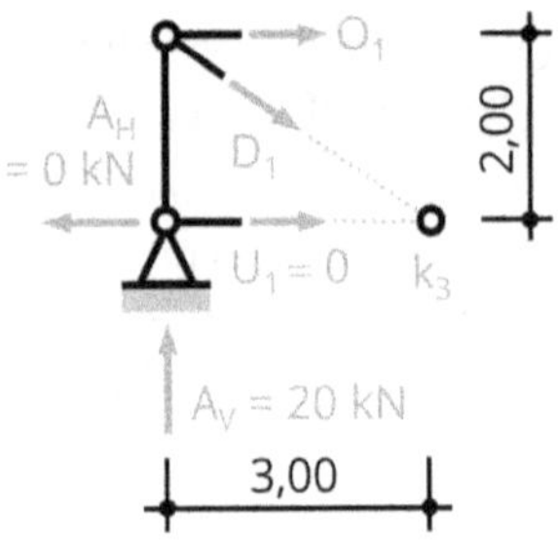

Abbildung 5.19: Ritterschnitt

Wie oben erwähnt, ist es empfehlenswert, sich für sämtliche Aufgaben bereits vorab für einen positiven Richtungssinn zu entscheiden. Gleiches gilt auch für das Momentengleichgewicht. So kann man für sich beispielsweise folgendes Schema festlegen:

$\Sigma V = 0$ $\Rightarrow$ nach unten positiv

$\Sigma H = 0$ $\Rightarrow$ nach rechts positiv

$\Sigma M = 0$ $\Rightarrow$ im Uhrzeigersinn drehend positiv (wie im Beispiel)

Eine ausführliche Erklärung zu den drei Gleichgewichtsbedingungen finden Sie in Kapitel 9 – Grundlagen der Schnittgrößenermittlung.

Das Beispiel zeigt im Übrigen sehr schön, warum es von Vorteil ist, sich bereits vorab Gedanken bezüglich der Nullstäbe zu machen. Natürlich könnte man mit den gelernten Verfahren die Stabkräfte auch einfach nach »Schema« berechnen, wie es auch ein Computer machen würde. Aber letztlich möchte man sich die Arbeit so einfach wie möglich machen, insbesondre bei einer »händischen« Berechnung.

Wenn wir U_1 als Nullstab identifiziert haben, bleiben nur noch »zwei« unbekannte Stabkräfte übrig: O_1 und D_1. Das bedeutet, dass wir auch nur noch »zwei« Gleichgewichtsbedingungen zur Lösung benötigen. So hätten wir O_1 auch mit $\Sigma H = 0$ bestimmen können:

$$\Sigma H = 0: \rightarrow^{+}$$

$$O_1 + U_1 + D_1 \cdot \cos\alpha = O_1 + 0 + 36 \cdot \cos\ 33{,}7^\circ = 0$$

$$\Rightarrow O_1 = -30 \text{ kN } (\textit{Druckkraft})$$

Grundsätzlich gibt es keine Unterschiede in der Vorgehensweise zwischen den beiden vorgestellten Verfahren: Knotenschnittverfahren und Schnittverfahren nach Ritter. Die zuvor genannte Abfolge beim Kontenschnittverfahren lässt sich auch beim Ritterschnitt analog anwenden.

Fachwerke effizient berechnen

Nun haben Sie die Grundlagen zur rechnerischen Bestimmung von Stabkräften kennengelernt und können diese mittels Kontenschnittverfahren und dem Ritterschnittverfahren berechnen. Man ist bei der Untersuchung von Fachwerken jedoch nicht auf eines der beiden Verfahren beschränkt. Häufig ist es sogar vom Vorteil, beide Verfahren gleichzeitig anzuwenden, um ein Fachwerkssystem möglichst zeitsparend zu berechnen, wie das nachfolgende Beispiel zeigt. Daher ist es unbedingt erforderlich, sich intensiv mit beiden Berechnungsmethoden auseinander zu setzen, gleiches gilt für die theoretischen Grundlagen in den vorherigen Kapiteln.

Abbildung 5.20 zeigt ein Fachwerksystem eines Dachbinders für eine Lagerhalle. Bei dem Fachwerk handelt es sich um einen Dreieckbinder aus Holz mit fünf Einzellasten am Obergurt. Folgende Punkte sind zu bearbeiten:

1. Wahl einer geeigneten Binderhöhe H
2. Fachwerk beschriften
3. Statische Bestimmtheit überprüfen
4. Ermittlung der Lagerreaktionen
5. Ermittlung der Nullstäbe
6. Berechnung der Stabkräfte

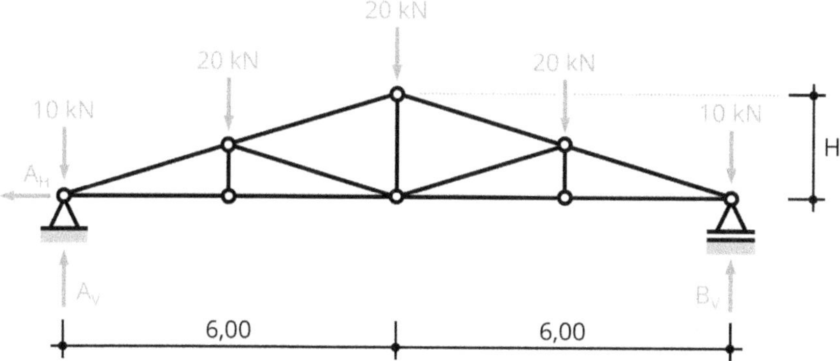

Abbildung 5.20: Fachwerksystem des Dachbinders

1. Wahl einer geeigneten Binderhöhe H

Erinnern Sie sich daran, was im Abschnitt »Vorbemessung weitgespannter Dachtragwerke« erläutert wird und berechnen Sie mit der Formel für Dreieckbinder nach Tabelle 5.1 die Binderhöhe H:

$H = 1/6 \cdot 12 = 2{,}0$ m (oberer Grenzwert)

$H = 1/9 \cdot 12 = 1{,}3$ m (unterer Grenzwert)

$\Rightarrow$ Gewählt: Binderhöhe $H = 2{,}0$ m

2. Fachwerk beschriften

Bei der Beschriftung greifen wir wieder auf das bewährte Schema zurück: Knoten mit Kleinbuchstaben (k_1, k_2, k_3, etc.), Stäbe mit Großbuchstaben (O_1, O_2, U_1, V_1, etc.)

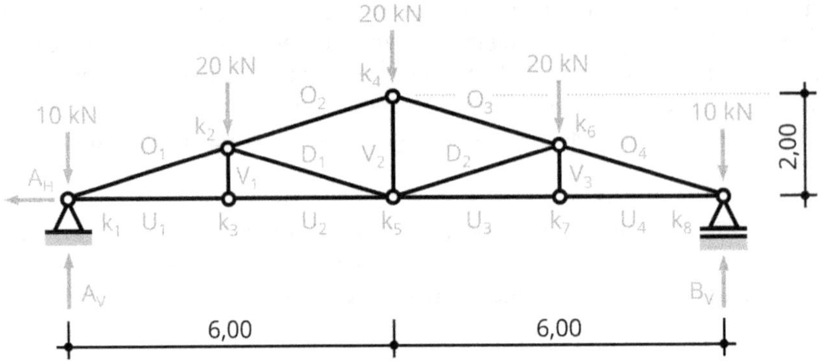

Abbildung 5.21: Fachwerksystem mit Beschriftung

3. Statische Bestimmtheit überprüfen

Auch hier wenden Sie, wie bei den Beispielen zuvor, einfach die Gleichung »n = a + s − 2k« an. WICHTIG zu merken: Das Ergebnis muss immer »0« sein, damit wir das Fachwerk »händisch« berechnen können.

a = 3 (Anzahl der Auflagerreaktionen)

s = 13 (Anzahl der Fachwerkstäbe)

k = 8 (Anzahl der Knotenpunkte)

$n = 3 + 13 - 2 \cdot 8 = 0$

⇒ Fachwerk ist statisch bestimmt

4. Ermittlung der Lagerreaktionen

Aufgrund der Symmetrie (symmetrisches System mit symmetrischer Belastung) lassen sich die Auflagerkräfte sehr einfach ermitteln, indem wir die vertikale Last auf beide Auflager gleich verteilen. Die Grundlagen zur Berechnung von Auflagerkräften respektive Lagerreaktionen werden im Kapitel 9 ausführlich erklärt.

$A_V = B_V = 80/2 = 40$ kN

$A_H = 0$,da keine äußere horizontale Kraft vorhanden ist

5. Ermittlung der Nullstäbe

Nachdem die Auflagerkräfte bestimmt wurden und somit sämtliche äußere Lasten bekannt sind, können nun die Nullstäbe mithilfe der Nullstabregeln ermittelt und mit einer »0« im System kennzeichnen werden:

6. Berechnung der Stabkräfte

Nachfolgend wollen wir die Stabkräfte möglichst effizient und zeitsparend bestimmen. Hierfür möchten wir die beiden Berechnungsverfahren miteinander kombinieren.

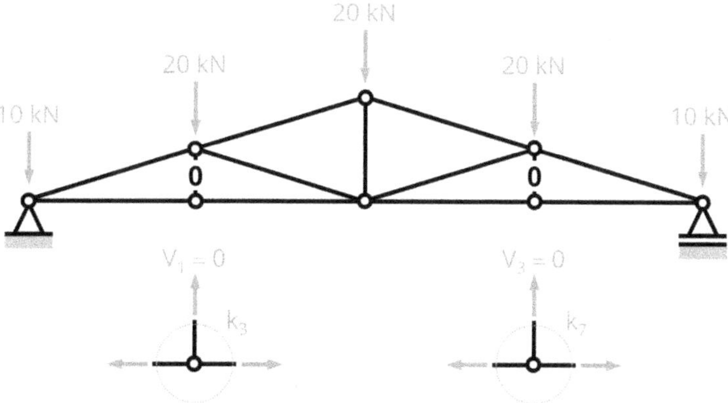

Abbildung 5.22: Nullstäbe des Fachwerksystems

Zunächst werden wir mittels Ritterschnitt die Stabkräfte O_2, D_1 und U_2 bestimmen, anschließend die Stabkräfte O_1, U_1 und V_2 mithilfe des Knotenschnittverfahrens an den Knoten k_1 und k_4. Aufgrund der Symmetrie und weiteren Überlegungen ergeben sich die übrigen unbekannten Stabkräfte, dazu folgen unten weitere Informationen.

Ritterschnitt:

In der Abbildung werden die gesuchten Stabkräfte O_2, D_1 und U_2 »freigeschnitten« und dargestellt. Wenn Sie entsprechende Skizzen erstellen, sollten Sie immer darauf achten alle bekannten Kräfte anzutragen, gleiches gilt auch für die umliegenden Knotenpunkte, da diese als mögliche Drehpunkte für das Momentengleichgewicht dienen können.

Häufig zeigt sich in der Korrektur von Prüfungen, dass die Gleichungen falsch oder unvollständig aufgestellt werden, da keine oder fehlerhafte Skizzen erstellt werden. Sehr gerne werden Horizontallasten und horizontale Auflagerkräfte vergessen. Daher sollten Sie sich vor der Berechnung genügend Zeit nehmen, um eine »brauchbare« Skizze zu erstellen.

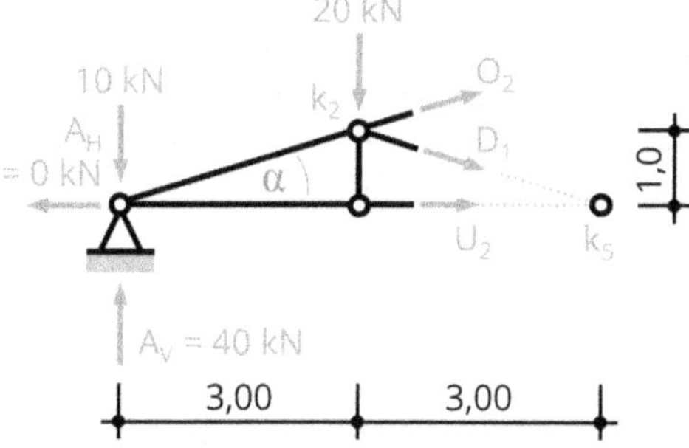

Abbildung 5.23: Ritterschnitt

Zu Beginn drehen wir um den Knotenpunkt k_2, da sich hier die Wirkungslinien von O_2 und D_1 schneiden. Das bedeutet, dass beide Kräfte keinen Hebel haben und entsprechend kein Moment erzeugen. Dadurch haben wir nur noch U_2 als einzige Unbekannte in der Gleichung:

$$\Sigma M = 0:$$

$$-U_2 \cdot 1{,}0 + 40 \cdot 3{,}0 - 10 \cdot 3{,}0 = 0$$

$$\Rightarrow U_2 = 90 \text{ kN } (\textit{Zugkraft})$$

Schauen Sie sich bitte Abbildung 5.22 noch einmal genauer an. Wir haben festgestellt, dass es sich bei V_1 um einen Nullstab handelt, das bedeutet, dass wir den Stab »gedanklich ausblenden« können. Übrig bleiben dann die beiden Untergurtstäbe U_1 und U_2. Da auch hier $\Sigma H = 0$ gelten muss, wissen wir, dass es $U_1 = U_2$ entspricht. Aufgrund der Symmetrie des Systems gilt dann wiederum: $U_1 = U_2 = U_3 = U_4$. In der nachfolgenden Berechnung werden wir das auch noch einmal rechnerisch belegen.

Als nächstes werden wir um den Knotenpunkt k_5 drehen. Dadurch entfallen die beiden Stabkräfte D_1 und U_2. Wichtig ist es, darauf zu achten, die Abstände vom Drehpunkt zu den äußeren Kräften nicht aus der vorherigen Gleichung zu übernehmen. Wie Sie in der Gleichung sehen können, ändern sich nun diese Abstände und auch die Belastung von 20 kN auf den Knotenpunkt k_2 hat nun einen Hebelarm zum Drehpunkt.

Winkel α zwischen Obergurt und Untergurt:

$$\tan \alpha = 1{,}00/3{,}00$$

$$\Rightarrow \alpha = \tan^{-1}(1{,}00/3{,}00) = 18{,}4°$$

$$\Sigma M = 0:$$

$$O_2 \cdot \sin \alpha \cdot 3{,}0 + O_2 \cdot \cos \alpha \cdot 1{,}0 + 40 \cdot 6{,}0 - 10 \cdot 6{,}0 - 20 \cdot 3{,}0 = 0$$

$$O_2 \cdot \sin\ 18{,}4° \cdot 3{,}0 + O_2 \cdot \cos\ 18{,}4° \cdot 1{,}0 + 40 \cdot 6{,}0 - 10 \cdot 6{,}0 - 20 \cdot 3{,}0 = 0$$

$$\Rightarrow O_2 = -63{,}3 \text{ kN } (\textit{Druckkraft})$$

Eventuell fragen Sie sich jetzt, warum O_2 zweimal in der Gleichung auftaucht, einmal mit Sinus und einmal mit Cosinus. An dieser Stelle sollten Sie sich an die Grundlagen der vorherigen Kapitel erinnern, genauer gesagt an die Zerlegung von schrägen Kräften in horizontale und vertikale Anteile. Wir haben die Stabkraft O_2 also in einen horizontalen und vertikalen Anteil zerlegt. Denken Sie bitte auch daran, dass der Hebelarm (= Abstand) zum Drehpunkt immer senkrecht zur Kraft gemessen wird. Falsche Hebelarme gehören zu den häufigsten Fehlerursachen, nicht nur bei den Fachwerken.

Für kompliziertere Gleichungen ist ein Taschenrechner mit Gleichungslöser (SOLVE-Funktion) empfehlenswert. Bitte informieren Sie sich vorab bei Ihrem Lehrer oder Dozenten, welche Taschenrechner für die Prüfungen erlaubt sind.

Anschließend können wir mithilfe der Gleichgewichtsbedingungen $\Sigma H = 0$ oder $\Sigma V = 0$ die noch unbekannte Stabkraft D_1 bestimmen, es werden beide Wege dargestellt. Für die nachfolgenden Berechnungen wird bewusst auf die Darstellung des positiven Richtungssinns verzichtet. Versuchen Sie bitte die Gleichung zu verstehen und selbst herauszufinden, welcher positive Richtungssinn zugrunde liegt.

$\Sigma V = 0$:

$$D_1 \cdot \sin\alpha - O_2 \cdot \sin\alpha + 10 + 20 - 40 = 0$$

$$D_1 \cdot \sin 18{,}4^\circ - (-63{,}3) \cdot \sin 18{,}4^\circ + 10 + 20 - 40 = 0$$

$$\Rightarrow D_1 = -31{,}6\text{ kN } (\textit{Druckkraft})$$

$\Sigma H = 0$:

$$D_1 \cdot \cos\alpha + O_2 \cdot \cos\alpha + U_2 = 0$$

$$D_1 \cdot \cos 18{,}4^\circ + (-63{,}3) \cdot \cos 18{,}4^\circ + 90 = 0$$

$$\Rightarrow D_1 = -31{,}55\text{ kN} \approx -31{,}6\text{ kN } (\textit{Druckkraft})$$

Knoten k_1:

Abbildung 5.24 zeigt den freigeschnittenen Knoten k_1 und sämtliche am Knotenpunkt wirkende Kräfte. Die unbekannten Stabkräfte O1 und U1 können wir wie gehabt über die Gleichgewichtsbedingungen ermitteln.

$\Sigma V = 0$:

$$-O_1 \cdot \sin\alpha + 10 - 40 = -O_1 \cdot \sin 18{,}4^\circ + 10 - 40 = 0$$

$$\Rightarrow O_1 = -95\text{ kN} (\textit{Druckkraft})$$

$\Sigma H = 0$:

$$U_1 + O_1 \cdot \cos\alpha = U_1 + (-95) \cdot \cos 18{,}4^\circ = 0$$

$$\Rightarrow U_1 = 90\text{ kN } (\textit{Zugkraft})$$

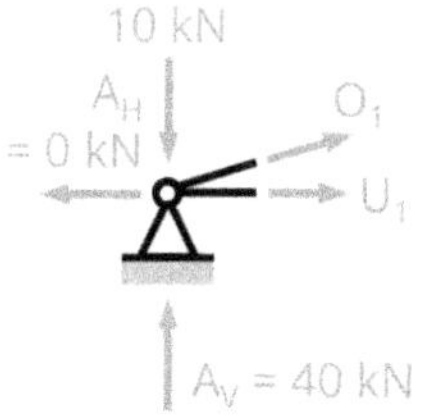

Abbildung 5.24: Freigeschnittener Knoten k_1

Wie Sie sehen, haben wir für U1 das gleiche Ergebnis erhalten wie beim Ritterschnitt. Wenn Sie entsprechende Überlegungen anstellen und versuchen, das System zu verstehen, können Sie den Rechenaufwand sparen und damit viel Zeit.

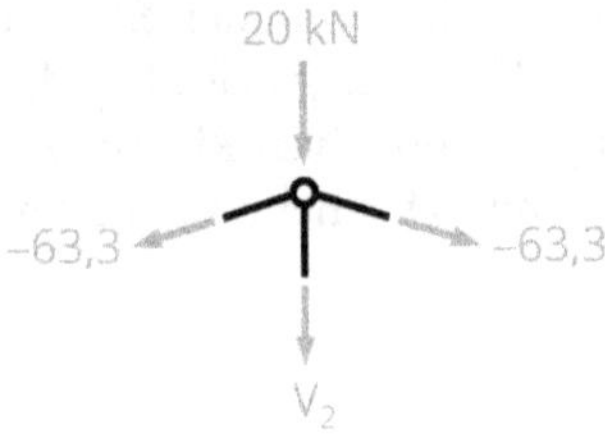

Abbildung 5.25: Freigeschnittener Knoten k_4

V_1	0 *(Nullstab)*	D_1	−31,6 kN *(D)*	O_1	−95 kN *(D)*	U_1	90 kN *(Z)*
V_2	20 kN *(Z)*	D_2	−31,6 kN *(D)*	O_2	−63,3 kN *(D)*	U_2	90 kN *(Z)*
V_3	0 *(Nullstab)*			O_3	−63,3 kN *(D)*	U_3	90 kN *(Z)*
				O_4	−95 kN *(D)*	U_4	90 kN *(Z)*

Tabelle 5.3: Zusammenfassung der Stabkräfte

<u>Knoten k_4:</u>

$$\Sigma V = 0:$$

$$V_2 + 2 \cdot (-63{,}3) \cdot \sin \alpha + 20 = 0$$

$$V_2 + 2 \cdot (-63{,}3) \cdot \sin\ 18{,}4^\circ + 20 = 0$$

$$\Rightarrow V_2 = 20 \text{ kN } (\textit{Zugkraft})$$

In Tabelle 5.2 sind die Ergebnisse zusammengefasst. Aufgrund der Symmetrie können die restlichen Stabkräfte ergänzt werden.

Stabkräfte zeichnerisch bestimmen: Der Cremonaplan

Sie haben bestimmt festgestellt, dass das Wissen über Kraftsysteme die Grundalge zur Berechnung von Fachwerken darstellt. Bisher haben wir uns aber ausschließlich rechnerische Methoden zur Bestimmung respektive Berechnung von Stabkräften vorgestellt.

Der Cremonaplan stellt ein zeichnerisches Verfahren dar. Die Grundlagen hierfür haben Sie ebenfalls schon in den vorherigen Kapiteln kennengelernt. Wenn wir jeden einzelnen Knoten, wie auch beim Kotenschnittverfahren, freischneiden, können wir ein geschlossenes Krafteck zeichnen, sodass alle äußeren und inneren Kräfte am Knoten in ihrer Summe gleich Null sind. Da jede Stabkraft an zwei Fachwerkknoten angreift, können wir das gesamte Fachwerk als Aneinanderreihung der einzelnen Kraftecke zu einem »Gesamt-Krafteck« darstellen. Dieses »Gesamt-Krafteck« aller Knoten heißt Cremonaplan.

Für das nachfolgende Fachwerk wollen wir einen Cremonaplan Schritt für Schritt konstruieren. Die Auflagerkräfte sind hierbei schon gegeben, so dass wir uns voll und ganz auf die zeichnerische Konstruktion des Cremonaplans konzentrieren können.

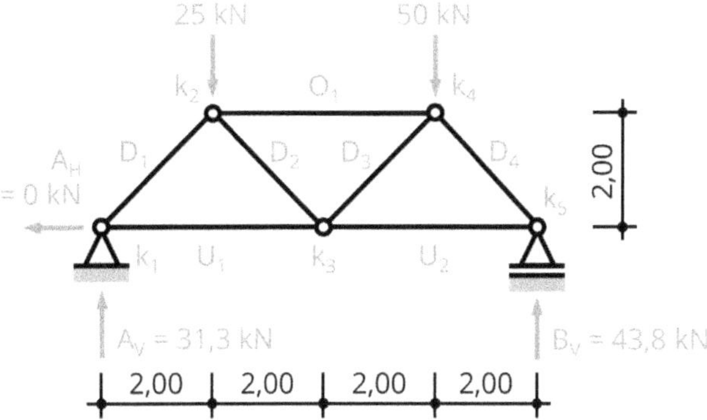

Abbildung 5.26: Beispiel zum Cremonaplan

Zu Beginn legen wir einen geeigneten Kräftemaßstab fest, siehe Abbildung 5.27. Jetzt müssen wir uns entscheiden, in welcher Reihenfolge die einzelnen Kontenpunkte abgearbeitet werden sollen. In diesem Beispiel werden wir mit dem Knoten k_1 beginnen... anschließend k_2... und so weiter.

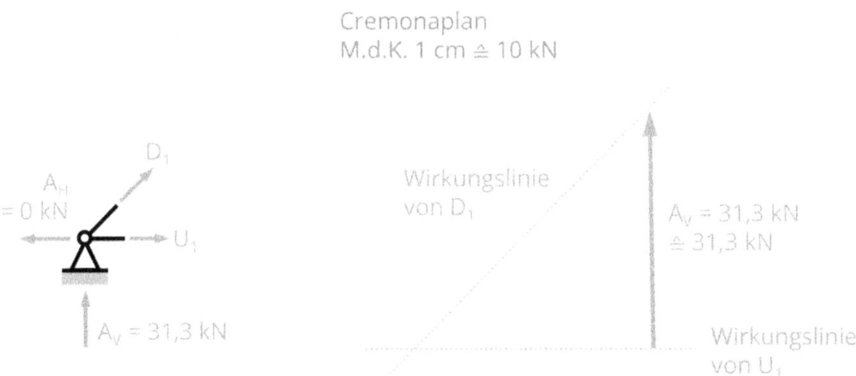

Abbildung 5.27: Freigeschnittener Knoten k_1 und Krafteck (Cremonaplan)

Zunächst schneiden wir den Knoten frei und erstellen für sämtliche am Knotenpunkt wirkenden Kräfte das Krafteck. Dabei beginnen wir mit der bekannten Auflagerkraft A_V. Anschließend ergänzen wir die Wirkungslinien der beiden Fachwerkstäbe D_1 und U_1, so dass sich ein Dreieck ergibt, um das Krafteck zu schließen.

Haben wir das Krafteck konstruiert, können wir wie gewohnt die beiden Stabkräfte einzeichnen, abmessen und die Größe mittels Kräftemaßstab bestimmen, wie in Abbildung 5.28 dargestellt:

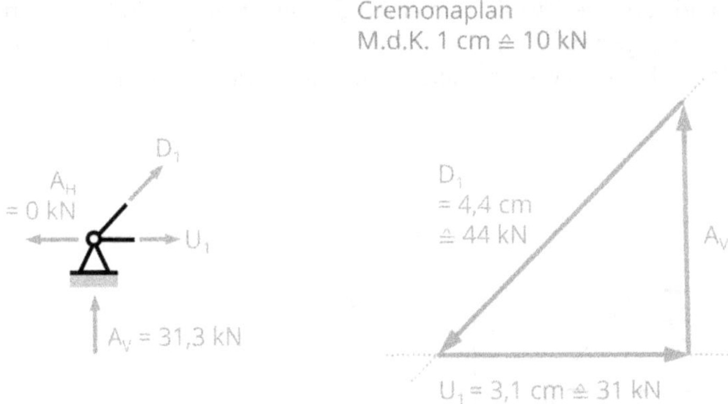

Abbildung 5.28: Ermittlung der Stabkräfte D_1 und U_1

Wollen Sie nun wissen, ob es sich bei den Stabkräften D_1 und U_1 um Druck- oder Zugkräfte handelt, so müssen Sie einfach die Pfeile aus dem Cremonaplan (= Krafteck) in den freigelegten Knotenpunkt übertragen und notfalls korrigieren. Abbildung 5.29 zeigt dies am Beispiel der Diagonalen D_1. Hier muss der Pfeil korrigieret werden und zeigt (drückt) auf den Knotenpunkt. Somit handelt es sich bei D_1 um eine Druckkraft.

Der Pfeil muss natürlich nicht immer korrigiert werden. Sie wissen, dass wir die gesuchten Stabkräfte zu Beginn immer als Zugkräfte definieren: Der Pfeil zeigt weg vom Knotenpunkt. Wenn Sie nun herausgefunden haben, dass es sich hierbei um eine Druckkraft handelt, dann können Sie der Kraft auch einfach ein negatives Vorzeichen geben. Wichtig ist in jedem Fall das Verständnis… Sie sollten schließlich wissen und verstehen, was hier gemacht wird.

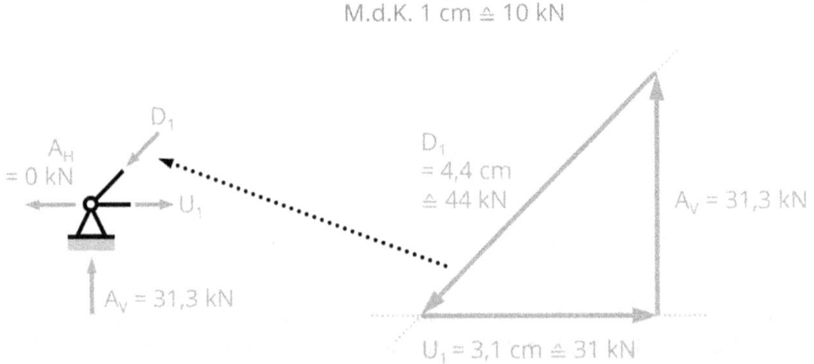

Abbildung 5.29: Übertragung der Pfeilrichtung

Im nächsten Schritt betragen wir den Knoten k_2. Zunächst übertragen wir die bereits ermittelte Stabkraft D_1, diese bildet den Startpunt für das zweite Krafteck. Wichtig ist, die Pfeilrichtung zu tauschen, da es sich hierbei um eine Druckkraft handelt: Sie muss also auf den Knotenpunkt zeigen (= drücken). Nun tragen wir umlaufend die bekannten Kraftgrößen an, also die einwirkende Belastung mit 25 kN. Anschließend konstruieren wir wieder das Krafteck mittels der Wirkungslinien von O_1 und D_2, siehe Abbildung 5.30.

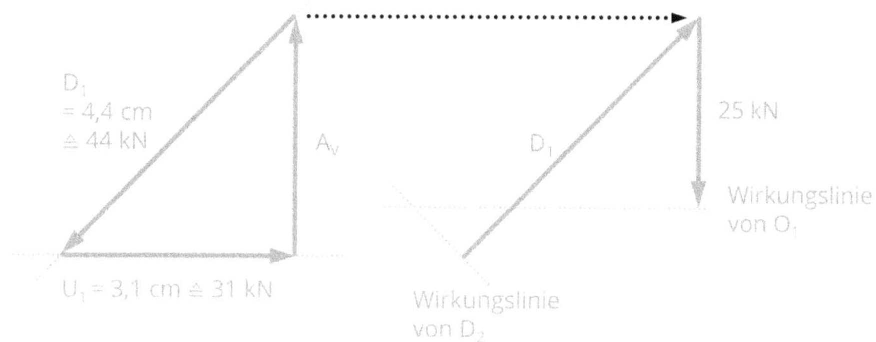

Abbildung 5.30: Krafteck des zweiten Knoten k_2

Natürlich zeichnen Sie nicht immer wieder ein neues Krafteck, sondern ergänzen das vorherige. Versuchen Sie es, indem Sie das gezeigte Beispiel Schritt für Schritt nacharbeiten.

Nun müssen nur noch die Pfeile angetragen werden, um die beiden Stabkräfte zu bestimmen. Bitte stets daran denken: Das Krafteck zu schließen bedeutet, die Pfeile aneinander zu setzen.

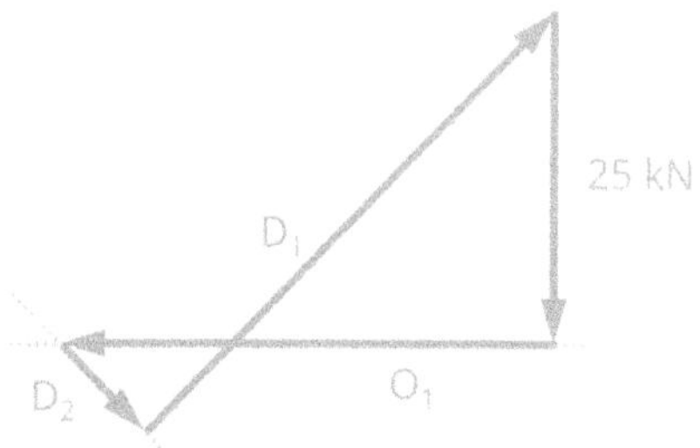

Abbildung 5.31: Krafteck wird geschlossen

Letztlich müssen auch für die anderen Knotenpunkte entsprechende Kraftecke konstruiert werden. Wenn Sie das getan haben, müsste der fertige Cremonaplan in etwa so aussehen:

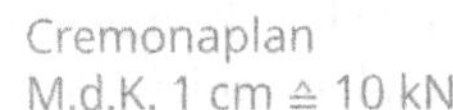

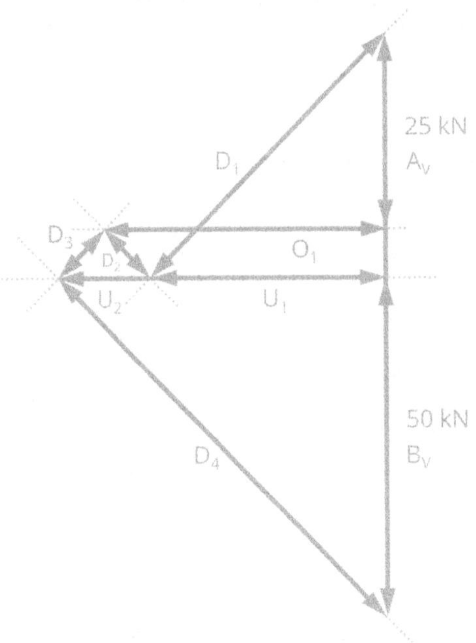

Abbildung 5.32: Vollständiger Cremonaplan

Aus dem Cremonaplan können ergeben sich nun folgende Kraftgrößen:

D_1	−44 kN *(D)*	U_1	31 kN *(Z)*	O_1	−38 kN *(D)*
D_2	9 kN *(Z)*	U_2	44 kN *(Z)*		
D_3	−9 kN *(D)*				
D_4	−62 kN *(D)*				

Tabelle 5.4: Zusammenfassung der Stabkräfte aus dem Cremonaplan

Versuchen Sie, das Beispiel zum Cremonaplan doch einmal rechnerisch zu lösen und die Ergebnisse nachzuvollziehen. Genauso können Sie für die vorherigen Beispiele zum Knotenschnittverfahren und zum Schnittverfahren nach Ritter versuchen, die Stabkräfte mittels Cremonaplan zu bestimmen. Übung macht den Meister.

Teil III
Erstellen von Lastannahmen

IN DIESEM TEIL ...

In diesem Teil lernen Sie, Beanspruchungen von Bauteilen richtig zu erfassen und in Wichten mit korrekter Last-Geometrie umzuwandeln.

Sie lernen die unterschiedlichen Qualitäten von ständigen und veränderlichen Lasten kennen und prägen sich die jeweiligen Teilsicherheitsbeiwerte ein.

Sie bilden Lastfallkombinationen und lernen, die für die Bemessung maßgebende Kombination zu ermitteln.

IN DIESEM KAPITEL

Ständige und veränderliche Lasten

Teilsicherheitsbeiwerte und Lastfallkombinationen

Last-Geometrien

Kapitel 6
Grundlagen der Lastannahme

In den vorangegangenen Kapiteln haben Sie einiges über Kräfte erfahren, die in Systemen wirken. Diese abstrakte Benennung soll nun konkretisiert und die Herkunft der Kräfte beleuchtet werden.

Die auf Bauwerke oder Tragwerke wirkenden Kräfte werden durch die Massen verursacht, die auf das Bauwerk/Tragwerk einwirken. In Kapitel 2 wird erläutert, dass in der Statik mit Gewichtskräften gerechnet wird, die aus der Umrechnung der Dichte von Massen resultieren. In der Statik werden diese auf den Baukörper einwirkenden Kräfte als »Lasten« bezeichnet.

Basis der Lastannahmen in der Statik ist der EC1 – Einwirkungen auf Tragwerke. Hier finden Sie Tabellen für die Wichten von Baustoffen, Verkehrslasten, Teilsicherheitsbeiwerte und Kombinationsregeln für die verschiedenen Lastarten. Dies sind viele neue Begriffe, die im Folgenden erläutert werden.

Vokabeln der Lastannahme

Lasten werden im EC1 stets als Einwirkungen bezeichnet und mittels der Dauer und Häufigkeit ihres Wirkens in drei Kategorien eingeteilt:

- ✔ Ständige Einwirkungen
- ✔ Veränderliche Einwirkungen
- ✔ Außergewöhnliche Einwirkungen

Da in der Berufspraxis eher selten von »Einwirkungen«, sondern konkret von »Lasten« gesprochen wird, möchten wir vornehmlich den Begriff »Lasten« verwenden.

Ständige Lasten ...

... wirken ständig (auf ein Tragwerk) und sind unveränderlich in Lage und Größe.

Beispiel für eine ständige Last ist die Mauer des Zimmers, in dem Sie gerade sitzen und lesen, oder der Stahlbeton der Decke, die unter Ihnen liegt. Die Fliesen auf dem Fußboden oder die Ziegel auf dem Dach sind auch ein Beispiel. All diese Lasten sind ständig da, verändern sich nicht in ihrer Größe und bewegen sich nicht.

Ständige Lasten werden mit dem Buchstaben »g, G« kenntlich gemacht.

Veränderliche Lasten ...

... dagegen wirken nicht ständig! Sie sind in ihrer Lage verschieblich und verändern auch ihre Größe. Veränderliche Lasten werden auch Nutzlasten oder Verkehrslasten genannt.

Beispiele für veränderliche Lasten sind:

- ✔ Windlasten
- ✔ Schneelasten
- ✔ Personen in Kinos
- ✔ Fahrzeuge auf Brücken

Veränderliche Lasten haben den Buchstaben »q, Q« als Index.

Außergewöhnlichen Lasten ...

... sind außergewöhnlich, selten, »unberechenbar«. Erdbeben gehören in diese Kategorie, die Anpralllast eines Gabelstaplers an die Stütze einer Industriehalle oder der Aufprall eines Helikopters auf den Landeplatz des Krankenhausdaches.

Außergewöhnlichen Lasten ist der Buchstabe »a, A« zugeteilt.

Die Großbuchstaben werden gewöhnlich für Einzellasten und manchmal für Linienlasten auf Decken verwendet, während die Kleinbuchstaben für Linien- und Flächenlasten verwendet werden.

Charakteristische Lasten ...

... sind Lasten aller bisher beschriebenen Kategorien: die Wichte von Beton, Schnee oder der anprallende Gabelstapler, so, wie sie tatsächlich auftreten.

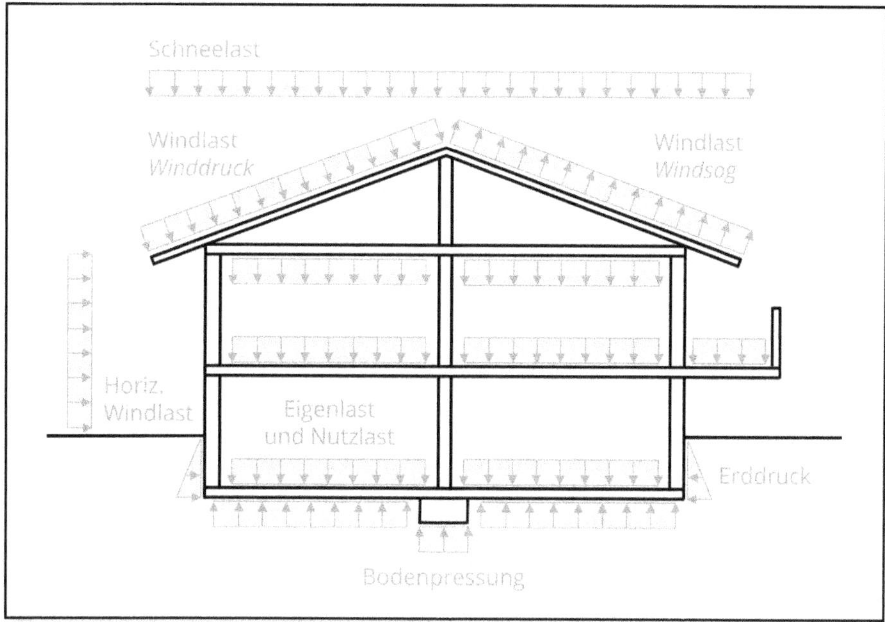

Abbildung 6.1: Lastqualitäten am Wohnhaus

Bemessungslasten …

… sind die mit Teilsicherheitsbeiwerten beaufschlagten charakteristischen Lasten und für statische Nachweise zu verwenden.

Teilsicherheitsbeiwerte

In Kapitel 2 haben Sie bereits das Prinzip des Sicherheitskonzepts nach EC 0 kennen gelernt.

Die Wichten der Belastungen sind als charakteristische Lasten im Eurocode festgeschrieben und werden bei der Berechnung von statischen Tragfähigkeitsnachweisen »zur Sicherheit« mit Aufschlägen versehen. Damit ist gewährleistet, dass Unwägbarkeiten, Toleranzen oder andere Einflussfaktoren, die die Tragfähigkeit beeinträchtigen könnten, erfasst sind. Diese Aufschläge sind die Teilsicherheitsbeiwerte, die den griechischen Buchstaben γ tragen.

Teilsicherheitsbeiwert für

- ✔ ständige Lasten: $\gamma_g = 1{,}35$
- ✔ für veränderliche Lasten: $\gamma_q = 1{,}50$
- ✔ für außergewöhnliche Lasten: $\gamma_A = 1{,}00$

Bemessungswert = Teilsicherheitsbeiwert · charakteristischer Wert einer Einwirkung

- ✔ für Ständige Last: $g_d = 1{,}35 \cdot g_k$
- ✔ für veränderliche Last: $q_d = 1{,}50 \cdot q_k$

Eindeutig zu unterscheiden sind die Last-Qualitäten anhand der Indizes:

Charakteristische Lasten haben den Index »k«

Bemessungswerte (= Designwerte) der Lasten haben den Index »d«

Die Lasten des EC 1 sind immer charakteristisch (Index »k«) und müssen mit dem Teilsicherheitsbeiwert versehen werden, wodurch sich Bemessungswerte (Index »d«) ergeben.

Lastfallkombinationen

Da an einem Bauwerk immer mehrere Lasten verschiedener Kategorien (ständig oder veränderlich) auftreten, müssen Lastfallkombinationen gebildet werden. Dabei werden zunächst alle tatsächlich am Bauteil auftretenden Einwirkungen als charakteristische Werte erfasst und dann je nach Ereignis, Häufigkeit, Dauer, etc. unter Zuhilfenahme von Kombinationsbeiwerten »zusammengefügt«. In Abbildung 2.5 in Kapitel 2 wird diese Kombinatorik in allgemeiner Schreibweise dargestellt:

$$E_d = \gamma_g \cdot G_k \oplus \gamma_q \cdot Q_{k,1} \oplus \sum \psi_{q,i} \cdot \gamma_q \cdot Q_{k,i}$$

oder

$$E_d = \gamma_g \cdot G_k \oplus 1{,}35 \cdot \sum Q_{k,i}$$

In der praktischen Anwendung wird für den kombinierten Wert häufig der Buchstabe »R, r« und der Begriff »Volllast« verwendet:

$$r = g + q \; (\textit{für Strecken – oder Flächenlasten mit Kleinbuchstaben})$$

$$\text{Volllast} = \text{Ständige Last} + \text{veränderliche Last}$$

$$R = G + Q \, (\textit{für Einzellasten mit Großbuchstaben})$$

In Kapitel 2 wird erläutert, dass in der Norm der Widerstand mit »R« bezeichnet wird. Hier bezeichnet »R, r« jedoch die Einwirkung Volllast (= resultierende Last). Das ist anfänglich etwas verwirrend, kann aber klar unterschieden werden, wenn Sie wissen »auf welcher Seite« Sie gerade stehen.

Für die charakteristischen Lasten wird der Index »k« hinzugefügt,

$$r_k = g_k + q_k$$

für die Bemessungswerte (Design-Werte) der Index »d«.

$$r_d = g_d + q_d$$

In den Beispielen in Kapitel 8 finden Sie diese Kombinationen in ausführlicher Weise.

Streng genommen darf im Zusammenhang mit charakteristischen Werte nicht von »kombiniertem« Wert gesprochen werden, weil dieser Begriff den Lasten mit Bemessungswerten zugeordnet ist. Gebrauchstauglichkeitsnachweise werden jedoch mit den charakteristischen Zahlenwerten geführt (der

Teilsicherheitsbeiwert ist 1,0 – der Betrag des Bemessungswerts entspricht also dem des charakteristischen Werts) und daher empfiehlt es sich, ebenfalls einen »kombinierten« Wert zu bilden, der fachlich korrekt schlicht der Summenwert aus ständiger und veränderlicher Last ist.

Last-Geometrien

Lasten treten, dem Bauteil, auf das sie einwirken entsprechend, auf.

Die Last auf und aus einer Stütze ist eine Einzellast. Ein Stahlträger ist seiner Linienform entsprechen mit Linienlasten belastet und wenn eine Stütze auf ihm steht, auch mit einer Einzellast. Decken haben Flächenlasten abzutragen. In Abbildung 6.2 werden diese verschiedenen Last-Geometrien zur Veranschaulichung dargestellt:

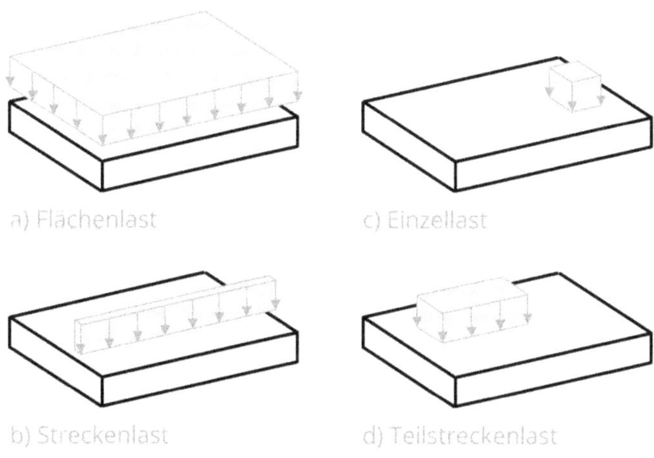

Abbildung 6.2: Last-Geometrien

Die verschiedenen Geometrien sind auch anhand der Einheit der Last eindeutig zu erkennen:

- ✔ Einzellasten haben die Einheit [kN], seltener [N] oder [MN].
- ✔ Linienlasten werden »pro laufenden Meter« angegeben, zum Beispiel in [kN/m].
- ✔ Flächenlasten beziehen sich immer auf einen Quadratmeter Grundfläche, die Einheit lautet [kN/m^2]. In der Geotechnik gebraucht man auch [MN/m^2] als Einheit. Diese Berechnung für die kleinste Mengeneinheit, 1m^2, lässt alle Freiheiten für die tatsächlichen Tragweiten der Bauteile. Sind gleiche Lastannahmen für unterschiedlich weit gespannte Tragsysteme gegeben, kann sofort mit dem Nachweis begonnen werden.

Mit der Lastgeometrie wird auch die tatsächliche Ausdehnung der Belastung auf dem Bauteil beschrieben. Ist eine Belastung voll (flächig) auf dem Träger vorhanden, spricht man von einer Gleichstreckenlast, siehe Abbildung 6.3:

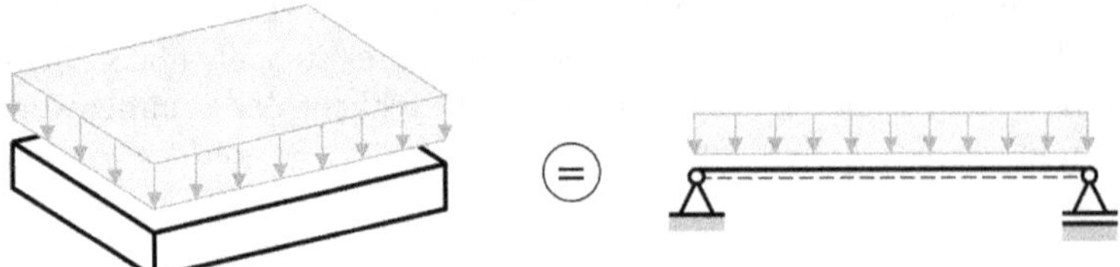

Abbildung 6.3: Gleichstreckenlast

Sind nur Teile des Trägers belastet, handelt es sich um eine Teilstreckenlast:

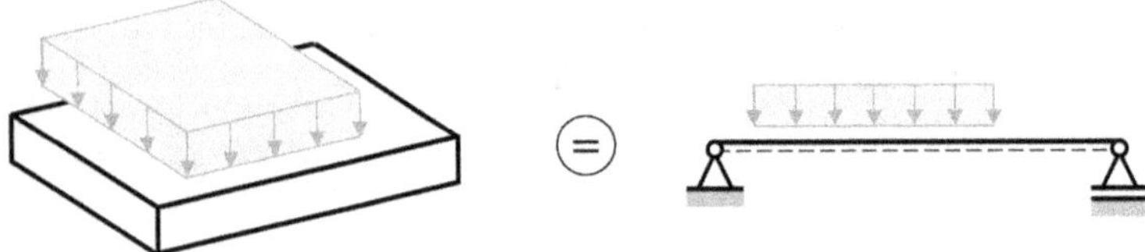

Abbildung 6.4: Teilstreckenlast

Lasten können auch trapezförmig oder dreiecksförmig angenommen werden:

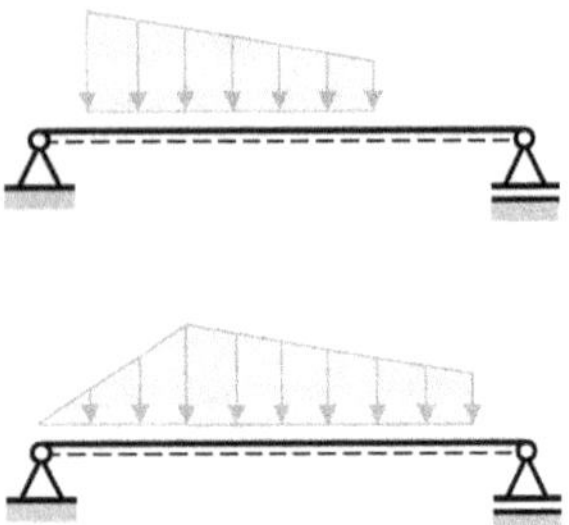

Abbildung 6.5: Ungleichmäßige Last-Geometrien

Handwerkszeug Bautabellen

Um Lasten ermitteln zu können, brauchen Sie die erwähnten Tabellen aus dem Eurocode 1, die sich in allen gängigen Regelwerken, Bautabellen und bautechnischen Zahlentafeln finden lassen. Nehmen Sie jetzt bitte Ihr Regelwerk zur Hand und blättern Sie ein wenig im Kapitel »Lastannahmen«, um sich mit dem Aufbau und dem Inhalt vertraut zu machen.

Je besser Sie sich in Ihrem Regelwerk auskennen, desto mehr Spaß macht es, Werte zu suchen, Formeln anzuwenden und Ergänzungstexte zu studieren. Getreu dem Motto »Sie müssen nicht wissen, wie's geht, Sie müssen nur wissen, wo's steht« sollten Sie Ihr Regelwerk als Werkzeug verstehen, als »Heiliges Buch«, das alles beinhaltet, was Sie wissen müssen.

Eine gute Einarbeitung in Ihre Bautabellen respektive bautechnischen Zahlentafeln ist insbesondere dann sinnvoll, wenn Sie als Hilfsmittel bei Prüfungen zugelassen sind.

IN DIESEM KAPITEL

Den Aufbau der Bautabellen studieren

Eigenlasten betrachten

Nutzlasten untersuchen

Wind- und Schneelasten berücksichtigen

Kapitel 7
Ständige und veränderliche Lasten

Die Lastannahme ist das »Jonglieren« mit unterschiedlichen Lastqualitäten und deren Kombinationen. Je besser Sie mit den Grundsätzen vertraut sind, desto besser können Sie den Überblick wahren. In diesem Kapitel wird diese Basis gründlich beleuchtet und vor allem bekommen Sie Gelegenheit, die praktische Anwendung Ihres Tabellenbuchs zu üben, um sicher damit umgehen zu können.

Aufbau der Bautabellen

Im Abschnitt »Lastannahmen« finden Sie nach den allgemeinen Erläuterungen von Sicherheitskonzept und Nachweisformaten zuerst die »Eigenlasten von Baustoffen, Bauteilen und Lagerstoffen«: Stahlbeton, Putze, Holz, Dachdeckungen, Fußboden- und Wandbeläge, Dach-/Bauwerksabdichtungen… fast alles, was verbaut werden kann findet hier mit einem entsprechenden Zahlenwert Eingang.

Achten Sie bitte auf die Anmerkungen (in den Fußnoten) der Tabellen. Sie geben wichtige Hinweise auf Nebenerscheinungen der Lasten wie Feuchtegehalt, Unterkonstruktionen oder Verlegemörtel. Auch auf die Einheiten in den jeweiligen Tabellen sollten Sie unbedingt aufpassen, da diese je nach Last variieren.

Nach den Eigenlasten sind in der Regel die verschiedenen Nutzlasten aufgeführt, zuerst die »Nutzlasten im Hochbau«, also die Verkehrslasten für Gebäude. Wind und Schnee haben eigene Abschnitte, ebenso andere veränderliche Lasten wie für Brücken oder Erdbebenbeanspruchungen.

Vielleicht haben Sie den ein oder anderen Begriff schon wieder vergessen. Das ist auch vollkommen in Ordnung! Ein Blick in Kapitel 2 – Grundbegriffe und Sicherheitskonzept wird Ihnen hier hilfreich sein.

Eigenlasten und veränderliche Lasten

Während ständige Lasten (= Eigenlasten respektive Eigengewicht) recht langweilig daherkommen, weil sie ja »immer da sind« und sowohl in »Lage als auch Größe unverschieblich« sind, fordern uns die Nutzlasten durch ihre »quasi ständige Veränderung« heraus. Ständige Lasten werden in ihrer tatsächlichen Bauteilstärke erfasst und mittels der festgeschriebenen Wichte berechnet. Fertig. Mehr ist dazu an dieser Stelle nicht zu schreiben. Gedulden Sie sich bitte bis Kapitel 8. Es zeigt die konkrete Anwendung an vielen Beispielen.

Veränderliche Last – Nutzlast

Im Alltag verwenden Statiker die Begriffe Nutzlast, Verkehrslast und veränderliche Last gleich. Tatsächlich gibt es aber feine Unterschiede:

Als Nutzlast werden die veränderlichen Lasten auf Decken, Treppen und Balkonen bezeichnet, während der Begriff veränderliche Last vornehmlich im Straßen- und Brückenbau verwendet wird. Bei Wind und Schnee verzichtet man oft auf weitere Kategorisierungen, weil die Namen für sich sprechen.

In allen Fällen sind diese veränderlichen Lasten als Korridore zu verstehen, die sehr wahrscheinlich auftretende Belastungen erfassen und in verrechenbare Zahlenwerte wandeln.

Nutzlast Decke, Treppe und Balkon

Die lotrechten Nutzlasten für Decken, Treppen und Balkone stehen in tabellarischer Form zur Verfügung und werden ohne weitere Berechnung einfach abgelesen:

Der Kleinbuchstabe »q« steht für die Flächenlast mit der Einheit [kN/m^2], die für Flächentragwerke, wie es Decken, Balkone oder auch Treppen sind, üblich ist. Der Großbuchstabe »Q« erfasst eine mögliche auftretende Einzellast wie sie zum Beispiel für Wartungsarbeiten anzunehmen ist. In die Berechnung fließt der Wert ein, der die ungünstigere Situation beschreibt, was je nach Bauteil einzeln geprüft werden muss.

Wie im Namen der Nutzlast angezeigt, sind diese Lasten lotrecht zur Grundfläche erfasst. Decken und Balkone entsprechen dieser Bezugsfläche, aber auch für geneigte Treppen ist die Bezugsfläche die Grundfläche. Lesen Sie in Kapitel 8 mehr dazu; dort finden Sie auch Informationen, darüber, wie Tabelle 7.1 in die Berechnung für Stahlbetondecken, Holzbalkendecke oder eine Treppe einfließt.

Der Wind, der Wind, das himmlische Kind

Verlassen wir »die gute Stube« und begeben uns nach draußen, begegnen uns neue Qualitäten von Nutzlasten: Wind und Schnee.

Kategorie		Nutzung	Beispiele	q_k[kN/m²]	Q_k[kN]
A	A1	Spitzböden	Für Wohnzwecke nicht geeigneter, aber zugänglicher Dachraum bis maximal 1,80 m Höhe.	1,0	1,0
	A2	Wohn- und Aufenthaltsräume	Räume mit ausreichender Querverteilung der Lasten. Räume und Flure in Wohngebäuden, Bettenräume in Krankenhäusern, Hotelzimmer inklusive zugehöriger Bäder und Küchen.	1,0	–
	A3		Wie A2, jedoch ohne ausreichende Querverteilung der Lasten, z.B. Holzbalkendecken.	2,0[c]	1,0
B	B1	Büroflächen, Arbeitsflächen, Flure	Flure und Flächen in Bürogebäuden, Arztpraxen ohne schweres Gerät, Stations- und Aufenthaltsräume inklusive der Flure sowie Kleinviehställe.	2,0	2,0
	B2		Flure in Krankenhäusern, Hotels, Altenheimen, Internaten, Küchen und Behandlungsräume in Krankenhäusern inklusive Operationsräume ohne schweres Gerät, Kellerräume in Wohngebäuden.	3,0	3,0
	B3		Wie B1 und B2, jedoch mit schwerem Gerät.	5,0	4,0
C	C1	Räume, Versammlungsräume und Flächen, die der Ansammlung von Personen dienen (unter A, B, C, D und E festgelegten Kategorien ausgenommen)	Flächen mit Tischen, z.B. Kindertagesstätten, Kinderkrippen, Schulräume, Cafés, Restaurants, Speisesäle, Empfangsräume, Lesesäle und Lehrerzimmer.	3,0	4,0
	C2		Flächen mit fester Bestuhlung; z.B. Kirchen, Theatern, Kinos, Kongresssäle, Hörsäle, Versammlungsräume und Wartezimmern.	4,0	4,0

Kategorie		Nutzung	Beispiele	q_k[kN/m²]	Q_k[kN]
	C3		Frei begehbare Flächen; z.B. Museums- und Ausstellungsflächen sowie Eingangsbereiche in öffentlichen Gebäuden und Hotels, nicht befahrbare Hofkellerdecken sowie Flure der Kategorien C1 bis C3.	5,0	4,0
	C4		Sport- und Spielflächen; z.B. Sporthallen, Gymnastik- und Kraftsporträume, Bühnen.	5,0	7,0
	C5		Flächen für große Menschenansammlungen; z.B. in Gebäuden wie Konzertsälen, Terrassen und Eingangsbereiche sowie Tribünen mit fester Bestuhlung.	5,0	4,0
	C6		Flächen mit regelmäßiger Nutzung durch erhebliche Menschenansammlungen und Tribünen ohne feste Bestuhlung.	7,5	10,0
D	D1	Verkaufsräume	Flächen von Verkaufsräumen bis 50 m² Grundflache in Wohn- und Bürogebäuden sowie in vergleichbaren Bauwerken.	2,0	2,0
	D2		Flächen in Einzelhandelsgeschäften und Warenhäusern.	5,0	4,0
	D3		Flächen wie Kategorie D2, jedoch mit erhöhten Einzellasten infolge hoher Lagerregale.	5,0	7,0
E	E1.1	Fabriken und Werkstätten, Ställe, Lagerräume und Zugänge	Flächen in Fabriken[a] und Werkstätten[a] mit leichtem Betrieb und Großviehställen.	5,0	4,0
	E1.2		Allgemeine Lagerflächen, einschließlich Bibliotheken.	6,0[b]	7,0
	E2.1		Flächen in Fabriken[a] und Werkstätten[a] mit mittlerem und schwerem Betrieb.	7,5[b]	10,0

Kategorie		Nutzung	Beispiele	q_k[kN/m²]	Q_k[kN]
T[d]	T1	Treppen und Treppenpodeste	Treppen und Treppenpodeste in Wohngebäuden, Bürogebäuden und von Arztpraxen ohne schweres Gerät.	3,0	2,0
	T2		Alle Treppen und Treppenpodeste, die nicht in Kategorie T1 oder T3 eingeordnet werden können.	5,0	2,0
	T3		Zugänge und Treppen von Tribünen ohne feste Sitzplätze, die als Fluchtweg dienen.	7,5	3,0
Z[d]		Zugänge, Balkone und Ähnliches	Dachterrassen, Laubengänge, Loggien sowie Balkone und Ausstiegspodeste.	4,0	2,0

[a] Nutzlasten in Fabriken und Werkstätten gelten als vorwiegend ruhend. Im Einzelfall sind sich häufig wiederholende Lasten je nach Gegebenheit als nicht vorwiegend ruhende Lasten einzuordnen.
[b] Bei diesen Werten handelt es sich um Mindestwerte. In Fällen, in denen mit höheren Lasten gerechnet werden muss, sind dementsprechend die höheren Lasten anzusetzen.
[c] Für die Weiterleitung der Lasten in Räumen mit Decken ohne ausreichende Querverteilung (z.B. Holzbalkendecken) auf stützende Bauteile darf der angegebene Wert um 0,5 kN/m² reduziert werden.
[d] Hinsichtlich der Einwirkungskombinationen (= Lastfallkombinationen) sind die Einwirkungen der Nutzungskategorie des jeweiligen Gebäudes oder Gebäudeteils zuzuordnen.

Tabelle 7.1: Nutzlasten für Decken, Treppen und Balkone

Im 4. Teil des EC1 finden sich Rechenwerte und -regeln für den Umgang mit Windlasten. Sie gelten für Bauwerke bis zu einer Höhe von 300 m.

Bei Wind ist auf die Schwingungsanfälligkeit der Konstruktion zu achten, die mit zunehmender (Gebäude-)Höhe an Bedeutung gewinnt. Durch die auf die Außenwandfläche auftreffenden Windkräfte wird je nach Angriffsfläche und Höhe, Aussteifung und Konstruktionsweise eine Auslenkung bewirkt: Das Gebäude schwankt hin und her! Ein Gebäude gilt dann als schwingungsanfällig, wenn die Verformungen aus den dynamisch wirkenden Windkräften mehr als 10% Unterschied zu jenen aus den statischen Wirkungen betragen. Übliche Hochbauten – wie Wohn-, Büro- und Industriebauten –, die durch massive Wände und Stahlbetondecken ausreichend ausgesteift geplant und ausgeführt werden, gelten bis zu einer Höhe von 25 m als nicht schwingungsanfällig.

Taipei 101

Da einige Gebäudetypen immer höher werden und der Wettkampf um das höchste Gebäude der Welt der neue Sport der Bau-Superlative zu sein scheint, rückt die Schwingungsanfälligkeit immer mehr in den Vordergrund, und es müssen geeignete Konstruktionen geplant und verbaut werden, um die (Stand-)Sicherheit des Gebäudes und deren Bewohner zu gewährleisten. Das derzeit beeindruckendste Konstrukt, um die Auslenkungen durch die Reduzierung der Schwingungsanfälligkeit zu begrenzen, ist in Taiwan im Taipei Financial Center, Taipei 101 genannt, zu finden. Dort wurde in den obersten Stockwerken eine mehr als 600 Tonnen (!) schwere Stahlkugel, an Stahlseilen hängend, als Tilgerpendel eingesetzt. Die Region hat durch die exponierte Lage am Meer nicht nur mit stärkeren Windkräften zu rechnen, sondern befindet sich auch in einer der aktivsten Erdbebenregion der Welt. Mit einer begehbaren Gebäudehöhe von mehr als 400 m sind Auslenkungen durch Windkräfte von weit mehr als 1 m zu erwarten.

Das Taipei 101 hat 2002 und 2004, noch während seiner Bauzeit und kurz vor der Fertigstellung, dank der stabilisierenden Wirkung des Tilgerpendels zwei Erdbeben der Stärke 7 unbeschadet überstanden.

Bei nicht schwingungsanfälligen Konstruktionen wird der Winddruck w auf die Außenfläche eines Bauwerks wie folgt berechnet:

$$w = q_p \cdot c_{pe} \tag{7.1}$$

Windgeschwindigkeitsdruck q_p

Um den Wind korrekt berechnen zu können, müssen Sie wissen, dass die geographische Lage des Gebäudes von grundlegender Wichtigkeit ist. Windbelastung entsteht durch Winddruck, der von der Windgeschwindigkeit abhängt oder besser, durch sie gebildet wird. Winddruck geht immer einher mit Windsog, der entlastenden und auf den windabgewandten Seiten auftretenden Komponente von Wind. Während Windsog keinen Einfluss auf die Querschnittsdimension eines Bauteils hat, weil er nicht belastend, sondern entlastend ist, müssen Konstruktionen, die leicht oder offen sind und in denen sich Wind fangen kann, auf Abheben untersucht werden.

Windsog wird in der Fachliteratur als »negativer Winddruck« bezeichnet, über einen negativen c_{pe}-Wert erfasst und ebenfalls mit der Gleichung 7.1 berechnet.

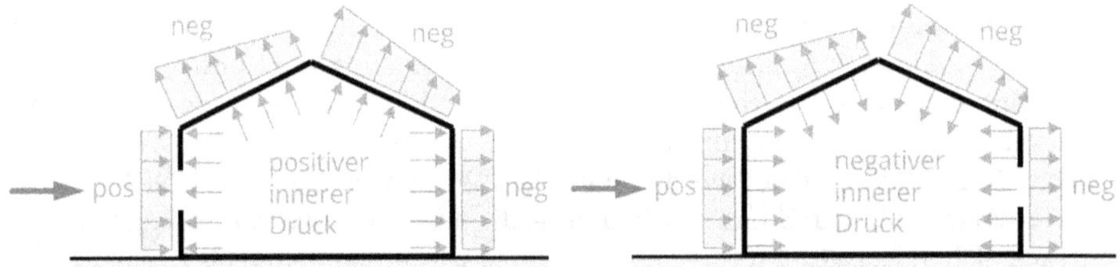

Abbildung 7.1: Druck- und Sogwirkung auf ein Bauwerk

»Viel« heftiger Wind bedeutet also »viel« Windbelastung (und noch mehr Windsog) und ist je nach Region sehr unterschiedlich. Die sogenannte Windzonenkarte erfasst diese Regionen und ordnet ihr die dort auftretenden Windwerte als Geschwindigkeitsdruck q_p zu.

Neben der geographischen Lage eines Gebäudes hat auch die unmittelbare Umgebung Einfluss auf die Windstärke und wird in den Geländekategorien umschrieben.

Zusammen mit der Gebäudehöhe (= Höhe über Gelände) wird der Geschwindigkeitsdruck nach EC1 ermittelt:

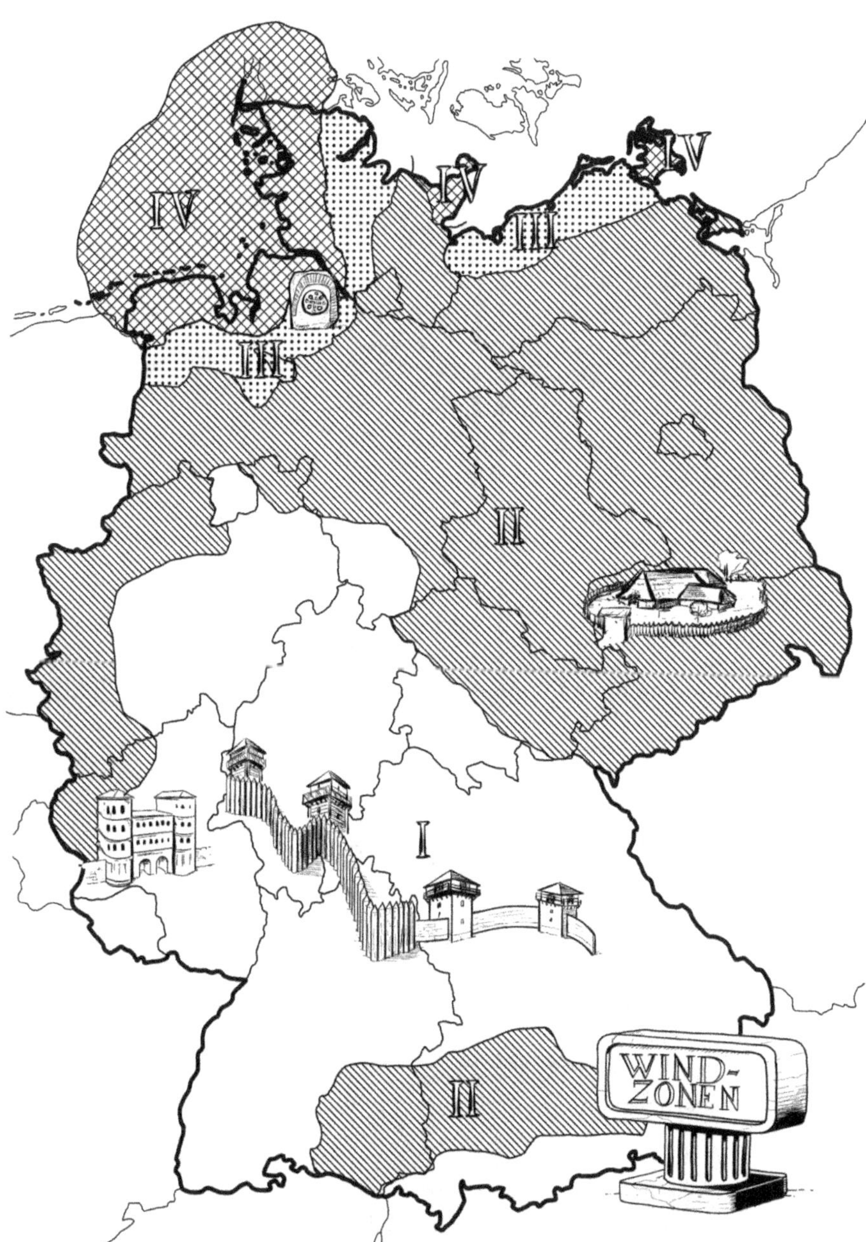

Abbildung 7.2: Windzonenkarte von Deutschland

Abbildung 7.3: Geländekategorien

Unabhängig von der geographischen Lage und der Umgebungstopografie ist dieser Geschwindigkeitsdruck q_p für **Bauwerksstandorte höher als 800 m** über dem Meeresspiegel um den Faktor

$0{,}2 + H_S/1.000$

H_S = Bauwerksstandort

zu erhöhen.

Windzone		Geschwindigkeitsdruck q_p [kN/m^2] bei einer Gebäudehöhe h in den Grenzen von		
		$h \leq 10\,m$	$10\,m < h < 18\,m$	$18\,m < h < 25\,m$
1	Binnenland	0,50	0,65	0,75
2	Binnenland	0,65	0,80	0,90
	Küste und Inseln der Ostsee	0,85	1,00	1,10
3	Binnenland	0,80	0,95	1,10
	Küste und Inseln der Ostsee	1,05	1,20	1,30
4	Binnenland	0,95	1,15	1,30
	Küste der Nord- und Ostsee und Inseln der Ostsee	1,25	1,40	1,55
	Inseln der Nordsee	1,40	–	–

Tabelle 7.2: Vereinfachte Geschwindigkeitsdrücke für Bauwerke bis 25 m

Der aerodynamische Druckbeiwert c_{pe}

Die (Aus-) Wirkung des Aufpralls von Wind auf eine senkrecht stehende Wand ist anders als auf eine geneigte Dachfläche. Der aerodynamische Druckbeiwert erfasst diese Unterschiede in Form und Lage der Fläche. Die in Tabelle 7.3 verwendeten Bezeichnungen $c_{pe,1}$

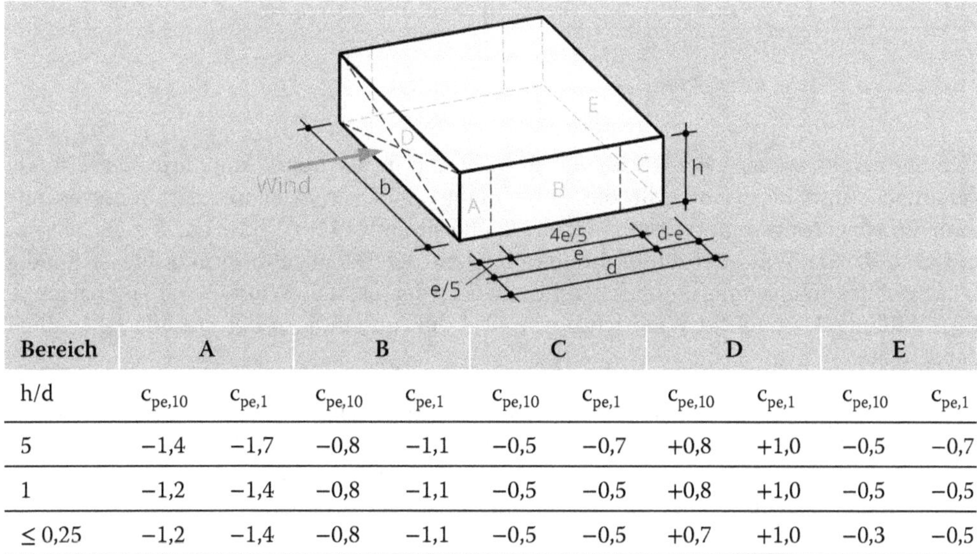

Bereich	A		B		C		D		E	
h/d	$c_{pe,10}$	$c_{pe,1}$	$c_{pe,10}$	$c_{pe,1}$	$c_{pe,10}$	$c_{pe,1}$	$c_{pe,10}$	$c_{pe,1}$	$c_{pe,10}$	$c_{pe,1}$
5	−1,4	−1,7	−0,8	−1,1	−0,5	−0,7	+0,8	+1,0	−0,5	−0,7
1	−1,2	−1,4	−0,8	−1,1	−0,5	−0,5	+0,8	+1,0	−0,5	−0,5
≤ 0,25	−1,2	−1,4	−0,8	−1,1	−0,5	−0,5	+0,7	+1,0	−0,3	−0,5

Tabelle 7.3: Außendruckbeiwert für senkrechte Wände

und $c_{pe,10}$ gelten für Flächen kleiner als 1,0 m^2 und größer als 10 m^2. Zwischenwerte werden logarithmisch interpoliert. Abhebenachweise werden ausschließlich mit c_{pe}-Werten kleiner $c_{pe,10}$ geführt. Negative Werte gelten für dem Wind abgewandte, leeseitige Flächen, positive Werte dem Wind zugewandte, luvseitige Flächen.

Trifft der Wind auf eine Fläche, so ist die Wirkung nicht an jeder Stelle gleich, sondern es gibt Spitzenwerte an Kanten- und Eckflächen, die den jeweiligen Tabellen und Abbildungen entnommen werden können.

Für das in Abbildung 7.4 dargestellte Dach möchten wir den aerodynamischen Druckbeiwert und die Berechnung der Windlast anschaulich für ein Satteldach erklären.

Wichtige Angaben: Das Gebäude steht in Augsburg und hat eine Firsthöhe von 9,20 m.

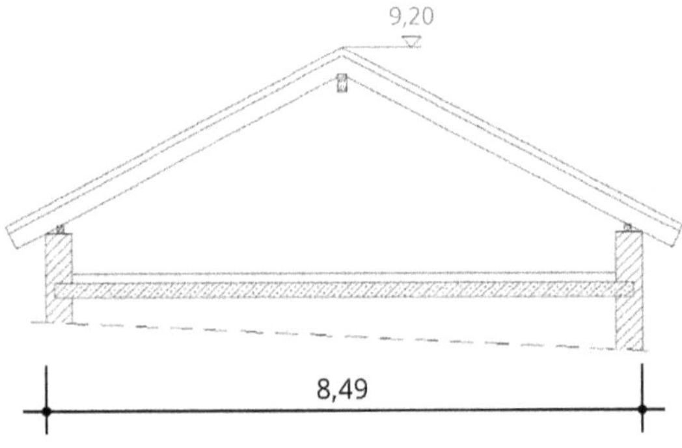

Abbildung 7.4: Schnitt Satteldach

Wie Sie bereits wissen, werden für die Berechnung in der Statik komplexe Verhältnisse vereinfacht und idealisiert. Für die Berechnung am Dach bedeutet dies, dass es nur zwei Windrichtungen gibt: frontal auf die Traufseite mit $\Theta = 0°$ oder auf die Giebelseite mit $\Theta = 90°$ Da Wind auf die Giebelseite Sog auf der Dachfläche verursacht, ist für die Querschnittsdimensionierung des Dachtragwerks der Lastfall Wind $\Theta = 0°$ maßgebend. In Abbildung 7.5 sind die Windrichtungen und die Aufteilungen der Dachfläche bildlich dargestellt.

Wie Tabelle 7.4 zeigt, treten die Spitzendruck- und Sogwerte bei der geneigten Dachfläche an der Traufe auf und nehmen zum First hin ab: Der Wind verfängt sich am Trauf-Überhang und erzeugt, nah an der senkrechten Wand, Turbulenzen; Über die geneigte Fläche kann der Wind dann elegant abströmen und verliert an Belastungswirkung.

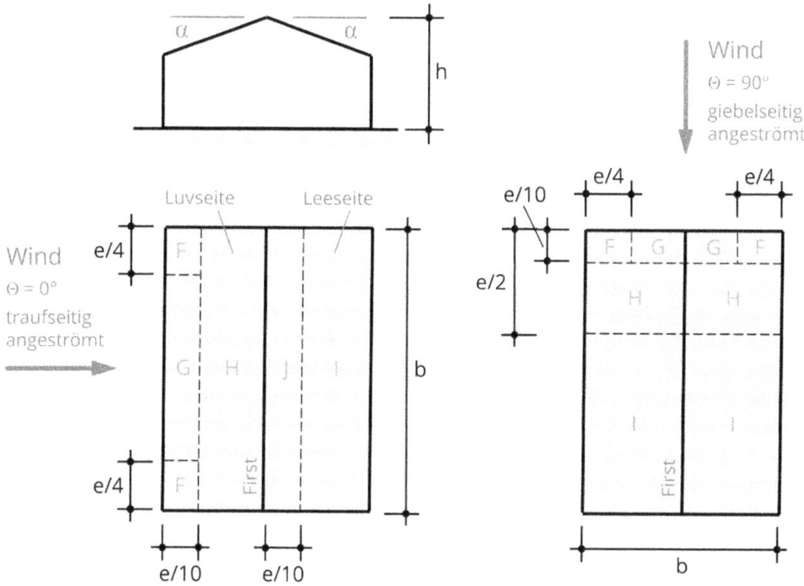

Abbildung 7.5: Anströmrichtungen am Satteldach

Neigungswinkel α	Anströmrichtung Θ = 0°, Bereich									
	F		G		H		I		J	
	$c_{pe,10}$	$c_{pe,1}$	$c_{pe,10}$	$c_{pe,1}$	$c_{pe,10}$	$c_{pe,1}$	$c_{pe,10}$	$c_{pe,1}$	$c_{pe,10}$	$c_{pe,1}$
5°	−1,7	−2,5	−1,2	−2,0	−0,6	−1,2	−0,6	−0,6	−0,6	−0,6
	+0,0	+0,0	+0,0	+0,0	+0,0	+0,0	−0,6	−0,6	+0,2	+0,2
15°	−0,9	−2,0	−0,8	−1,5	−0,3	−0,3	−0,4	−0,4	−1,0	−1,5
	+0,2	+0,2	+0,2	+0,2	+0,2	+0,2	+0,0	+0,0	+0,0	+0,0
30°	−0,5	−1,5	−0,5	−1,5	−0,2	−0,2	−0,4	−0,4	−0,5	−0,5
	+0,7	+0,7	+0,7	+0,7	+0,4	+0,4	+0,0	+0,0	+0,0	+0,0
45°	+0,0	+0,0	+0,0	+0,0	+0,0	+0,0	−0,2	−0,2	−0,3	−0,3
	+0,7	+0,7	+0,7	+0,7	+0,6	+0,6	+0,0	+0,0	+0,0	+0,0
60°	+0,7	+0,7	+0,7	+0,7	−0,7	−0,7	−0,2	−0,2	−0,3	−0,3
75°	+0,8	+0,8	+0,8	+0,8	+0,8	+0,8	−0,2	−0,2	−0,3	−0,3

Tabelle 7.4: c_{pe}-Werte für das Satteldach

Mit der allgemeinen Gleichung (7.1) wird die Wind(druck)kraft berechnet:

$$w = q_p \cdot c_{pe} \qquad (7.1)$$

Die c_{pe} – Werte für 27° Dachneigung in diesem Beispiel erhalten Sie über die Interpolation der Tabellenwerte für 15° und 30°:

Bereich F und G		
15°	+0,2	
27°	+0,60	= (0,7 – 0,2) / 15 · 12 + 0,2
30°	+0,7	
Bereich H		
15°	+0,2	
27°	+0,36	= (0,4 – 0,2) / 15 · 12 + 0,2
30°	+0,4	

Für die Ermittlung des Staudrucks q_p benötigen Sie als ersten Eingangswert in Tabelle 7.2 die Windzone, die Sie mittels der Karte in Abbildung 7.2 bestimmen. Die Gebäudehöhe ist mit 9,20 m vermerkt und ist der zweite Eingangswert. Es versteht sich von selbst, dass Augsburg, tief im Süden Bayerns, nur »Binnenland« und nicht »Küste und Inseln der Ostsee« sein kann, wenn es in Windzone 2 um die Entscheidung der zutreffenden Zeile geht. Damit wird für q_p der Wert 0,65 kN/m² abgelesen.

Die Winddruckbelastung auf die Dachfläche beträgt im Traufbereich von F und G somit

$$w = 0{,}60 \cdot 0{,}65 = 0{,}39 \text{ kN/m}^2$$

und für die Restdachfläche (Bereich H)

$$w = 0{,}36 \cdot 0{,}65 = 0{,}23 \text{ kN/m}^2$$

Wind weht aus allen Richtungen und wird deshalb als ungünstigst wirkend stets senkrecht zur Dachfläche angenommen. Alle anderen Windbelastungen, aus Wind unter einem anderen Winkel oder gar parallel zur Dachfläche, erzeugen weniger Belastungen und sind damit aus statischer Sicht unbedeutend.

Wenn Sie dem Beispiel in Ihrem Regelwerk gefolgt sind, haben Sie viel geblättert, um die verschiedenen Angaben zusammenzutragen.

Markieren Sie die wichtigen Stellen in Ihrem Regelwerk mit Flagmarkern und beschriften Sie diese mit Schlagwörtern wie »Wind«, »Schnee«, »Eigenlast« oder »Verkehrslast«. Heben Sie die nötigen Tabellen mit Textmarker hervor und unterstreichen Sie Formeln zusätzlich farbig. Sie unterstützen damit den Lern- und Merkerfolg erheblich und finden nötige Informationen viel schneller wieder.

Schneeflöckchen, Weißröckchen – der Schnee

Bei der Ermittlung der Schneelast ist neben der geographischen Lage insbesondere auch auf die Höhe über dem Meeresspiegel (ü. NN) zu achten. Ähnlich wie bei der Windzonenkarte werden in der Schneelastzonenkarte Regionen definiert und die zu erwartenden Schneemengen angegeben.

Im Bauwesen verwendet man häufig die Bezeichnung »ü. NN« (= über Normalnull). Diese Höhenangabe bezieht sich auf die Mittelwassermarke des Amsterdamer Pegels. In Planunterlagen und/oder der Literatur finden Sie auch andere Bezeichnungen, wie zum Beispiel »ü. NHN« (= über Normalhöhennull) oder »DHHN« (= Deutsches Haupthöhennetz), die aus Sicht des Schnees keinen Unterschied machen. Lassen Sie sich von diesen Begrifflichkeiten also nicht aus der Ruhe bringen oder gar verwirren.

Mit Hilfe der Formeln in Abbildung 7.6 wird die charakteristische Schneelast s_k auf dem Boden in Abhängigkeit von der Schneezone und der Höhe ü. NN berechnet. Die Gebäudehöhe spielt hierbei keine Rolle.

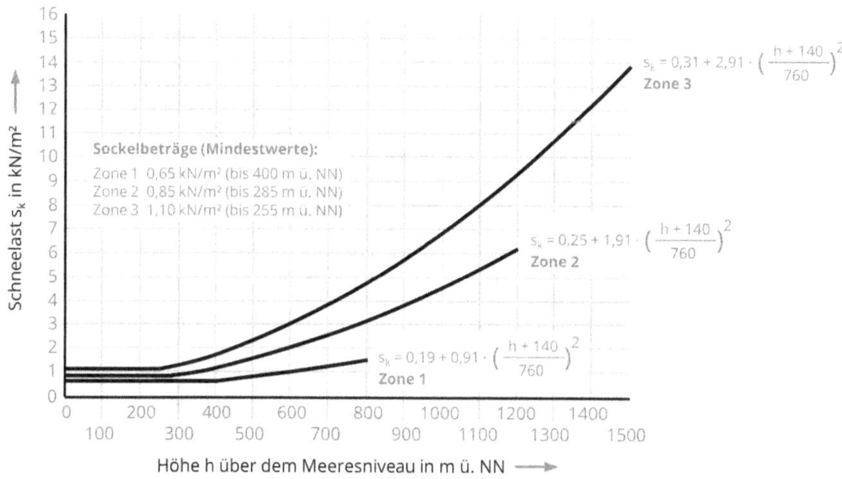

Abbildung 7.6: Charakteristische Schneelast s_k auf dem Boden

Ende der Gipfelbahn

Das abrupte Ende der Lastkurve, die Stelle an der scheinbar stümperhaft die Formel steht, hat eine wichtige Bedeutung und besagt, dass ab dieser Höhe – für Zone 1 ab 800 m ü. NN, für Zone 2 ab 1.200 m ü. NN und in der Zone 3 bei mehr als 1.500 m ü. NN – die Schneelast-Werte von den zuständigen Fachbehörden abgefragt werden müssen und die Berechnung nicht mehr mit der angefügten Formel erfolgen darf.

Auch weniger hoch gelegene Orten können aufgrund geographischer Besonderheiten eigene Rechenwerte erfordern. So sind im Norddeutschen Tiefland mitunter erheblich größere Schneelasten anzutreffen als die Bestimmung mit der Formel aus Abbildung 7.6 ergeben würde. Ebenso in den Hochlagen von Harz, Fichtelgebirge oder Bayerischer Wald in Zone 3. Selbst wenn die »Hochlagen« dort unterhalb von 1.500 m ü. NN liegen.

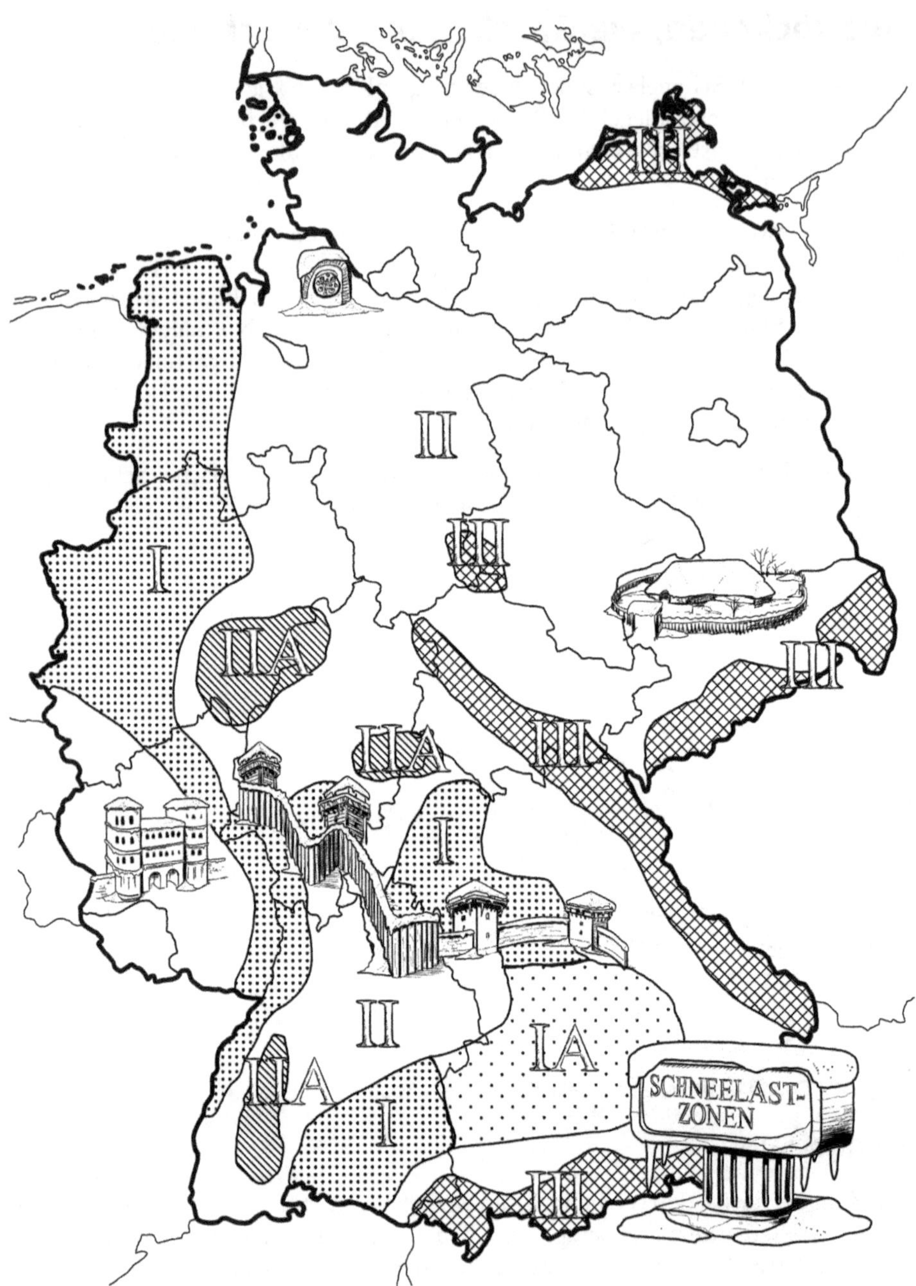

Abbildung 7.7: Schneelastzonenkarte

Ein Mindestmaß muss sein

Unterhalb einer gewissen Höhe gelten für die einzelnen Zonen Mindestwerte, die mittels der Formel und der einzusetzenden Höhe ü. NN nicht erreicht werden würden. Eine Berechnung nach den Formeln aus Abbildung 7.6 ist erst ab dieser Grenzhöhe (400 m in Zone 1, 285 m in Zone 2 und 255 m in Zone 3) nötig respektive zulässig. Probieren Sie es aus: Berechnen Sie die Schneelastwerte mittels einer der drei Formeln und nehmen Sie eine Höhe unterhalb der im Mindestwert angegebenen Grenzhöhe an.

Die Erfahrung zeigt, dass (in Prüfungen) die Mindestwerte leicht übersehen werden und die Schneelast mithilfe der Formeln ermittelt wird. Bitte achten Sie genau auf die Höhenangaben ü. NN und kontrollieren Sie die Mindestwerte, da Sie sonst eine zu geringe Schneelast ermitteln.

Inselgebiete

In der Schneezonenkarte finden sich drei kleine Inseln der Zone 2a und eine große Fläche innerhalb Bayerns, die Zone 1a umfasst. Diese Gebiete sind keiner der drei Hauptzonen zuzuordnen und für sie gibt es ein eigenes Verfahren zur Ermittlung der Schneelastwerte:

Die charakteristischen **Schneelastwerte für die Zonen 1a und 2a** werden über die Erhöhung des Grundwerts von Zone 1 respektive 2 mit dem Faktor 1,25 gebildet. Die Mindestwerte sind ebenfalls mit dem Faktor 1,25 zu beaufschlagen!

Die Schneelast auf dem Dach s_i

Bisher wurde nur der Schnee diskutiert, der auf den Boden fällt, der im wahrsten Sinne des Wortes der Basiswert für die Schneelast auf dem Dach ist.

$$s_i = \mu_i \cdot s_k \tag{7.2}$$

s_i = Schneelast am Dach [kN/m^2]

μ_i = Formbeiwert für die Dachform [–]

s_k = charakteristische Schneelast auf dem Boden [kN/m^2]

Der Formbeiwert μ_i gilt laut Norm für »ausreichend wärmegedämmte Konstruktionen mit üblicher Deckung« und impliziert, dass der Schnee nicht durch abgegebene Wärme des Daches abschmilzt oder aufgrund zu glatter Oberflächen sofort abrutscht. Er ist abhängig von der Dachneigung und der Dachform als Gesamtkonstrukt. Bei aneinandergereihten Satteldächern, sogenannten Sheddächern, bilden sich Kuhlen, in denen Schnee vermehrt liegen bleibt, auch Höhenversprünge müssen beachtet werden.

Schnee bleibt auf geneigten Flächen selten gleichmäßig liegen: Der Wind sorgt für Verwehungen und die Neigung begünstigt das Abrutschen. Diese Ungleichmäßigkeiten und die Form des Daches sind im Formbeiwert (auch Formfaktor genannt) in Abhängigkeit von der Dachneigung in Tabelle 7.5 erfasst:

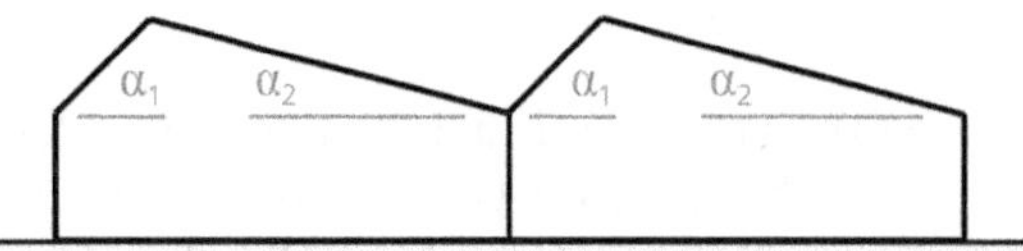

Abbildung 7.8: Sheddach mit Kuhlen für Schneesackbildung

Dachform	Formbeiwert	$0° \leq \alpha \leq 30°$	$30° < \alpha < 60°$	$\alpha \geq 60°$
Flach- und Pultdächer	$\mu_1(\alpha)$	0,8	$0{,}8 \cdot (60° - \alpha) / 30°$	0,0
Satteldächer	$\mu_2(\alpha)$	0,8	$0{,}8 \cdot (60° - \alpha) / 30°$	0,0
Innenfelder aneinandergereihter Dächer	$\mu_3(\alpha)$	$0{,}8 + 0{,}8 \cdot \alpha / 30°$	1,6	1,6

Tabelle 7.5: Formbeiwert für Schnee auf Satteldächern

Ist an der Traufe ein Hindernis in Form eines Schneefanggitters oder gar einer Brüstung vorhanden, die das freie Abrutschen des Schnees unterbinden, ist der Formbeiwert μ_i unabhängig von der Dachneigung mit 0,8 anzunehmen.

Kragt ein Dach weit aus, ist der an der Traufe überhängende Schnee als Linienlast zusätzlich wie folgt anzusetzen:

$$s_e = 0{,}4 \cdot s_i^2/\gamma \qquad (7.4)$$

s_e = Schneelast an der Traufe [kN/m]

s_i = Schneelast am Dach [kN/m²]

γ = Wichte von Schnee; hier mit 3 kN/m³ anzunehmen

Für Solar- oder PV-Anlagen bis 10° Neigung sind gesonderte Regeln zu beachten.

Äpfel und Birnen

Anders als Wind, der ständig seine Richtung wechselt, bleibt Schnee, der Schwerkraft folgend, liegen und ist immer auf die waagrechte Grundfläche bezogen. Auch wenn die Berechnung für die Dachfläche erfolgt! Um später die korrekten Schnittgrößen ermitteln zu können und die Schneebeanspruchung mit der Windbeanspruchung (und natürlich auch der ständigen Last) addieren zu können, müssen sie »addierbar«, also gleichgerichtet sein! Bitte erinnern Sie sich: Wind wird senkrecht zur Dachfläche berechnet und angenommen, Schnee senkrecht zur Grundfläche.

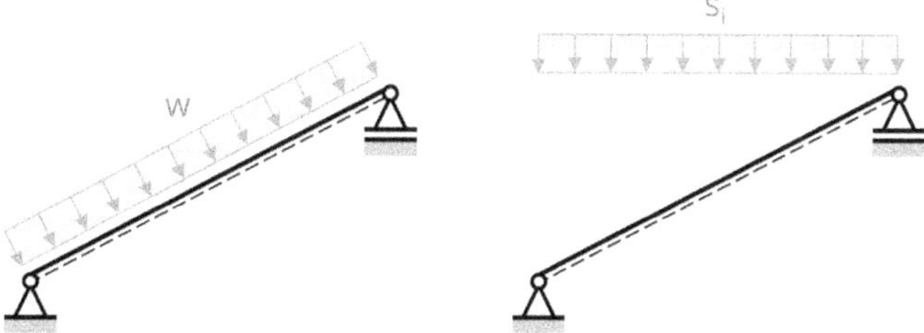

Abbildung 7.9: Unterschiedliche Bezugsflächen für Wind und Schnee

Nehmen wir noch die Eigenlast des Daches hinzu, die sich auf die wahre Länge der geneigten Fläche bezieht, haben wir es mit drei verschiedenen Ausrichtungen zu tun, die nicht einfach addiert werden dürfen!

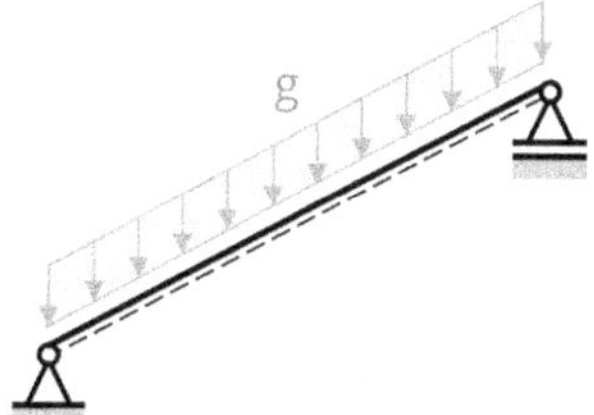

Abbildung 7.10: Bezugsfläche der Eigenlast

Um die für die statischen Nachweise nötigen Lastkombinationen bilden zu können, werden die Lasten senkrecht zur geneigten Fläche gedreht.

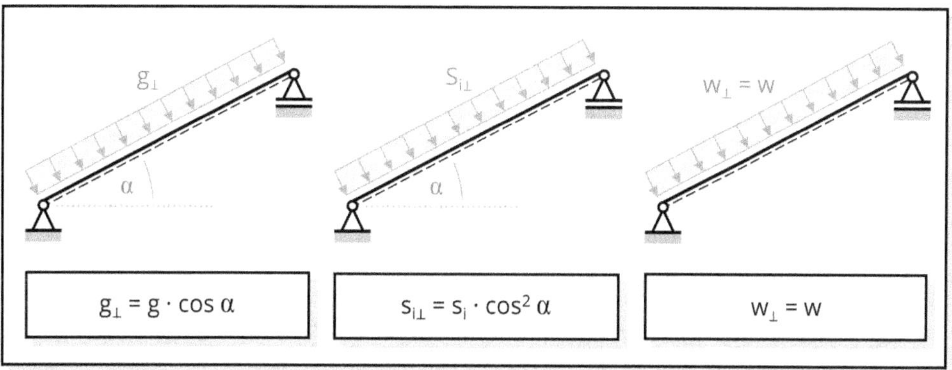

Abbildung 7.11: Senkrecht zur Trägerebene gedrehte Lasten

Eigenlast, Schnee und Wind sind damit alle senkrecht zum Bauteil ausgerichtet und können für die Gesamtlast/ Lastfallkombination addiert werden.

IN DIESEM KAPITEL

Stahlbeton- und Holzbalkendecke

Dachtragwerk

Wandlast

Treppe

Fundament

Kapitel 8
Lasten auf Bauwerke

Sie haben sich gut mit Ihrem Regelwerk vertraut gemacht, erste Markierungen vorgenommen und beschriftete Flagmarker eingeklebt; Sie haben alle allgemeinen Erläuterungen verinnerlicht und die Nutzlasten kennengelernt, ebenso die theoretischen Grundlagen zur Wind- und Schneelastermittlung. Genug also, um die Lastannahme am konkreten Beispiel für einzelne Bauteile praktisch anzuwenden.

Wir möchten Sie ermutigen, die Aufgaben, ohne große weitere Analyse, gleich selbst zu lösen. Statik ist der Mathematik sehr ähnlich, nur mit »anderen Zutaten«; nicht schwer also, man muss nur üben, dann geht das irgendwann von selbst. Überwinden Sie sich und legen Sie einfach mal los. Im Folgenden finden Sie die Lösungen ohne großen Kommentar als Tabelle. Stimmen die Werte mit den Ihrigen überein: prima! Gehen Sie gleich zum nächsten Beispiel. Falls nicht, finden Sie nach der tabellarischen Lösung Hinweise darauf, wie die Ergebnisse zustande kommen.

Letzte Hinweise vor dem Showdown

- ✔ Ob Sie sich bei der Lastannahme »im Bauteil« von oben nach unten oder umgekehrt durch die einzelnen »Schichten« durcharbeiten, ist unerheblich.
- ✔ Aus Ihrem Tabellenbuch suchen Sie die Wichten für die Baustoffe heraus und **achten ganz besonders auf die Einheiten**: Während Stahlbeton pro m^3 angegeben ist [kN/m^3], sind die Werte für Dämmung, Estrich und Fliesen pro m^2 und je cm

Dicke [kN/m²/cm] angegeben. Die Bauteilstärke des Stahlbetons muss somit in Meter umgerechnet werden, die Schichtdicken von Dämmung, Estrich und Fliesen bleiben in Zentimeter. Bitte behalten Sie das für die nachfolgenden Beispiele im Hinterkopf.

✔ Eine vollständige Statik, selbst wenn es sich nur um einzelne Bauteile wie eine Stütze oder ein Fundament handelt, ist mitunter ein sehr großes Rechenkonstrukt, das sich über mehrere Seiten erstreckt, teilweise sogar über mehrere Ordner. Übersicht und systematisches Vorgehen ist nicht nur sehr hilfreich, sondern unseres Erachtens unerlässlich, um eine korrekte Statik erstellen zu können. In Kapitel 1 haben wir die Systematik bereits angesprochen. Die Lastannahme ist Punkt 2 und sollte nochmals untergliedert werden in a) ständige Last, b) Nutzlast und schließlich c) der Bemessungswert. Sind Sie geübter, lassen Sie die Aufzählungen weg und gleiten elegant und souverän durch die Lastannahme.

Beispiel Stahlbetondecke

Wir möchten zu Beginn die Lastannahme anhand einer Stahlbetondecke eines Bürogebäudes ermitteln. Der Aufbau der Decke ist (vom Architekten) wie folgt vorgegeben:

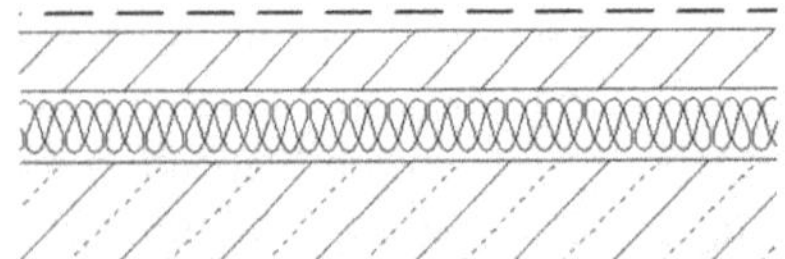

Abbildung 8.1: Stahlbetondecke inkl. Fußbodenaufbau

a) Ständige Last

Konstruktionsaufbau	*(Einheiten müssen nicht sein!)*	[kN/m²]
20 cm Stahlbetonplatte	$0{,}20\,m \cdot 25{,}0\,kN/m^3$	5,00
6 cm Zementestrich	$6\,cm \cdot 0{,}22\,kN/m^2/cm$	1,32
8 cm Dämmung	$8\,cm \cdot 0{,}01\,kN/m^2/cm$	0,08
1 cm Fliesen	$1\,cm \cdot 0{,}22\,kN/m^2/cm$	0,22
	Summe g_k =	$6{,}62\,kN/m^2$

Wie kommt man drauf?

✔ Die Wichte von **Stahlbeton** ist in [kN/m³] angegeben, was einem Würfel von 1,0 m Kantenlänge entspricht. Die **Decke** ist aber tatsächlich nur 20 cm stark. Stellen Sie sich vor, der Würfel wird auf 20 cm Höhe gekürzt. Da die Einheit pro m³ lautet, müssen die 20 cm Deckenstärke in Meter umgerechnet werden, also 0,20 m. Anschließend kürzen sich [m], in Zähler und Nenner bleiben also [kN/m²]:
$0{,}20\,m \cdot 25{,}0\,kN/m^3 = 5{,}00\,kN/m^2$

- ✔ Die Wichte für den **Zementestrich** wiederum wird je Zentimeter Dicke angegeben. Das bedeutet, eine 1 cm starke Estrichschicht hat eine Wichte von 0,22 kN pro Quadratmeter Fläche. Um 6 cm Estrichstärke zu erhalten, müssen Sie demnach 6 Schichten übereinanderlegen: $6 \cdot 0{,}22\ kN/m^2 = 1{,}32\ kN/m^2$
- ✔ In den Tabellenbüchern finden Sie die Wichten für Stahlbeton, Zementestrich und Fliesen (die Berechnung ist gleich der von Zementestrich) unter genau diesem Stichwort. Für die Bezeichnung »**Dämmung**« hingegen ist kein Zahlenwert hinterlegt. Es gibt wohl eine Tafel, die trägt das Wort »Dämmung« in der Überschrift, bietet dann jedoch konkrete Stoffe wie Kork, Schaumkunststoffplatten oder Schrot an. In solch einem Fall nähert man sich der Lösung über das Ausschlussverfahren, sofern der korrekte Ersatzwert nicht zugeordnet werden kann.

Ist die Wahl eines Baustoffs nicht klar oder gar noch nicht entschieden, ist es ratsam einen »üblichen« (Mittel-)Wert zu verwenden.

Hat der Planer eine sehr konkrete Vorstellung eines Baustoffes und diesen explizit benannt, so kann über das »technische Datenblatt« des Herstellers die Last ermittelt werden. Diese stehen in der Regel als Download auf der Homepage im separaten Bereich für Planer frei zur Verfügung oder können beim Hersteller angefragt werden.

b) Verkehrslast (= veränderliche Last, Nutzlast)

$q_k = 2{,}0\ kN/m^2$

Wie kommt man drauf?

Die Decke wird laut Angabe als Bürofläche genutzt, was uns zu Tabelle 7.1 der lotrechten Nutzlasten für Decken, Treppen und Balkone führt. In der Kategorie B sind allgemein Büro- und Arbeitsflächen und deren Flure aufgelistet. Da keine genaueren Angaben über die tatsächliche Nutzung gemacht wurden, dürfen Sie von einem »einfachen« Bürogebäude ausgehen:

Kategorie		**Nutzung**	**Beispiele**	q_k [kN/m^2]	Q_k [kN]
B	B1	Büroflächen, Arbeitsflächen, Flure	Flure und Flächen in Bürogebäuden, Arztpraxen ohne schweres Gerät, Stations- und Aufenthaltsräume inklusive der Flure sowie Kleinviehställe.	2,0	2,0
	B2		Flure in Krankenhäusern, Hotels, Altenheimen, Internaten, Küchen und Behandlungsräume in Krankenhäusern inklusive Operationsräume ohne schweres Gerät, Kellerräume in Wohngebäuden.	3,0	3,0
	B3		Wie B1 und B2, jedoch mit schwerem Gerät.	5,0	4,0

Tabelle 8.1: Ausschnitt aus der Nutzlast-Tabelle

Der Wert für die Flächenlast wird abgelesen mit $q_k = 2{,}0\ kN/m^2$

Und wann muss die Einzellast verwendet werden?

In der Statik ist der Nachweis immer für die ungünstigste Lastfallsituation zu führen. Es sind also die Kombinationen zu finden, die in beziehungsweise an dem Bauteil maximalen Stress verursachen (= Spannung, englisch: stress). Im Falle von Einzel- und Flächenlast ist damit zu vergleichen:

$q_k \cdot A$ vs. Q_k

Flächenlast · Fläche vs. Einzellast

In den Büroräumen unserer Zeit finden sich meist Grundrissgestaltungen mit »leichten Trennwänden«. Das heißt, es gibt für gewöhnlich eine stützenfreie »Großraumfläche«, in die jeder Nutzer mittels leichter Wandkonstruktionen seinen Grundriss individuell einfügt. Wechselt der Nutzer oder Mieter, werden die Trennwände ganz einfach herausgenommen und angepasst. Dadurch ist der Grundriss sehr flexibel.

Da die genaue Lage der Wände dem Planer beziehungsweise Statiker oft nicht bekannt ist respektive sich immer wieder ändert, wird die Last als »gleichmäßig verteilt über die gesamte Fläche« angenommen. Bedingungen sind:

- die Wände sind unbelastet
- die Last der einzelnen Wände ist ≤ 5 kN/m

Wandlast je lfm	Trennwandzuschlag
≤ 3,0 kN/m	0,8 kN/m^2
> 3,0 kN/m ≤ 5,0 kN/m	1,2 kN/m^2

Tabelle 8.2: Trennwandzuschlag

Wichtig ist:

- Im Trennwandzuschlag sind Putz und Wandverkleidung bereits berücksichtigt.
- Beträgt die »normale« Nutzlast der Decke (aus Tabelle 7.1) 5,0 kN/m^2 oder mehr, dann darf auf den Trennwandzuschlag verzichtet werden.

Dieser sogenannte Trennwandzuschlag nach EC1 ist als **Zuschlag zur Nutzlast** anzunehmen, da es sich um »bewegliche« Wände handelt!

c) Volllast

Ständige Last und Verkehrslast addiert, ergeben die Volllast:

$r_k = 8{,}62 \text{ kN/m}^2$

d) Bemessungswert der Einwirkung

$g_d = 8{,}94 \text{ kN/m}^2$

$q_d = 3{,}00 \text{ kN/m}^2$

$r_d = 11{,}9 \text{ kN/m}^2$

Wie kommt man drauf?

Um statische Tragfähigkeitsnachweise führen zu dürfen, müssen die charakteristischen Lastwerte mit den Teilsicherheitsbeiwerten beaufschlagt werden. In Kapitel 6 haben Sie diese kennengelernt:

ständige Last	$\gamma_g = 1{,}35 \Rightarrow$	$g_d = 6{,}62 \cdot 1{,}35 = 8{,}94 \text{ kN/m}^2$
veränderliche Last	$\gamma_q = 1{,}50 \Rightarrow$	$q_d = 2{,}00 \cdot 1{,}50 = 3{,}00 \text{ kN/m}^2$

Der Bemessungswert der Volllast ergibt sich gerundet zu: $r_d = 11{,}9 \text{ kN/m}^2$

Hier folgt noch einmal eine Erinnerung, weil sie wirklich wichtig ist:

Charakteristische Lasten sind mit dem Index »k« gekennzeichnet, Bemessungswerte mit dem Index »d«.

Grundsatzdiskussion Einheiten

Ob die Einheiten in den Rechenwegen verpflichtend dazugehören oder nur an das Ergebnis, ist unseres Erachtens irrelevant, da sie immer zu beachten sind. Wir finden Einheiten im Rechenvorgang eher störend als hilfreich. Wenn Sie mit Einheiten sicherer sind, dann nehmen Sie diese einfach dazu.

Es versteht sich aber von selbst, dass die Addition von Zahlenwerten nur auf Basis gleicher Einheiten erfolgen darf!

Die Ergebnisse verstehen

Sie haben die erste Lastannahme gemacht und ein schriftliches Ergebnis erzielt. Wir möchten genauer hinschauen und verstehen, was die konkrete Bedeutung dahinter ist.

$r_d = 11{,}9\ kN/m^2$ bedeutet, dass pro m^2 Decke $11{,}9 \cdot 100 = 1.190$ kg oder 1,19 t Masse anstehen. Auftreten. Vorhanden sind. Jeder Quadratmeter Decke muss 1,19 t tragen können respektive wird damit belastet. Jeder Quadratmeter. 894 kg aus der Konstruktion selbst, der Stahlbetontragschicht mit dem Aufbau. Weitere 300 kg werden in Form von Mobiliar und Personen hinzugerechnet. Bei der späteren Bemessung der Decke, in der die Stahleinlage ermittelt wird, wird dieser Wert zugrunde gelegt und quasi »in Stahl umgewandelt«. Für die die Decke unterstützenden Bauteile, wie Wände oder Unterzüge, wird dieser Flächenwert herangezogen, um über die tatsächliche Spannweite der Decke die Linienlast auf das Auflager (Wand/Unterzug) zu ermitteln. Weitere Informationen folgen unten.

Beim Entwerfen gilt die Prämisse ein »funktionierendes« Bauwerk zu planen. Der Anspruch der heutigen Zeit verlangt jedoch auch nachhaltig und effizient zu bauen. Bitte versuchen Sie, das vorgestellte Beispiel zu interpretieren und selbstständig zu bewerten, wenn Sie sehen, dass die Decke zu rund 75% aus Eigenlast besteht und damit im gleichen Maß beschäftigt ist, sich selbst zu tragen.

Beispiel Holzbalkendecke

Anhand einer klassischen Holzbalkendecke eines Wohnhauses möchten wir den Umgang mit nicht vollflächig vorhandenen Lasten erklären.

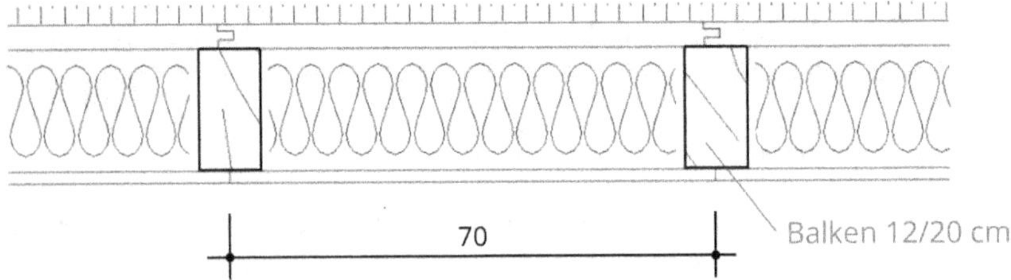

Abbildung 8.2: Holzbalkendecke

Aufbau der Decke:

- ✔ 12,5mm Gipskartonplatte
- ✔ Balken 12/20 cm, C24, Abstand e = 70 cm
- ✔ 20 cm Perliteplatten
- ✔ 22 mm OSB-Platten
- ✔ Teppich

a) Ständige Last

Konstruktionsaufbau		[kN/m²]
12,5 mm Gipskartonplatte	1,25 cm · 0,09 kN/m²/cm	0,11
Balken 12/20cm, e = 70cm	0,12 · 0,20 · 4,2/ 0,70	0,14
20 cm Perliteplatten	20 · 0,02	0,40
22 mm OSB-Platten	0,022 m · 8 kN/m³	0,18
Teppich	1 cm · 0,03 kN/m²/cm	0,03
	Summe g_k =	0,86 kN/m²

Wie kommt man drauf?

- **Gipskartonplatten** bestehen hauptsächlich aus Gips, sie werden ähnlich wie Putz verbaut und sind daher zwischen Beton und Putz-Tafeln zu finden. Die Flächenlast wird pro Quadratmeter und Zentimeter Dicke angegeben [kN/m²/cm]. Die »Schwierigkeit« besteht hier in der korrekten Umrechnung der Stärke der Gipskartonplatten von Millimeter in Zentimeter. Sollten Sie sich hier die Frage nach der Unterkonstruktion stellen, möchten wir Sie auf das Ende des Beispiels vertrösten.

- Während Teppich, OSB- und Gipskartonplatten vollflächig verbaut sind, treten die **Balken** als Linienträger nur alle 70 cm auf. Die Dämmungsebene wird durch die Balken-Querschnitte unterbrochen. Diese »Häufchenlasten« müssen in homogene Flächenlasten umgewandelt werden, um sie in der Einheit [kN/m²] in die Summe einfließen zu lassen.

  Die Last für einen einzelnen Balken lässt sich pro laufenden Meter einfach ermitteln:

  Die Wichte für Holz der Güteklasse C24 – die Bezeichnung für Standardkonstruktionsholz – beträgt 4,2 kN/m³. Demnach hat jeder Meter Balken eine ständige Last von:

  0,12 · 0,20 · 4,2 /0,70 = ...kN/m

  Die Balken liegen mit einem Abstand von 70 cm über die ganze Fläche verteilt, was umgewandelt in ein mathematisches Rechenzeichen bedeutet, dass durch den Abstand geteilt werden muss:

  0,12 · 0,20 · 4,2 / 0,70 = ... kN/m²

  Damit ergibt sich die nötige Einheit [kN/m²] und der Wert kann mit den anderen Flächenwerten addiert werden.

Die tatsächliche »Anzahl« an Balken pro m² Fläche erhält man, indem man den Flächenmeter durch den Abstand teilt:

1,0 m/ 0,70 m = 1,43 Stück

✔ Für die **Dämmung** ergibt sich in der Fläche pro 70 cm ein »Loch« von 12 cm Breite, über die gesamte Tiefe: der Raum, der vom Balken eingenommen wird. In rechnergestützten Programmen sind solche Details natürlich genau erfasst, bei der Rechnung per Hand ist man jedoch großzügiger und übermisst diese »Fehlstellen« einfach. Damit ist man statisch auf der »sicheren Seite« und hat eine Menge Rechenarbeit gespart. Wir wollen genauer hinsehen und die Abweichung vom tatsächlichen Ergebnis ermitteln.

Vollflächige Last	2 »Löcher« je Quadratmeter Fläche	Unterbrochene Last
$20 \cdot 0{,}02 = 0{,}40\ kN/m^2$	$2 \cdot (20 \cdot 0{,}02 / 100 \cdot 12) = 0{,}096\ kN/m^2$	$0{,}304\ kN/m^2$

Die Wichte für den Dämmstoff wird je m^2 und cm Dicke angegeben. Da die Löcher aber nur 12cm breit sind, muss der Grundwert – ein Quadratmeter – über einen einfachen Dreisatz auf diese Breite angepasst werden: / 100 · 12

Die Differenz beträgt, wenn man nur die Dämmung selbst betrachtet, 25%. Das erscheint erst einmal viel, doch wie groß ist der Anteil an der Gesamtlast?

b) Verkehrslast

$q_k = 2{,}0\ kN/m^2$

Wie kommt man drauf?

Decken von Wohnhäusern sind in der Nutzlast-Tabelle in der Kategorie »A« zu finden.

Kategorie		Nutzung	Beispiele	q_k [kN/m²]	Q_k [kN]
A	A1	Spitzböden	Für Wohnzwecke nicht geeigneter, aber zugänglicher Dachraum bis maximal 1,80 m Höhe.	1,0	1,0
	A2	Wohn- und Aufenthaltsräume	Räume mit ausreichender Querverteilung der Lasten. Räume und Flure in Wohngebäuden, Bettenräume in Krankenhäusern, Hotelzimmer inklusive zugehöriger Bäder und Küchen.	1,0	–
	A3		Wie A2, jedoch ohne ausreichende Querverteilung der Lasten, z.B. Holzbalkendecken.	2,0[c]	1,0

Tabelle 8.3: Nutzlasten für Wohnhausdecken

»Ausreichende Querverteilung der Lasten« ist nur bei Stahlbetondecken gegeben, sodass für die Holzbalkendecke Kategorie »A3« anzunehmen ist: $q_k = 2{,}0\ kN/m^2$

Die charakteristische Volllast ergibt sich damit zu: $r_k = 2{,}86\ kN/m^2$

Vergleichen wir die Übermessung der Dämmung mit dem Volllastwert, ergeben sich weniger als 4% Abweichung. Ein wirtschaftlich zumutbarer Aufschlag.

c) Bemessungswerte

$$g_d = 1{,}16\ \text{kN/m}^2$$

$$q_d = 3{,}00\ \text{kN/m}^2$$

$$r_d = 4{,}16\ \text{kN/m}^2$$

Wie sehen Effizienz und Nachhaltigkeit in diesem Beispiel aus? Was ist Ihre Meinung? Wir möchten Sie für derartige Überlegungen sensibilisieren; dann gelingen Ihnen bei künftigen Projekten kluge und effiziente Entscheidungen in der Planung (und Umsetzung).

Unterkonstruktion der Gipskartonplatten

Um Gipskarton-Sichtflächen eben ausführen zu können, werden die Platten auf eine ausgerichtete Unterkonstruktion montiert. Diese besteht aus Lattung und Konterlattung. Dabei werden Rechteckquerschnitte von ca. 3 × 5 cm Stärke kreuzweise, dem Maß der Gipskartonplatte entsprechend, verschraubt:

Abbildung 8.3: Unterkonstruktion Gipskartonplatte

Für die Lastannahme ist zu rechnen:

$$0{,}03 \cdot 0{,}05 \cdot 4{,}2 \cdot 2/0{,}3 = 0{,}042\ \text{kN/m}^2$$

Dabei ist	$0{,}03 \cdot 0{,}05\ [\text{m}^2]$	der Querschnitt einer Latte
	$4{,}2\ [\text{kN/m}^3]$	die Wichte von Standardkonstruktionsholz C24
	2	Anzahl der Ebenen für Lattung und Konterlattung
	$/0{,}3\ [\text{m}]$	Abstand der einzelnen Latten untereinander

Die tatsächliche Last der Unterkonstruktion der Lattung beträgt 0,04 kN/m² und ist zu der im obigen Beispiel ermittelten charakteristischen ständigen Last g_k zu addieren.

Der Aufwand der Berechnung ist doch recht groß und wir empfehlen Ihnen für weitere Lastannahmen, in denen eine solche Unterkonstruktion zu berücksichtigen ist, diesen Wert »pauschal« anzusetzen. Er erfasst ausreichend genau den Lastanteil der Unterkonstruktion und ist bei Bauteilen mit deutlich mehr Masse wie etwa einer Stahlbetondecke prozentual so gering, dass es unerheblich ist, falls er vergessen wird.

Wirtschaftlichkeit - Einsparung - Nachhaltigkeit

Wie bereits angeklungen, möchten wir diese ersten beiden Beispiele nutzen und anregen, die Lastannahme hinsichtlich Wirtschaftlichkeit, Nachhaltigkeit und Einsparpotential zu betrachten. Dabei wollen wir weniger diskutieren oder unsere persönlichen Ansichten darlegen, sondern Sie vielmehr durch die Auflistung von Fakten und Gedanken dazu anregen, eigene Rückschlüsse zu ziehen: Was kann mittels der Lastannahme »eingespart« werden?

Last = Geld; Last = Energie

Der Vergleich der Volllast-Werte von Stahlbetondecke und Holzbalkendecke ergibt eine Differenz von fast 8 kN/m^2. Jeder m^2 Stahlbetondecke bringt also etwa 800 kg mehr Masse in das Bauwerk ein als die Holzbalkendecke. Nehmen wir konkret ein Einfamilienhaus mit einer Geschossfläche von 70 m^2 an, dann sind das pro Decke/ Geschoss knapp 56 Tonnen mehr Last gegenüber einer Holzbalkendecke. Das entspricht mehr als 30 Mittelklasse-Pkws.

Wird die Stahlbeton-Decke aus konstruktiven Gründen dicker ausgeführt als statisch notwendig, fallen je cm Deckenstärke und Quadratmeter weitere 25 kg an. Pro Geschoss unseres Beispielhauses sind das 1,75 Tonnen. Das Gewicht eines Autos! Für »nur« einen Zentimeter mehr Beton! In jedem Geschoss.

Energie = Geld; Energie = CO_2

Stahlbeton ist ein grandioser Werkstoff, ohne den Bauwerke der Superlative – Brücken, Hochhäuser, Wasserkraftwerke – nicht möglich wären. Er ist aber auch einer der energieintensivsten Baustoffe. Laut Forum | Nachhaltiges Bauen benötigt die Herstellung einer Tonne Standardbeton der Güte C25/30 ca. 687 MJ an Energie.

Holzbalkendecken eignen sich besonders für den einfachen Wohnungsbau und sind, sofern Konstruktionsvollholz verwendet wird, energetisch dem Stahlbeton weit überlegen. Die »Herstellung« des Baustoffes verbraucht Energie nur in Form der Bearbeitung (fällen, sägen, trocknen) und des Transports. Brettschichtholz (BSH) hingegen ist wegen der aufwendigen und rohmaterialintensiven Herstellung (laut Forum | Nachhaltiges Bauen (F|NB) sind für 1m^3 BSH 2,2 m^3 Rundholz nötig) energetisch dem Stahlbeton sehr viel näher als Konstruktionsvollholz.

Zeit = Geld, Zeit = Qualität

Stahlbeton benötigt Zeit, um auszuhärten und seine Tragfähigkeit verlässlich auszubilden. Holzbalkendecken können sofort belastet werden.

Beispiel Satteldach

Gebaut wird zwar von unten nach oben, statisch gerechnet aber genau umgekehrt. Um die Lastannahme für ein Dach zu erstellen, benötigen Sie nur die Angaben der Dachkonstruktion und die Lage des Bauortes. Der unvollständige Planausschnitt ist vollkommen ausreichend für die Berechnung:

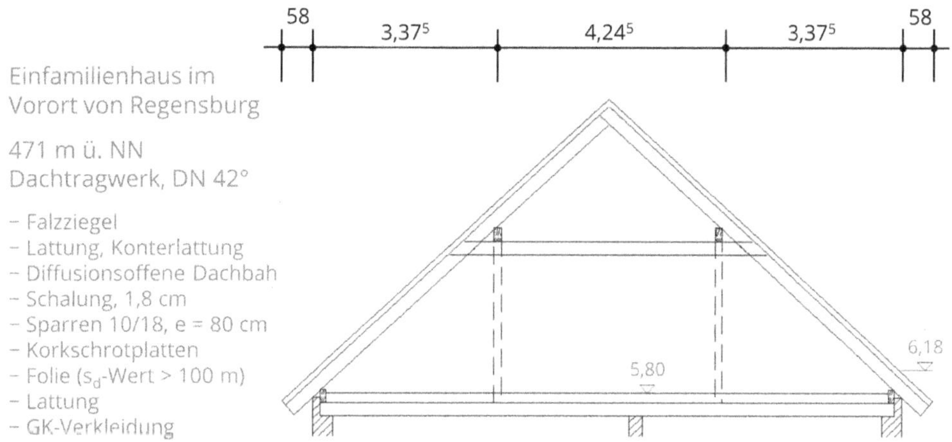

Abbildung 8.4: Schnitt durch das Dach

Behalten Sie die Systematik der Abarbeitung von ständiger Last und danach Verkehrslast bei. Die Lastannahme am Dach wird aufwendiger als bisher, und ein guter Überblick hilft bei der späteren Zusammenstellung der maßgebenden Lastfallkombination.

a) Ständige Last

Konstruktionsaufbau		**[kN/m²]**
Falzziegel		0,55
Dachbahn, diffusionsoffen		0,02
1,8 cm Schalung	0,018 · 4,2	0,08
Sparren 10/18 cm, e = 80 cm	0,1· 0,18 · 4,2/ 0,80	0,09
Korkschrotplatten	24 · 0,01	0,24
Folie (Dampfbremse)		0,02
Gipskarton inkl. Lattung	1,25 · 0,09 + 0,04	0,15
	Summe g_k =	1,15 kN/m²

Wie kommt man drauf?

- ✔ In der Planskizze sind **Lattung** und Konterlattung unter den Ziegeln angegeben; in der Tabelle unserer Lastannahme »fehlt« die Zeile dafür. Wenn Sie die Fußnote in der Tabelle für die Dachdeckungen in Ihrem Regelwerk entdeckt haben, wissen Sie: Der Lastwert für die Ziegel ist inklusive notwendiger Lattung.
- ✔ Da für die diffusionsoffene **Dachbahn** keine konkreteren Angaben vorhanden sind, wählen wir aus der Tabelle der Dachdichtungen die passendste Zeile: Dichtungsbahn aus Kunststoff. Bitte beachten Sie, dass diese Tabelle zweigeteilt ist: für Bahnen im Lieferzustand und in verlegtem Zustand!
- ✔ Für die **Schalung** ist keine Angabe zur Qualität des Holzes gegeben: Standardkonstruktionsholz C24 wird maßgebend. Da die Einheit [kN/m³] beträgt, ist die Stärke von 1,8 cm in Meter umzurechnen.
- ✔ Der **Sparren** ist als Linienlast in der Fläche des Daches durch die Division mit dem Achsabstand in eine Flächenlast zu wandeln (siehe Beispiel Holzbalkendecke).
- ✔ Der **Korkschrot** wird als durchgehende Dämmebene angenommen und der Sparren großzügig übermessen (ebenfalls im Beispiel Holzbalkendecke zu finden).
- ✔ Die **Folie** findet sich als Kunststoffbahn wieder in der Dach- und Bauwerksabdichtungstabelle und ist identisch mit dem Wert für die diffusionsoffene Dachbahn.
- ✔ Für die **Gipskarton-Verkleidung** ist die Plattenstärke gegeben und die Lattung wird, wie im vorherigen Beispiel erläutert, pauschal hinzuaddiert.

b) Verkehrslast

Bitte denken Sie kurz darüber nach, welche veränderliche(n) Last(en) auf Dächer einwirken.

Wind

$$w = c_{pe} \cdot q_p$$

$$c_{pe} = 0{,}7 \text{ bzw. interpoliert } 0{,}56$$

$$q_p = 0{,}65\ \text{kN/m}^2 \text{ für Gebäudehöhe} > 10\ \text{m}$$

$$w_{(\text{F und G})} = 0{,}46\ \text{kN/m}^2 (w = 0{,}36\ \text{kN/m}^2)$$

Wie kommt man drauf?

Für die Tabelle des Geschwindigkeitsdrucks sind Windzone und Gebäudehöhe als Eingangswerte notwendig: Regensburg liegt in der Windzone 1. Zur Gebäudehöhe gibt es keine Angaben. Der Plan enthält jedoch ausreichend Angaben, um diese zu berechnen:

- ✔ die Dachneigung mit 42°,
- ✔ die Breite des Hauses mit 10,995 m und
- ✔ die Höhe der Traufe.

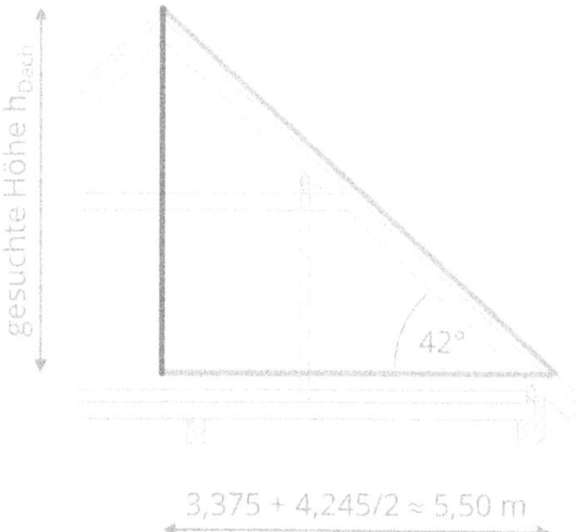

Abbildung 8.5: Ermittlung der Dachhöhe

Die gesuchte Höhe entspricht der Gegenkathete bezüglich des bekannten Dachneigungswinkels und die Grundfläche der Ankathete, was zum Tangens führt:

$$\tan\ 42^\circ = \text{gesuchte Höhe } h/5{,}50\ \text{m}$$

$$\Rightarrow h_{Dach} = 4{,}95\ \text{m} \Rightarrow \text{Höhe über Gelände} = 6{,}18 + 4{,}95 = 11{,}13\ \text{m} > 10\ \text{m}$$

Die Gesamthöhe über dem Gelände muss nicht exakt bestimmt werden, da die Tabelle nur drei Spalten zur Auswahl bietet: $h < 10$ m, h zwischen 10 und 18 m und $h > 18$ m. Damit beträgt q_p gemäß Tabelle 7.2 für mehr als 10 m Höhe 0,65 kN/m².

Die c_{pe} – Werte sind für 42° Dachneigung nur für den Bereich H zu interpolieren, für F und G beträgt der Wert + 0,7

Bereich H		
30°	+ 0,4	
42°	+ 0,56	$= (0{,}6 - 0{,}4)/\ 15 \cdot 12 + 0{,}4$
45°	+ 0,6	

Eingesetzt in Gleichung (7.1) ergibt sich der Winddruck zu:

$$w\ (\text{Bereich F und G}) = 0{,}65 \cdot 0{,}7 = 0{,}46\ \text{kN/m}^2$$

$$w\ (\text{Bereich H}) = 0{,}65 \cdot 0{,}56 = 0{,}36\ \text{kN/m}^2$$

Abbildung 8.6 zeigt die graphische Darstellung des Ergebnisses.

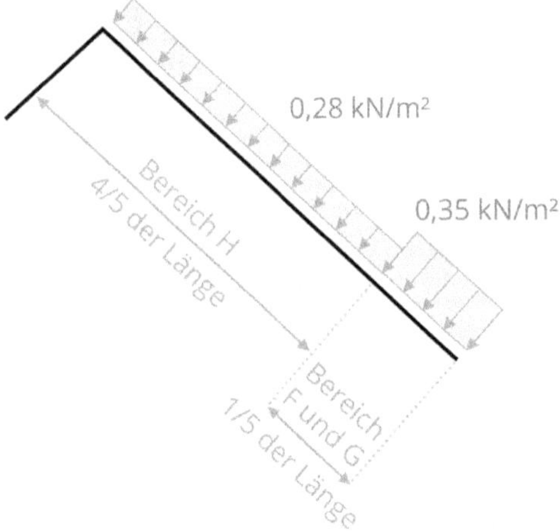

Abbildung 8.6: Berechnete Winddruckverteilung am Satteldach

Streng genommen muss die ungleichmäßige Verteilung der Windlast in eine konstante Gleichstreckenlast überführt werden. Dafür ist die wahre Länge L der Dachschräge nötig. Da Winkel und Grundfläche bekannt sind, findet der Cosinus Anwendung:

$$\cos 42^\circ = 5{,}50/L \Rightarrow L = 7{,}40 \text{ m}$$

Die jeweiligen Anteile in Größe und Länge ergeben dann die in der Lastannahme korrekterweise anzusetzende Gleichstrecken-Winddruckkraft:

$$0{,}36 \cdot 4/5 + 0{,}46 \cdot 1/5 = 0{,}38 \text{ kN/m}^2$$

Das ist viel Aufwand für eine tatsächliche Abweichung, die sich in der Gesamtlast und damit in der tatsächlichen QS-Dimensionierung, also der Festlegung der Abmaße der Dachtragteile, kaum bis gar nicht auswirkt. In der Praxis wird daher oft der statisch »auf der sicheren Seite liegende« Wert für die Bereiche F und G verwendet. Zudem sind die Dimensionen der Sparren in den heutigen Bauwerken in der Regel vom Energieberater konstruktiv – also ohne statische Notwendigkeit – so groß gewählt, dass sie statisch sehr unwirtschaftlich sind, weil sie einen sehr geringen Ausnutzungsgrad aufweisen.

Schnee

Regensburg liegt in der Schneelastzone (SLZ) 1a, 471 m ü. NN.

$$s_i = \mu_i \cdot s_k$$

$$s_k = 0{,}97\ \text{kN/m}^2$$

$$\mu_i = 0{,}48$$

$$s_i = 0{,}47\ \text{kN/m}^2$$

Wie kommt man drauf?

Laut Regelwerk greift der Sockelwert bis 400 m ü. NN, was bedeutet, dass die Schneelast über die ausführliche Gleichung der SLZ 1 zu bestimmen ist:

$$s_k = 0{,}19 + 0{,}91 \cdot (471 + 140/760)^2 = 0{,}78\ \text{kN/m}^2$$

Wenn Sie Ihr Ergebnis mit dem Mindestwert vergleichen, haben Sie eine gute Kontrolle, ob Sie richtig gerechnet haben. Ist Ihr Wert kleiner als der Mindestwert, obwohl das Bauwerk höher liegt als die an den Mindestwert gebundene Höhe, haben Sie sich in jedem Fall verrechnet.

Da es sich um SLZ 1a handelt, ist der Wert mit dem Faktor 1,25 zu erhöhen. Die charakteristische Schneelast am Boden beträgt somit 0,97 kN/m².

Nun muss der Schnee »aufs Dach gehoben« und der Formbeiwert für 42° Dachneigung interpoliert werden:

$$s_i = \mu_i \cdot s_k \qquad (7.2)$$

$$\mu_i = 0{,}8 \cdot (60° - 42°)/30 = 0{,}48$$

$$s_k = 0{,}97\ \text{kN/m}^2$$

$$s_i = 0{,}48 \cdot 0{,}97 = 0{,}47\ \text{kN/m}^2$$

c) Bemessungslast – Lastfallkombination

Maßgebende Lastfallkombination:

$$r_d = 1{,}35 \cdot 1{,}15 \cdot \cos 42° + 1{,}5 \cdot 0{,}46 + 0 \cdot 1{,}5 \cdot 0{,}47 \cdot (\cos 42°)^2 = 1{,}84\ \text{kN/m}^2$$

oder nach der »vereinfachten Vorgehensweise«:

$$r_d = 1{,}35 \cdot [1{,}15 \cdot \cos 42° + 0{,}46 + 0{,}47 \cdot (\cos 42°)^2] = 2{,}13\ \text{kN/m}^2$$

Wie kommt man drauf?

Bevor die Kombination der Lasten stattfinden kann, muss die »Gleichrichtung« senkrecht zur Dachebene erfolgen. Am Ende von Kapitel 7 finden Sie die Erklärungen/ Umrechnung dazu.

$$g_\perp = 1{,}15 \cdot \cos\ 42^\circ = 0{,}85\ \mathrm{kN/m^2}$$

$$si_\perp = 0{,}47 \cdot (\cos\ 42^\circ)^2 = 0{,}26\ \mathrm{kN/m^2}$$

$w = 0{,}46\ \mathrm{kN/m^2}$ … Der Wind bleibt aufgrund seiner Unberechenbarkeit, wie er ist!

Da mehr als eine veränderliche Last auftritt, gibt es nicht, wie bisher, die »einfache« Kombination als Addition von ständiger Last und Verkehrslast, sondern es muss über die maßgebende Kombination nachgedacht werden. Welche Lastfälle (LF) können auftreten, und wie muss die Kombination erfolgen? Denken wir zuerst kurz in Wetter und Jahreszeiten:

LF 1: es ist Sommer, windstill	nur g
LF 2: es ist Sommer, Wind weht	g und w
LF 3: es schneit	g und s
LF 4: Schnee am Dach und Wind	g, w und s

Es versteht sich von selbst, dass auf der Suche nach dem »Worst-Case-Szenario« LF 1 sofort ausscheidet. Auch LF 3 kann nach kurzem Überlegen ausgeschlossen werden, da die Schneelast senkrecht zur Dachfläche geringer ist als die Windbelastung. Die beiden anderen Kombinationen kommen aber durchaus in Frage und müssen genauer untersucht werden. In Kapitel 2 finden Sie die allgemeine Vorgehensweise der Kombination von Lasten. Konkret ist für die Kombination von ständiger Last mit einer veränderlichen Last der Teilsicherheitsbeiwert von 1,50 für die veränderliche Last anzusetzen:

$$\text{LF 2:}\quad 1{,}35 \cdot 0{,}85 + 1{,}50 \cdot 0{,}46 = 1{,}84\ \mathrm{kN/m^2} \Rightarrow \text{maßgebend}$$

$$\text{LF 3:}\quad 1{,}35 \cdot 0{,}85 + 1{,}50 \cdot 0{,}26 = 1{,}54\ \mathrm{kN/m^2} \Rightarrow \text{nicht maßgebend}$$

Nehmen wir nun LF 4 genauer unter die Lupe: Für die zweite (und jede weitere) veränderliche Last ist neben dem Teilsicherheitsbeiwert der sogenannte Kombinationsbeiwert $\psi_{q,i}$ hinzuzunehmen.

$$r_d = \gamma_g \cdot g_k \oplus \gamma_q \cdot q_{k,1} \oplus \Sigma\psi_{q,i} \cdot \gamma_q \cdot q_{k,i}$$

Diesen Kombinationswert finden Sie in Ihrem Regelwerk in einer Tabelle:

Einwirkung	ψ_0	ψ_1	ψ_2
Nutzlasten im Hochbau			
Kategorie A: Wohn- und Aufenthaltsräume	0,7	0,5	0,3
Kategorie B: Büros	0,7	0,5	0,3
Kategorie C: Versammlungsräume	0,7	0,7	0,6
Kategorie D: Verkaufsräume	0,7	0,7	0,6
Kategorie E: Lagerräume	1,0	0,9	0,8
Kategorie F: Verkehrsflächen, Fahrzeuglast ≤ 30 kN	0,7	0,7	0,6
Kategorie G: Verkehrsflächen, 30 kN ≤ Fahrzeuglast ≤ 160 kN	0,7	0,5	0,3
Kategorie H: Dächer	0	0	0
Schnee- und Eislasten			
Orte bis zu +1000 m ü. NN	0,5	0,2	0
Orte über +1000 m ü. NN	0,7	0,5	0,2
Windlasten	0,6	0,2	0
Temperatureinwirkungen (nicht Brand)	0,6	0,5	0
Baugrundsetzungen	1,0	1,0	1,0
Sonstige Einwirkungen	0,8	0,7	0,5

Tabelle 8.4: Kombinationsbeiwerte $\psi_{q,i}$

Die Erläuterungen zu dieser Tabelle besagen, dass ψ_2 für den für uns zutreffenden Fall, die quasi-ständige Kombination von Lasten anzuwenden ist und für Schnee und Wind in unserem Fall »0« beträgt. Wenden Sie diese Vorschrift auf unser Beispiel an, haben Sie zwei Lastfallvarianten zu prüfen:

LF 4.1: $1{,}35 \cdot 0{,}85 + 1{,}5 \cdot 0{,}26 + 1{,}5 \cdot 0 \cdot 0{,}46 = 1{,}54\ \text{kN/m}^2$

LF 4.2: $1{,}35 \cdot 0{,}85 + 1{,}5 \cdot 0{,}46 + 1{,}5 \cdot 0 \cdot 0{,}26 = 1{,}84\ \text{kN/m}^2 \Rightarrow$ maßgebend

In der Praxis finden Sie zudem die »vereinfachte Vorgehensweise«, bei mehr als einer veränderlichen Last alle Lasten pauschal mit dem Teilsicherheitsbeiwert 1,35 (für die ständige Last) zu beaufschlagen. Dies rührt aus der alten Vorgehensweise zur Lastfallkombination und wird, weil »auf der sicheren Seite« liegend, auch heute noch anerkannt.

Der Sparren

$$r_{d,Sparren} = 1{,}47 \text{ kN/m}$$

oder nach der »vereinfachten Vorgehensweise«:

$$r_{d,Sparren} = 1{,}70 \text{ kN/m}$$

Wie kommt man drauf?

Die Belastung pro Sparren ist die Fläche, die jeder einzelne Sparren abzutragen hat.

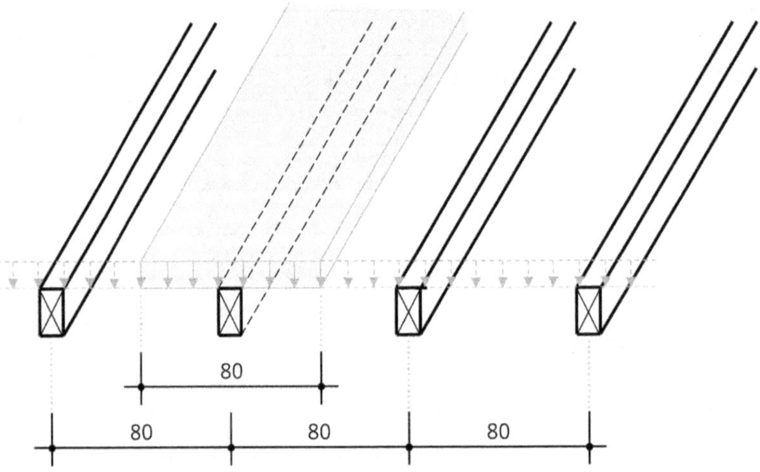

Abbildung 8.7: Lasteinzugsfläche eines Sparren

Die Dachflächenlast wird auf die einzelnen Sparren »aufgeteilt«, indem mit dem Abstand (auch »Lasteinzugsbreite« genannt) multipliziert wird:

$$r_{d,Sparren} = 1{,}84 \cdot 0{,}8 = 1{,}47 \text{ kN/m} \qquad \text{respektive}$$

$$r_{d,Sparren} = 2{,}13 \cdot 0{,}8 = 1{,}70 \text{ kN/m}$$

Beispiel Wand

Lasten für Wände sind pro laufenden Meter [kN/lfm] zu ermitteln, denn es ist ganz gleich, wie lang die Wand ist, jeder einzelne Meter Wandlänge »erzeugt« die gleiche Last.

In diesem Beispiel soll die Last einer 24 cm starken und 2,85 m hohen Wand aus Mauersteinen der Rohdichte 1,75 ermittelt werden:

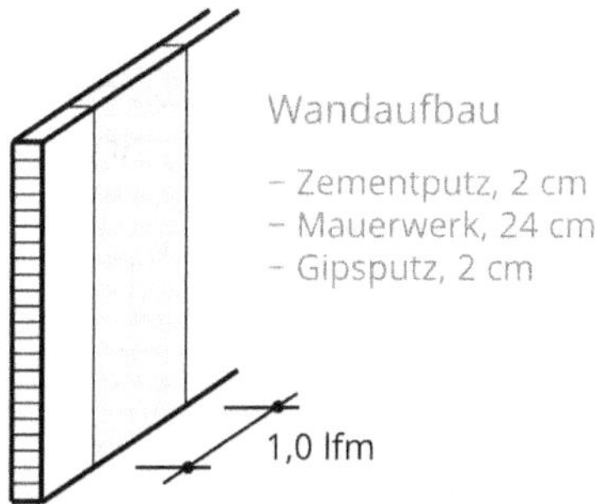

Abbildung 8.8: Wandaufbau

a) Ständige Last

Konstruktionsaufbau		**[kN/lfm]**
Zementputz	0,42 · 2,85	1,20
Mauerwerk	18,0 · 0,24 · 2,85	12,31
Gipsputz	0,18 / 1,5 · 2,0 · 2,85	0,68
	Summe g_k = 14,2 kN/lfm	

Wie kommt man drauf?

- ✔ In den Tafeln für Putze finden sich **Gipsputz und Zementputz** (oft als Zementmörtel bezeichnet) als Flächenlasten pro Quadratmeter in vorgegebenen Stärken. Der zu ermittelnde Zementputz stimmt mit 2 cm Stärke mit dem Tabellenwert überein; der Gipsputz muss auf die verbaute Stärke von 2cm angepasst werden:

  0,18 / 1,5 · 2,0 · 2,85

- ✔ Über die Rohdichte erhält man aus den Tafeln Ihres Regelwerks für Wände aus künstlichen Steinen (gemeint sind hier »per Hand hergestellte Steine«) die dazugehörige Wichte pro Kubikmeter:

  18,0 · 0,24 · 2,85

  Da die Last der Wand pro laufenden Meter [kN/lfm] gilt, ist neben den Materialstärken auch die Höhe der Wand einzurechnen:

  18,0 · 0,24 · 2,85

b) Verkehrslast

Überlegen Sie bitte kurz, wie die Nutzlast, also die veränderliche Last einer Wand geartet ist.

Im Fall von Wänden gilt es zu verstehen, dass sie keine »eigenen« Verkehrslasten haben! Aufgrund ihres stehenden Charakters bleibt nichts auf ihrer Fläche liegen, und auch von anderen »normalen« Belastungen (senkrecht auf ihre Flächen) bleiben sie unbeeindruckt. Wände tragen ja nicht über ihre Fläche, sondern über ihren Querschnitt (und ihre Höhe) ab. Demnach tragen Wände lediglich die veränderlichen Lasten der Bauteile, die sie (unter-)stützen ab und übertragen sie auf die nachfolgenden Bauteile.

c) Bemessungslast

Für das Beispiel dieser Wand ist also nur die ständige Last vorhanden und mit dem entsprechenden Teilsicherheitsbeiwert $\gamma_g = 1{,}35$ zu beaufschlagen:

$$r_d = 1{,}35 \cdot 14{,}2 = 19{,}2 \text{ kN/m}$$

Wände sind unterstützende Bauteile und müssen die Auflagerkräfte – dazu mehr in Teil IV – der gestützten Bauteile aufnehmen und sicher weiterleiten. Als Verkehrslast aus dem Dach ist die ermittelte Wind- und Schneelast anzusetzen, für die Decken die Nutzlast ihrer Kategorien entsprechend.

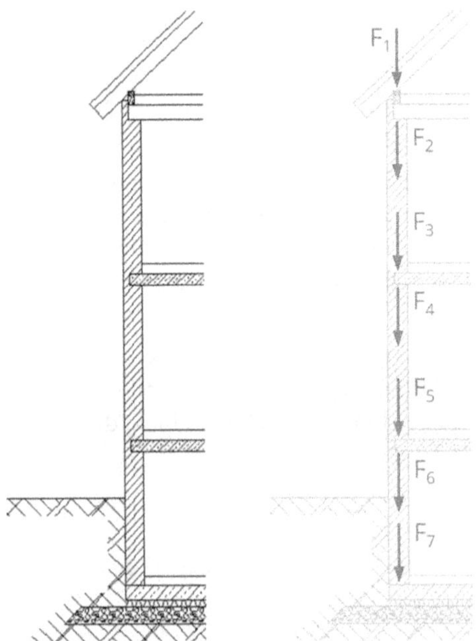

Abbildung 8.9: Belastung von Wänden

Ist eine Wand über mehrere Geschosse vorhanden, wird die Lastannahme für das unterste Geschoss ermittelt, weil die Beanspruchung der gleichartigen Wand dort am größten ist. Für Außenwände ist das für gewöhnlich das Erdgeschoss. (Der Keller ist in der Regel in Stahlbeton ausgeführt und unterliegt einer anderen Nachweisqualität)

Beispiel Treppe

Treppen verbinden Geschosse und überwinden Höhe, was ihre Neigung verursacht.

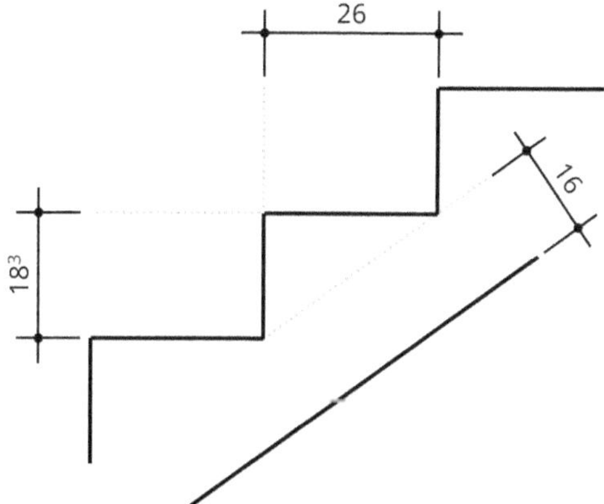

Abbildung 8.10: Stahlbetontreppe

Wie Sie wissen, werden Lasten lotrecht verarbeitet und somit müssen schräge Lasten auf die (horizontale) Grundfläche umgerechnet werden.

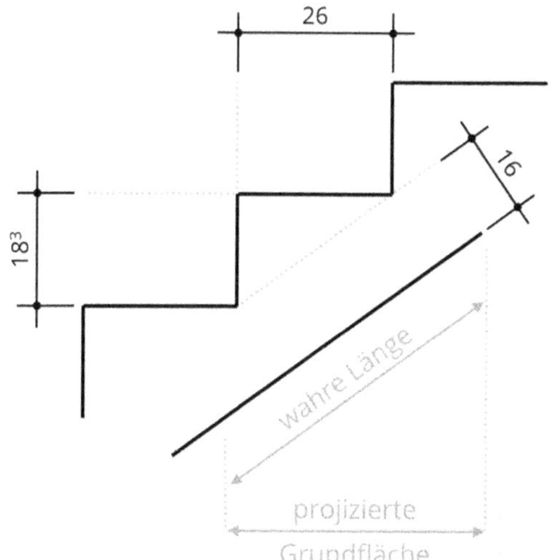

Abbildung 8.11: Projizierte Grundfläche

Dazu benötigt man den Neigungswinkel der Treppe, der sich mittels des Steigungsverhältnisses berechnen lässt:

$$\tan \alpha = 18{,}3/26$$

$$\Rightarrow \alpha = 35{,}14°$$

Wahre Länge und projizierte Grundfläche verhalten sich dem Neigungswinkel der Treppe gegenüber wie Hypotenuse und Ankathete, somit ergibt sich als zu verwendende Winkelfunktion für die Umrechnung der Lasten der Cosinus.

a. Ständige Last

Konstruktionsaufbau		[kN/m²]
1,5 cm Gipsputz	$0{,}18 / \cos\alpha$	0,22
16 cm Stahlbeton	$0{,}16 \cdot 25{,}0 / \cos\alpha$	4,89
Keilstufen unbewehrt	$½ \cdot 0{,}18^3 \cdot 0{,}26 \cdot 24{,}0 / 0{,}26$	2,20
3 cm Naturstein	$3 \cdot 0{,}30 + 18{,}3 \cdot 0{,}30 \cdot 0{,}03 / 0{,}26$	1,53
	Summe g_k =	8,84 kN/m²

Wie kommt man drauf?

✔ **Gipsputz und Stahlbetonlauf** sind geneigt und somit auf die Grundfläche zu projizieren, indem durch den Cosinus geteilt wird.

✔ Die unbewehrten **Stufen** (Wichte 24,0 kN/m³) haben eine dreieckige Querschnittsform (Keil), die mittels des Faktors »½« erfasst ist.

$½ \cdot 0{,}18^3 \cdot 0{,}26 \cdot 24{,}0 / 0{,}26$

Zwar sind die Stufen »vollflächig« vorhanden, jede Stufe für sich aber nur 26 cm lang. Pro Quadratmeter sind also mehr als nur eine Stufe vorhanden. Die tatsächliche Anzahl beziehungsweise die Belastung pro Quadratmeter ermittelt man über den Divisor »0,26«.

$½ \cdot 0{,}18^3 \cdot 0{,}26 \cdot 24{,}0 / 0{,}26$

Man kann auch sagen, nach jeweils 26 cm beginnt eine neue Stufe. Das ergibt pro Quadratmeter: 1,0/0,26 = 3,85 Stufen.

✔ Die Stufen sind sowohl auf der Trittfläche (Trittstufe) als auch an der Stirnfläche (Setzstufe) mit **Naturstein** belegt. Die Einheit für den Naturstein wird im Regelwerk pro m² und cm Dicke [kN/m²/cm] angegeben. Betrachtet man die Treppe aus der Vogelperspektive, erkennt man, dass durch die Belegung der Trittsrufen der Belag vollflächig in einer Stärke von 3 cm über der ganzen Treppe liegt:

$3 \cdot 0{,}30 + 18{,}3 \cdot 0{,}30 \cdot 0{,}03 / 0{,}26$

Die Setzstufen haben eine Materialstärke (Höhe) von 18,3cm …

$3 \cdot 0{,}30 + 18{,}3 \cdot 0{,}30 \cdot 0{,}03 \,/\, 0{,}26$,

… sind aber in ihrer Fläche nicht auf einem ganzen Quadratmeter vorhanden, sondern nur auf $0{,}03\,m^2$ (Natursteindicke von 3 cm je Meter Treppenbreite),

$3 \cdot 0{,}30 + 18{,}3 \cdot 0{,}30 \cdot 0{,}03 \,/\, 0{,}26$,

… dafür wieder mit einem Abstand von 26 cm.

$3 \cdot 0{,}30 + 18{,}3 \cdot 0{,}30 \cdot 0{,}03 \,/\, 0{,}26$

b) Verkehrslast

$q_k = 3{,}00\ kN/m^2$

Wie kommt man drauf?

Für Treppen ist die Nutzlast in der Tabelle für Decken, Treppen und Balkone in der Kategorie »T« zu finden. Für Wohngebäude, Büros und Arztpraxen ohne schweres Gerät trifft Kategorie T1 zu und es sind $3{,}0\ kN/m^2$ anzusetzen.

c) Bemessungswerte

$g_k = 8{,}84\ kN/m^2 \quad \rightarrow \quad g_d = 11{,}93\ kN/m^2$

$q_k = 3{,}00\ kN/m^2 \quad \rightarrow \quad q_d = 4{,}50\ kN/m^2$

$r_d = 16{,}4\ kN/m^2$

Beispiel Fundament

Fundamente müssen alle Lasten des Bauwerks »sammeln« und sicher auf den Baugrund übertragen.

Um die Lastannahme für ein Fundament korrekt und vollständig erstellen zu können, bedarf es der Ermittlung der Auflagerkräfte aus den Decken, was erst im folgenden Teil 4 erläutert wird. Wir werden daher vorerst mit einer ausreichend genauen Näherungslösung arbeiten. Wenn Sie später mit der Ermittlung der Auflagerkräfte vertraut sind, können Sie hierher zurückblättern und die genaue Ermittlung vornehmen.

Für ein **Bürogebäude mit leichten Trennwänden** ist für das Fundament unter der Mittelwand die Bemessungslast in der Sohlfuge (= unter dem Fundament) zu ermitteln.

Bauort: Stuttgart, 380 m ü. NN.

Material-/Werkstoff-Angaben:

- ✔ Innenwände Rohdichte 1,9 mit 1 cm Gipsputz
- ✔ Dachdecke 20 cm Stahlbeton; Abdichtung pauschal $g_k = 0{,}35\ \text{kN/m}^2$
- ✔ Geschossdecken 20 cm Stahlbeton; Aufbau pauschal $g_k = 1{,}85\ \text{kN/m}^2$

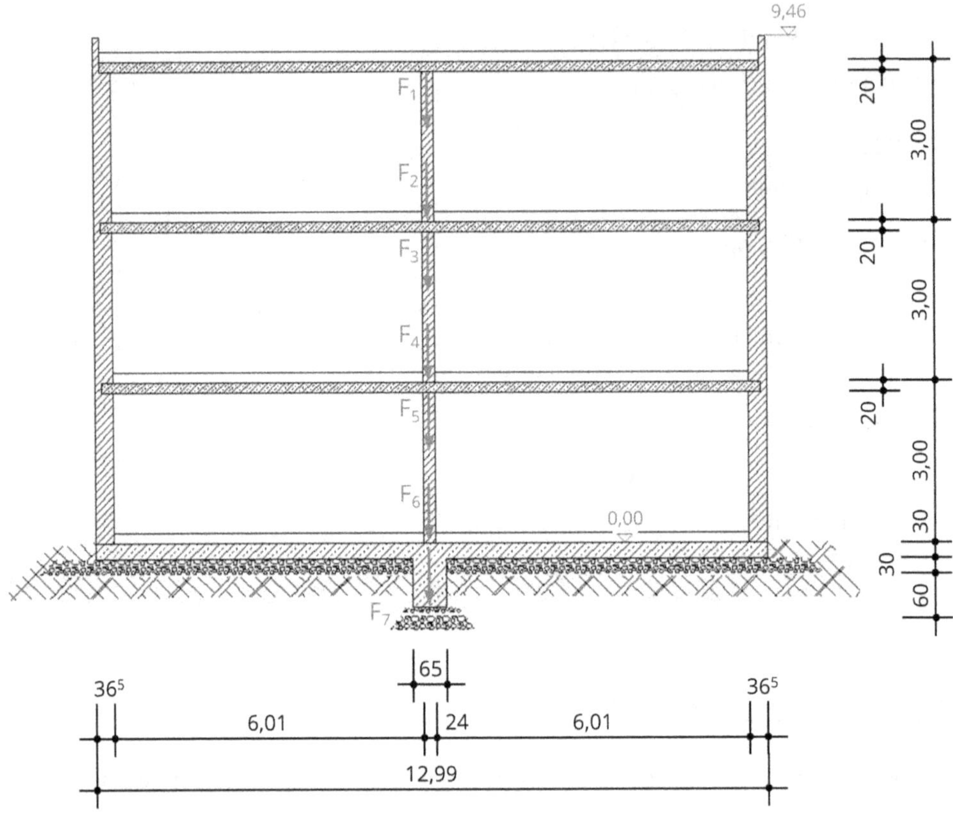

Abbildung 8.12: Schnitt durch das Gebäude

F_1 – Last aus Dachdecke

a) Ständige Last

$$g_k = 0{,}20 \cdot 25{,}0 + 0{,}35 = 5{,}35\ \text{kN/m}^2$$

b) Verkehrslast – Schnee

SLZ 2, 380 m ü. NN

Schneelast am Boden:

$$s_k = 0{,}25 + 1{,}91 \cdot [(380 + 140)/760]^2 = 1{,}14\ \text{kN/m}^2$$

Schneelast am Dach:

$s_i = 0{,}8 \cdot 1{,}14 = 0{,}92\ kN/m^2$

c) Bemessungslast

$F_{1,d} = (1{,}35 \cdot 5{,}35 + 1{,}5 \cdot 0{,}92) \cdot 12{,}99/2 = 55{,}9\ kN/m$

F_2 – Last aus Mittelwand OG

a) Ständige Last

$g_k = (0{,}24 \cdot 20{,}0 + 0{,}18/1{,}5 \cdot 2) \cdot 2{,}80 = 14{,}1\ kN/m$

b) Bemessungslast

$F_{2,d} = 1{,}35 \cdot 14{,}1 = 19{,}0\ kN/m$

F_3 – Last aus Geschossdecke ü. OG

a) Ständige Last

$g_k = 0{,}20 \cdot 25{,}0 + 1{,}85 = 6{,}85\ kN/m^2$

b) Verkehrslast – Nutzlast Bürodecke

$q_k = 2{,}0\ kN/m^2$

Trennwandzuschlag: $1{,}2\ kN/m^2$

c) Bemessungslast

$F_{3,d} = (1{,}35 \cdot 6{,}85 + 1{,}5 \cdot 3{,}2) \cdot 12{,}99/2 = 91{,}2\ kN/m$

F_4 (F_6) – Last aus Mittelwand OG und EG

$F_{4,d} = F_{2,d} = F_{6,d} = 19{,}0\ kN/m$

F_5 – Last aus Geschossdecke über EG

$F_{5,d} = F_{3,d} = 91{,}2\ kN/m$

F_7 – Streifenfundament

a) Ständige Last

$g_k = 0{,}90 \cdot 0{,}65 \cdot 25{,}0 = 14{,}6\ kN/m$

b) Bemessungslast

$F_{7,d} = 1{,}35 \cdot 14{,}6 = 19{,}7\ kN/m$

Gesamtlast in der Sohlfuge:

$$R_d = 55{,}9 + 3 \cdot 19{,}0 + 2 \cdot 91{,}2 + 19{,}7 = 315\ \text{kN/m}$$

In der Praxis und im Bauwesen generell verwenden wir sehr viele Abkürzungen. Zu den gängigsten Abkürzungen gehören die gerade genannten EG (= Erdgeschoss) und OG (= Obergeschoss). Entsprechend gibt es dann noch das DG (= Dachgeschoss). Bitte machen Sie sich mit entsprechenden Abkürzungen und Begrifflichkeiten vertraut, da Sie im Austausch mit Ihren Partnern das richtige Wording beherrschen müssen.

Wie kommt man drauf?

✔ Da der Aufbau der **Dachdecke** als Pauschalwert gegeben ist, ergibt sich die Berechnung der **ständigen Last** als Einzeiler, vorerst als Flächenlast.

$$g_k = 0{,}20 \cdot 25{,}0 + 0{,}35 = 5{,}35\ \text{kN/m}^2$$

✔ Für den **Schnee** auf der Dachdecke ist die Berechnung mittels der ausführlichen Formel nötig, da der Mindestwert nur bis zu einer Höhe von 285 m maßgebend ist. Die Verwehungen an den Aufbauten (= Attika) ergeben einen Formbeiwert < 0,8 und bleiben damit unberücksichtigt beziehungsweise gelten als erfasst.

$$\mu_2 = 2{,}0 \cdot 0{,}30/1{,}14 = 0{,}53$$

2,0 = Wichte von Schnee mit 2,0 kN/m^3 anzusetzen

0,30 = geschätzte Höhe der Attika

1,14 = s_k, charakteristische Schneelast am Boden

✔ Für die **Bemessungslast** aus **der Dachdecke** ist die Belastung für die Wand in kN pro laufenden Meter [kN/m] zu ermitteln. Wie formt man also von einer Flächenlast in die Linienlast »um«? Ähnlich wie beim Sparren (siehe Abbildung 8.7) gilt es zu ermitteln, welche Lastfläche sich auf die Wand abträgt. Albert Einstein vertritt die Ansicht, dass all unser Wissen auf Schauen beruht … so ist zu sehen, dass die Innenwand je die Hälfte der Deckenfläche »rechts und links von sich« aufnimmt und abträgt, diese Größe wird auch »Lasteinzugsbreite« genannt. (Tatsächlich kommt hier der Faktor 1,25 durch die Durchlaufträgerwirkung, im wahrsten Sinne des Wortes, zum Tragen. Mehr dazu finden Sie in Kapitel 12). Näherungsweise nehmen wir daher die Hälfte der Gesamtbreite an:

$$F1_d = (1{,}35 \cdot 5{,}35 + 1{,}5 \cdot 0{,}92) \cdot 12{,}99/\ 2 = 55{,}9\ \text{kN/m}$$

✔ Für die Last der **Mittelwand** ist hinsichtlich des Putzes zu beachten, dass der Tafelwert im Regelwerk für 1,5 cm Stärke gilt, tatsächlich aber nur 1 cm verbaut wird:

$$g_k = (0{,}24 \cdot 20{,}0 + 0{,}18/\ 1{,}5 \cdot 2) \cdot 2{,}80 = 14{,}1\ \text{kN/m}$$

Da es sich um eine Mittelwand handelt, sind zwei Putzflächen gleicher Güte anzusetzen:

$g_k = (0{,}24 \cdot 20{,}0 + 0{,}18/\ 1{,}5 \cdot 2) \cdot 2{,}80 = 14{,}1\ \text{kN/m}$

✔ Für die ständige Last der **Geschossdecken** ist die Einzugsfläche identisch mit der der Dachdecke. Keine weiteren Überraschungen. In der Verkehrslast ist der Hinweis in der Angabe »mit leichten Trennwänden« zu berücksichtigen. Da keine Angabe hinsichtlich der Wichte der Trennwände vorhanden ist, setzen wir die im Regelwerk vorgegebenen 1,2 kN pro Quadratmeter an.

✔ Die Abmessungen für das **Streifenfundament** sind dem Plan zu entnehmen. Wichtig ist es an dieser Stelle, zu verstehen, dass die 30 cm starke Bodenplatte keinen beziehungsweise kaum Lasteinfluss auf das Fundament ausübt. Die Bodenplatte ist eine sogenannte elastisch gebettete Platte und gibt ihre Last direkt in den anstehenden, tragfähigen Untergrund ab. Die Fläche des Fundaments geht daher nur mit 0,30 + 0,60 = 0,90 m · 0,65 m in die Berechnung ein. Fundamente haben wie Wände keine »eigene Verkehrslast«.

Teil IV
Bestimmen von Schnittgrößen

IN DIESEM TEIL …

… geht es um die verschiedenen statischen Trägersysteme:

Einfeldträger,

Einfeldträger mit Kragarm und

Mehrfeldträger.

Richtig, die Schnittgrößenbestimmung, die bereits in Kapitel 1 als einer der wesentlichen Punkte der Baustatik benannt wird, spielt hier die Hauptrolle. Sie lernen die Details des statischen Systems kennen – Stützweite und Auflagerarten – und vertiefen sich in die Gleichgewichtsbedingungen der Statik. Anschließend begeben Sie sich in das Innenleben von Trägern, schneiden sie in Scheibchen und untersuchen die Beanspruchungen an den Schnittstellen.

In der Statik geht es darum, jedes Bauteil für das Worst-Case-Szenario auszulegen, also zu dimensionieren. Dafür ist es nötig, die Stelle der maximalen Beanspruchung sicher ermitteln zu können, die Stelle zu finden, die am stärksten beansprucht ist, weil genau dort die schwächste Stelle des Systems gegeben ist … die, an er das Versagen des Bauteils ausgelöst wird.

IN DIESEM KAPITEL

Stützweite bestimmen

Auflagerarten kennenlernen

Gleichgewichtsbedingungen der Statik

Grundlegendes zu Auflagerkräften und Schnittgrößen

Kapitel 9
Grundlagen der Schnittgrößenermittlung

»Komplexe Bauwerke werden in einfache statische Systeme zerlegt«. Die Entwurfs-Pläne vom Architekten – mit den dort vorgegebenen Abmessungen – dienen als Maßvorgabe für die Einteilung des jeweiligen Bauteil-Systems. Der Baukörper (Haus, Bürokomplex, Maschinenhalle) wird sinnvoll in Einzelteile »zerschnitten« und die Beanspruchung passend zu dem zurechtgeschnittenen Bauteil ermittelt. Je nach gewähltem System, das sich aus den oben genannten Einzelteilen Auflagerarten, Stützweiten – bei Wänden oder Stützen ist das die Höhe – und natürlich der Belastung zusammensetzt, ergeben sich ganz unterschiedliche Querschnittswerte. Einfeldträger, also zum Beispiel eine Decke, die sich über nur ein Feld von Wand zu Wand überspannt, sind in der Querschnittsdicke stärker auszubilden als Mehrfeldträger wie Decken, die in einem Stück über mehrere Felder gespannt sind.

Statisches System

Das statische System erfasst in Form einer Skizze die folgenden relevanten Angaben:

- ✔ Trägerart
- ✔ Lagerungsweise – Auflagerart
- ✔ Stützweite l_{eff}
- ✔ Lastart und Lastgeometrie

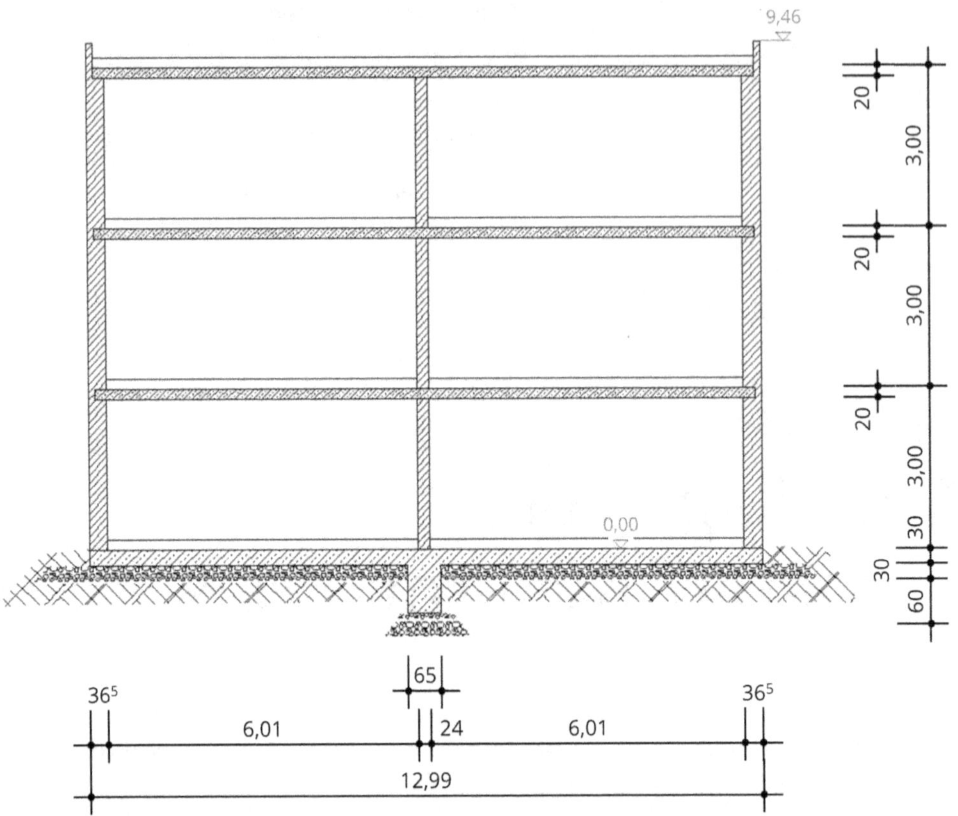

Abbildung 9.1: Einzuteilendes Bauwerk

Manche Kollegen beziehungsweise Schulen erachten zusätzliche Informationen wie die Materialwahl, die Querschnittsabmessungen oder die Umgebungsbedingungen als notwendig. Für die Schnittgrößenbestimmung sind diese Angaben nicht nötig.

In Kapitel 1 haben wir in der Aufzählung das statische System an die 1. Stelle gesetzt, weil zielgerichtetes und korrektes Arbeiten nur möglich ist, wenn man weiß, um was es geht. So wie jeder Kapitän das Schiff, mit dem er in See stechen wird, kennen muss, um abschätzen zu können, wie er die Reise durchführen kann. Wir haben für dieses Buch die Erklärungen der Lastannahme vorgezogen, weil das Wissen um die Belastung das Verstehen des statischen Systems erleichtert.

Trägerart

Ob der Träger als Einfeldträger, Einfeldträger mit Kragarm oder Mehrfeldträger ausgeführt wird, hängt von planerischen, aber auch konstruktiven Aspekten ab. Beim Berechnen der Statik für ein Bauwerk sind immer wieder Rücksprachen mit dem Planer zu halten, um zu erfahren, was die Beweggründe für die Planung und die Wahl der Querschnitte gewesen sind. Mitunter berät der Statiker den Planer und gibt Hinweise für effizientere und statisch günstigere Systeme oder erhält vom Planer gar die Aufgabe, das statische Konzept vorzugeben. Ergeben sich aufgrund der statischen Nachweise notwendige Änderungen an den Querschnitten der Vorplanung, fließen diese in die Werkpläne ein.

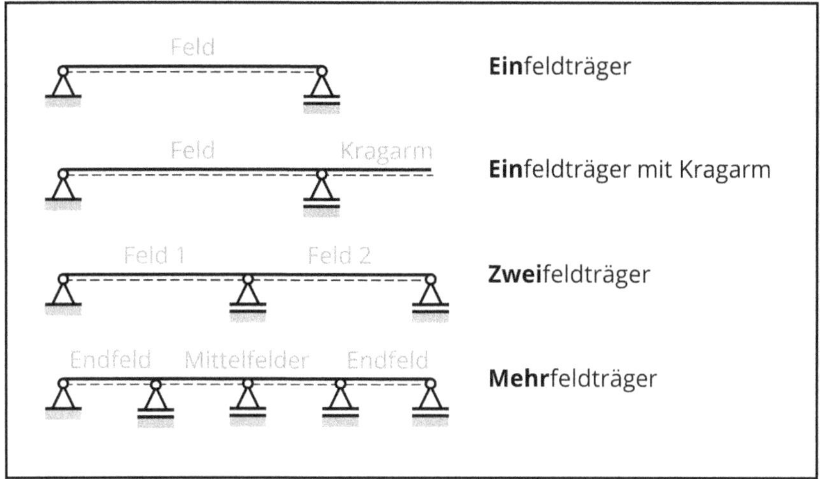

Abbildung 9.2: Trägerarten

Im Beispiel des Gebäudes in Abbildung 9.1 ist aus dem Plan ersichtlich, dass die Decken als Zweifeldträger ausgeführt werden sollen.

In der Praxis werden noch weitere Systeme verwendet: Gelenkträger, Rahmen etc. In diesem Buch ist es aber ausreichend, sich mit den aufgeführten zu beschäftigen, weil sie den größten Teil der angewandten Systeme abdecken.

Stützweite - die Statische Länge

Für Nachweise in der Statik werden nicht die tatsächlichen Längen der Bauteile beachtet, sondern die statisch relevanten. Bei der Decke des Beispiels aus Abbildung 9.1 ist die lichte Weite von 6,01 m ebenfalls nicht ausreichend, um die »Tragweite« der Decke zu erfassen. Für die statische Länge von Biegeträgern ist zum lichten Maß des Raumes, man spricht auch von der »lichten Weite«, die halbe Auflagerlänge auf jeder Seite zu addieren:

Die statische Länge respektive Stützweite ist die lichte Weite zuzüglich der halben Auflagertiefen zu jeder Seite:

$$l_{eff} = l_w + 2 \cdot t/2 \qquad (9.1)$$

l_{eff} = Stützweite

l_w = lichte Weite zwischen den Auflagern

t = Auflagertiefe

Demnach muss grundsätzlich die Auflagertiefe des Bauteils – in unserem Beispiel der Decke – bekannt sein oder ein übliches Maß angenommen werden.

In den Eurocodes sind die Mindestauflagertiefen für die einzelnen Bauteile vorgegeben.

Für die Geschossdecke über dem Obergeschoss in dem Bauwerk in Abbildung 9.1 ist die Stützweite l_{eff} zu bestimmen. In Abbildung 9.3 ist die genaue Auflagersituation der Decke an der Außenwand dargestellt:

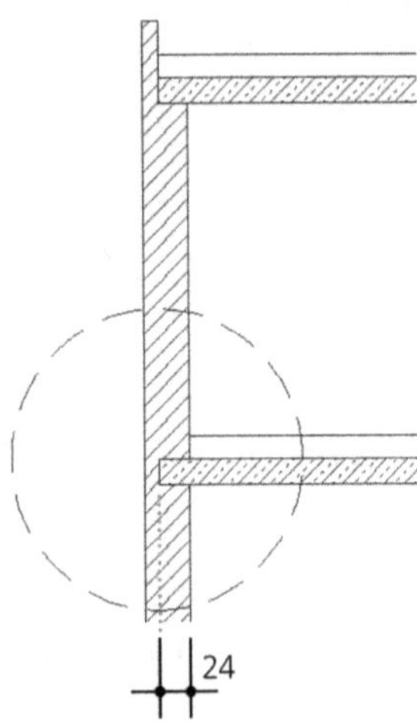

Abbildung 9.3: Auflagertiefe auf der Außenwand

Die Stützweiten der Deckenfelder l_1 und l_2 können dann mit Formel (9.1) berechnet werden:

$$l_{eff,1} = l_{eff,2} = 6{,}01 + 0{,}24/2 + 0{,}24/2 = 6{,}25 \text{ m}$$

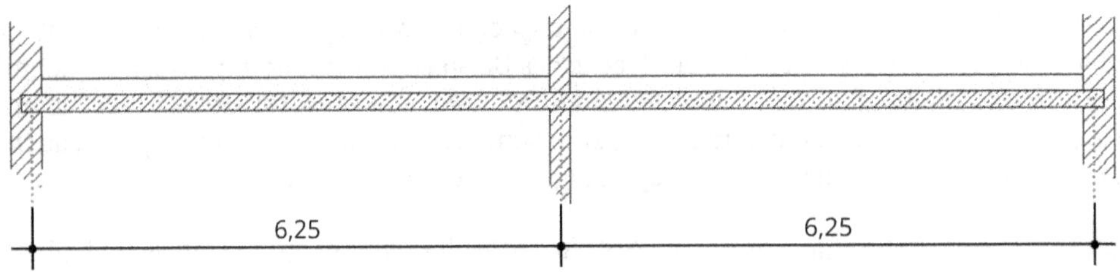

Abbildung 9.4: Stützweiten der Decke

Auflagerarten

Bleibt als letzte Unbekannte des statischen Systems das Auflager, welches abstrahiert dargestellt und hinsichtlich seiner Lagerreaktion unterschieden wird:

1. Loslager – einwertiges Auflager

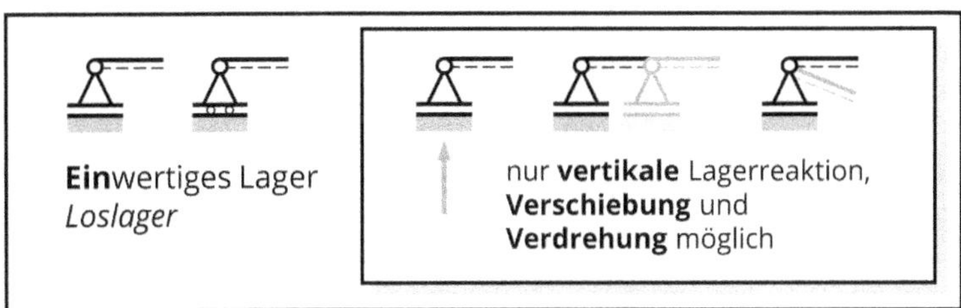

Abbildung 9.5: Loslager – einwertiges Auflager

Seinem Namen getreu kann das einwertige Lager nur eine Stützkraft ausbilden und die vertikale Last abtragen. Die Unterstützung unter der Decke – eine Wand oder ein Unterzug – sichert die feste Lagerung. Das Loslager ist horizontal verschieblich und es kann sich verdrehen.

Das einwertige Auflager ist das am häufigsten anzutreffende Lager. In den Gleitlagern von Brückenkonstruktionen finden sich die High-Tech-Versionen dieser Lager: Auf Teflonplatten können sich die Spannungen der Fahrbahndecken über die Fugenbänder und die freie horizontale Bewegung des Lagers ungehindert abbauen.

Für die Konstruktion des Lagers beziehungsweise die Wahl des Materials sind entsprechende Fachkenntnisse der Werkstoffeigenschaften und Baustoffkunde erforderlich. Beachten Sie daher auch die anderen Fächer in Ihrer Ausbildung wie Baukonstruktion, Baustoffkunde und weitere, da diese eine wichtige Grundlagen für Ihren späteren Beruf sind.

2. Festlager – zweiwertiges Auflager

Das zweiwertige Lager unterbindet die horizontale Verschieblichkeit und hält das zu stützende Bauteil »fest«. Es kann sich aber noch verdrehen.

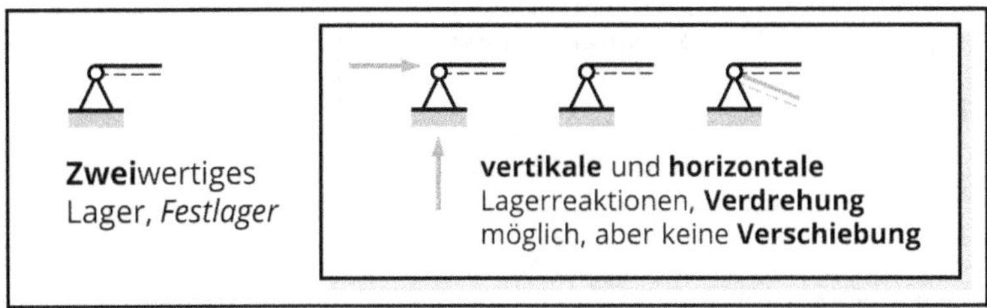

Abbildung 9.6: Festlager – zweiwertiges Auflager

Beispiel für ein Festlager ist der Dorn eines Dachbinders im Stützenkopf:

Die Stütze trägt die vertikalen Lasten ab, der Dorn nimmt die horizontalen Kräfte auf und verhindert das Herunterrutschen von der Stütze. Die andere Seite des Binders muss dann ein Loslager sein, um eine Verschiebung des Dachbinders zu gewährleisten und die Entstehung von Zwangskräften innerhalb des Systems zu verhindern.

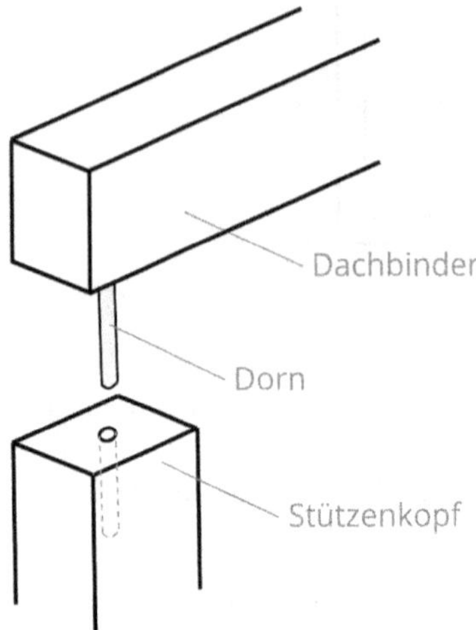

Abbildung 9.7: Dorn eines Dachbinders

Das statische System eines Bauteils darf immer nur eine feste Lagerung aufweisen, um Zwang in der Konstruktion zu unterbinden. Sind mehrere feste Auflager nötig, muss entstehender Zwang über geeignete Maßnahmen »entspannt« werden.

3. Einspannung – dreiwertiges Auflager

Mit der Einspannung ist theoretisch jede Bewegungsmöglichkeit unterbunden. Das Bauteil ist vertikal und horizontal gehalten und kann sich nicht verdrehen.

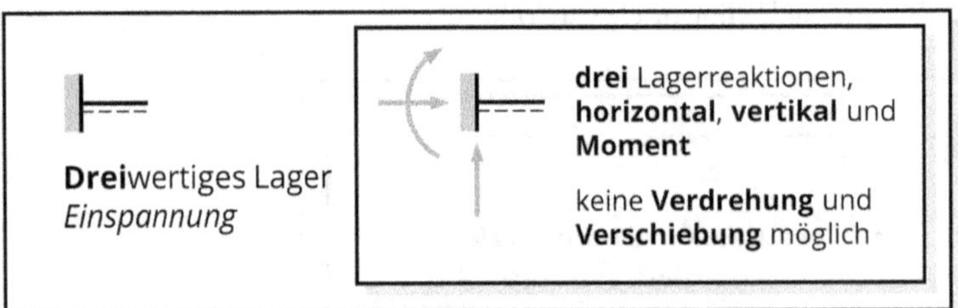

Abbildung 9.8: Einspannung – dreiwertiges Auflager

Diese Lagerung entspricht der Stahlbeton-Stütze im Köcherfundament. Das Halbfertigteil Köcherfundament nimmt die Stütze auf, wird mit Bewehrung bestückt und ausbetoniert. Die Stütze hat theoretisch keine Bewegungsmöglichkeit. Praktisch können sich durch Schwinden und Kriechen unter Belastung kleinste Bewegungen ergeben, sodass eine Einspannung nicht wirklich zu 100% gegeben ist.

Skizze des statischen Systems

Fügen Sie alle Details zusammen und wenden diese auf das Beispiel der Decken aus Abbildung 9.1 an, so erhalten Sie folgendes statische System:

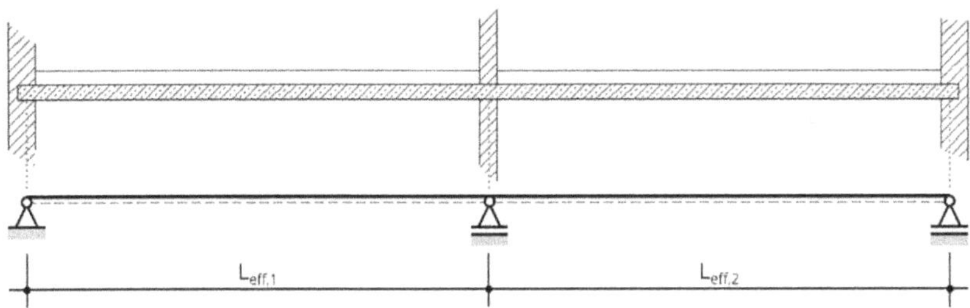

Abbildung 9.9: (Unvollständiges) Statisches System der Decke

… das erst dann vollständig ist, wenn auch die Belastungsqualität mit angegeben ist:

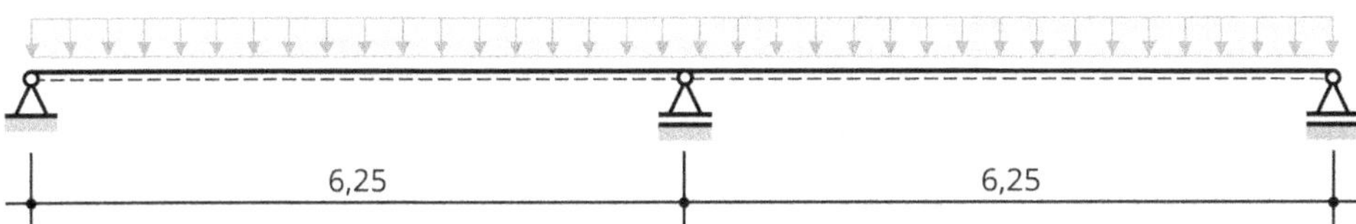

Abbildung 9.10: Vollständiges statisches System

Da die Lasten erst nach Erstellung der Systemskizze ermittelt werden, kann an dieser Stelle nur die Belastungsqualität angegeben werden. Nach der Lastermittlung können die tatsächlichen Zahlenwerte ergänzt werden.

Grundprinzip Gleichgewichtsbedingungen

Statik ist die Lehre der Kräfte an ruhenden Körpern.

Diese Ruhe, also die Nicht-Bewegung des Körpers, tritt aber nicht »von allein« ein, sondern ist durch den Ausgleich der wirkenden Kräfte zu »erzwingen«: Eine (angreifende) Kraft wird durch eine (stützende) Gegenkraft »zur Ruhe gebracht«.

Sie haben in Kapitel 3 erfahren, dass nur horizontale und vertikale Kraftanteile angesetzt werden und aus diesen die Momente um den Drehpunkt resultieren. Beide Gedanken münden somit logisch im Grundprinzip der Statik, das besagt, dass alle Kräfte im Gleichgewicht sein müssen, damit der Körper in Ruhe ist:

$$\Sigma H = 0 \Rightarrow \textit{gesprochen: Summe H gleich Null} \quad (9.2)$$

$$\Sigma V = 0 \Rightarrow \textit{gesprochen: Summe V gleich Null} \quad (9.3)$$

$$\Sigma M = 0 \Rightarrow \textit{gesprochen: Summe M gleich Null} \quad (9.4)$$

Werden die drei Bedingungen eingehalten, ist der (Bau-)Körper in Ruhe!

Dieses Grundprinzip gilt für alle äußeren und inneren Kräfte und findet Eingang in alle Berechnungen der Statik! Im Folgenden erfahren Sie mehr dazu.

Durch die Belastung eines Bauteils ergeben sich die einwirkenden Kräfte. Hieraus ergeben sich die Lagerreaktionen, Schnittgrößen und Spannungen, welche wiederum zu entsprechenden Querschnittsabmessungen (= Bauteilwiderständen) führen. Die Auswirkungen E_d der einwirkenden Kräfte würden ein Bauteil bewegen, sofern sein Widerstand R_d nicht ausreichend groß ist. Ist jedoch $R_d \geq E_d$, dann ist der Körper in Ruhe. Dies ist die Grundvoraussetzung und das Grundprinzip der Statik!

Praktische Anwendung der Gleichgewichtsbedingungen

Alle Berechnungen der Statik gründen auf diesen drei Gleichgewichtsbedingungen beziehungsweise lassen sich von ihnen ableiten:

Auflagerkräfte – die äußeren Stützkräfte

Wirken auf einen Träger Lasten, so müssen die stützenden Bauteile diese Lasten abtragen respektive aufnehmen und weiterleiten … an andere tragende »Kollegen« und/oder schlussendlich an das Fundament. Die Größe der Belastung bestimmt die »Dimension« des (unter-)stützenden Auflagers, also dessen Querschnitt.

In der Praxis wird vom »Kraftfluss« oder der »Lastweiterleitung« gesprochen.

Für die Erklärung der Ermittlung der Stützkräfte möchten wir ein Beispiel zu Hilfe nehmen und den Binder einer Halle bemühen:

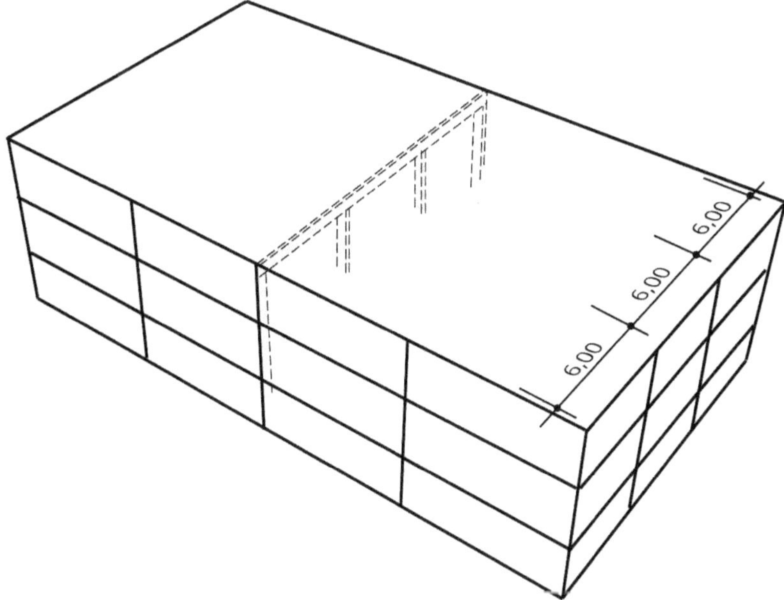

Abbildung 9.11: Tragender Balken auf vier Stützen

Als statisches System wird der 3-Feld-Träger aus Abbildung 9.11 wie folgt dargestellt:

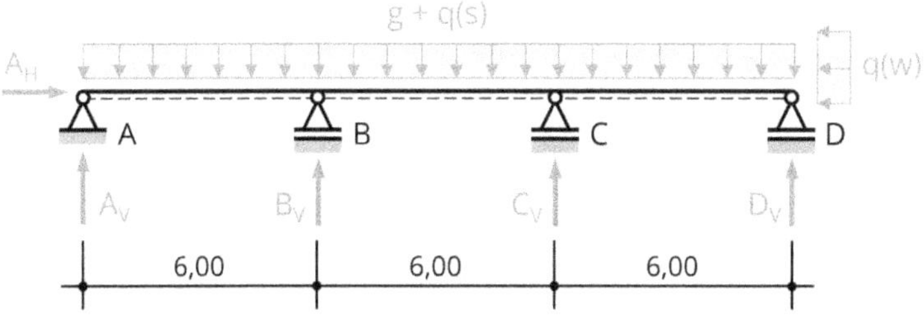

Abbildung 9.12: Balkenträger als statisches System

Auflager A ist als festes Auflager bestimmt und kann damit auch die horizontale Stützkraft ausbilden und die angreifende Windlast q(w) abtragen. Alle weiteren Auflager sind einwertig und werden nur mit der vertikalen Stützkraft versehen.

Wenden wir die Gleichgewichtsbedingungen auf die äußeren Kräfte – die Stützkräfte (= Auflagerkräfte beziehungsweise Lagerreaktionen) – an, so gilt:

Für alle angreifenden horizontalen Kräfte folgt

$$\Sigma H = 0 \quad \text{und damit: } A_H - q(w) = 0 \tag{9.5}$$

Da die Windlast berechnet werden kann, ergibt sich $A_H = q(w)$

Die Größe der stützenden (Auflager-)Kraft A_H wirkt der angreifenden Kraft Wind entgegen. Das Bauteil ist somit in Ruhe.

Da die Stützkraft A_H in Abbildung 9.12 entgegen der Windbelastung q(w) wirkt, müssen auch die Vorzeichen der Wirkrichtungen in Gleichung 9.5 »umgekehrt« sein.

Für alle angreifenden vertikalen Kräfte folgt

$$\Sigma V = 0 \qquad \text{und damit } A_V + B_V + C_V + D_V - [g + q(s)] \cdot 18 = 0$$

Über die Lastannahme sind g (ständige Lasten) und q(s) (veränderliche Lasten, hier Schneelast auf dem Dach) zu bestimmen und es ergibt sich:

$$A_V + B_V + C_V + D_V = [g + q(s)] \cdot 18$$

Die vier Auflager müssen – zusammen – die Belastung aus ständiger Last und veränderlicher Last abtragen.

Der Momentensatz

Sind sowohl Träger als auch Belastung symmetrisch, kann die Bestimmung der Kraftgröße mit der Gleichgewichtsbedingung $\Sigma V = 0$ erfolgen. Gibt es unsymmetrische Träger und/oder unsymmetrische Belastungen, muss das Prinzip des Momentensatzes herangezogen werden.

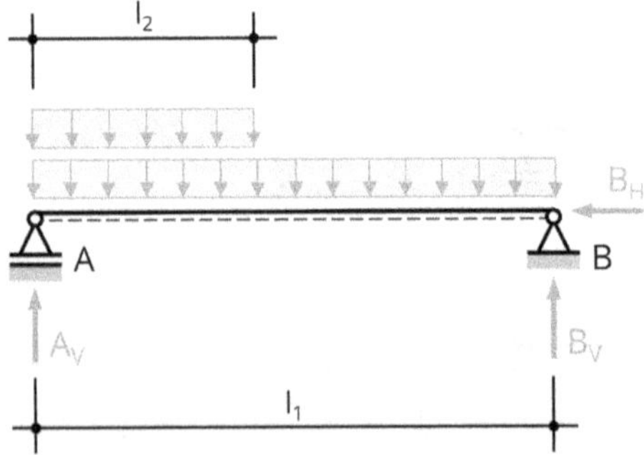

Abbildung 9.13: Träger mit unsymmetrischer Belastung

Stellen Sie sich bitte kurz vor, die Stützkraft am Auflager A würde weggeschlagen werden … der Träger stürzt natürlich ein!

Idealisiert dargestellt, sieht das etwas eleganter aus und zeigt auf, dass die Belastung durch das fehlende Auflager A ein Drehmoment um das (noch funktionierende) Auflager B erzeugt.

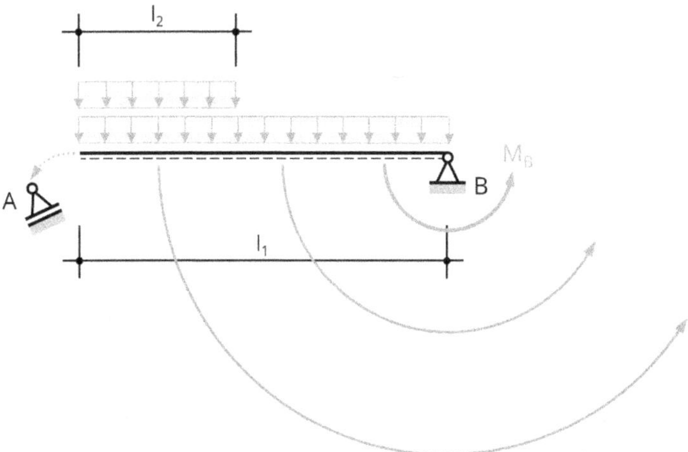

Abbildung 9.14: Einstürzender Träger mit Drehmoment um Auflager B

Der Träger soll sich dem Prinzip der Statik folgend aber nicht bewegen! Und schon gar nicht einstürzen!! Sondern vielmehr die 3. Gleichgewichtsbedingung erfüllen!!!

$\Sigma M = 0$:

Für das Auflager A: $\Sigma M_A = 0$

und das Auflager B: $\Sigma M_B = 0$

Das wird erreicht, indem dem Auflager A die stützende und damit das Drehmoment um B ausgleichende (= zur Ruhe bringende) Auflagerkraft A_V »unterstellt« wird. Wie groß diese Kraft sein muss, ergibt sich aus dem Drehmoment um B, das mittels der bekannten Belastung und den gegebenen Längen einfach berechnet werden kann.

Nehmen Sie Kapitel 3 nochmals zur Hand, um dort die Sache mit Kraft, Hebelarm und Moment aufzufrischen.

$M_B = A_V \cdot l_1$

Einzige Unbekannte in dieser Gleichung ist damit die Auflagerkraft A, die durch das Umstellen der Gleichung flugs ermittelt ist.

$A_V = M_B / l_1$

Für die Ermittlung der Auflagerkraft B_V wird ebenso vorgegangen und das Drehmoment um das Auflager A berechnet.

In den Beispielen ab Kapitel 10 erfahren Sie, wie das in der praktischen Anwendung vonstattengeht.

Wichtig zu verstehen ist, dass die einzelnen Bedingungen isoliert von den anderen betrachtet werden. Geht es um die horizontalen Kräfte, werden nur horizontale Kräfte betrachtet und untersucht – die anderen Teilnehmer, Vertikalkräfte und Momente, bleiben »ausgeblendet«. Gleiches gilt für die vertikalen Kräfte und die Momente.

Schnittgrößen – die inneren Kräfte

Sie haben bereits gelesen, dass das »Innenleben« der Bauteile eine bedeutende Rolle einnimmt. Nehmen Sie sich kurz Zeit und verinnerlichen Sie den Gedanken der Baukörper, die in Ruhe sind. Nehmen Sie die Bauteile um sich herum wahr: die Wände, die Decke, der Fußboden, vielleicht eine Stütze. Sie alle sind definitiv »in Ruhe«. Äußerlich betrachtet. Tatsächlich »bewegt« sich da eine ganze Menge. Schneiden wir den Träger aus Abbildung 9.12 an einer beliebigen Stelle auf, so müssen auch an den Schnittstellen H, V und M (die horizontalen Kräfte, die vertikalen Kräfte und die Momente) »vorhanden« sein (siehe Abbildung 2.3), die durch die äußeren Einwirkungen entstanden sind. Um sie von diesen äußeren Kräften unterscheiden zu können und ihre differenzierte Wirkweise anzuzeigen, werden folgende Begriffe verwendet:

- ✔ für die horizontale Kraft ⇒ Normalkraft N
- ✔ für die vertikale Kraft ⇒ Querkraft V
- ✔ für Feld- oder Stützmoment M_F oder M_S (für Mehrfeldträger mit Zahlen oder Buchstaben im Index)

Da ein Schnitt immer zwei Schnittflächen verursacht, sind auf beiden Schnittflächen N, V und M gegeben. Logischerweise spiegelverkehrt!

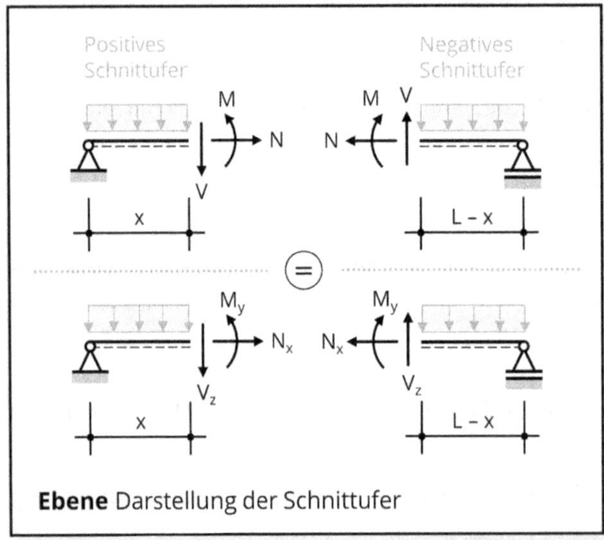

Abbildung 9.15: Prinzipielle Anordnung der inneren Schnittgrößen

Da das Grundprinzip der sich ausgleichenden Kräfte für alle äußeren und inneren Kräfte gilt, müssen die Schnittgrößen der beiden Schnittflächen zusammen null ergeben.

Die Indizes »x«, »y« und »z« beziehen sich auf die Achsen um respektive zu denen die Kraft/ das Moment wirkt. Die Normalkraft wirkt in Richtung der Bauteilachse x, die Querkraft in z-Richtung der Schnittebene und das Biegemoment rotiert um die y-Achse. In der Praxis verzichtet man jedoch meist auf die Mitführung der Achsen-Indizes und es bleiben nur N, V und M.

Was können Sie mit diesen inneren Schnittgrößen anfangen?

Während die Auflagerkräfte für die Dimensionierung der unterstützenden Bauteile herangezogen werden, sind die inneren Schnittgrößen maßgebend für das Bauteil selbst. Die Schnittgröße gibt die tatsächliche Beanspruchung des Bauteils an der geschnittenen Stelle an. Dabei gibt die Normalkraft N die Qualität der Beanspruchung auf Druck oder Zug an: Wird der Träger zusammengedrückt oder auseinandergezogen? Die Querkraft V beleuchtet die Querschubspannung in der Schnittebene, die Abscherwirkung, die durch »den freien Fall« des Bauteils zwischen den Auflagern auftritt. Das Moment M gibt Auskunft über die Größe der Biegebeanspruchung, die ebenfalls durch die frei gespannte Tragwirkung auf (zwei) Auflagern entsteht.

In der Statik geht es vor allem darum, die (Schnitt-)Stelle zu finden, an der die Beanspruchung am größten ist, weil das Bauteil dort dem größten »Stress« ausgesetzt ist: Die Schnittgrößen sind extremal (konstanter Querschnitt vorausgesetzt!).

Die Ermittlung der Schnittgrößen wird in den folgenden Kapiteln anhand der verschiedenen Trägersysteme erläutert. Das grundlegende Prinzip ist, egal um welchen Trägertyp es sich handelt, immer gleich und basiert ... Sie ahnen es ... auf den Gleichgewichtsbedingungen!

Wenden wir die Gleichgewichtsbedingungen auf Basis der Abbildung 9.15 auf die inneren Kräfte an, so gilt:

Für alle vorhandenen horizontalen Kräfte folgt

(am linken Schnitt aus Abbildung 9.15)

$$\Sigma H = 0:$$

$$A_H + N_x = 0$$

Aus dem Auflösen nach der gesuchten Schnittgröße folgt

$$N_x = -A_H \tag{9.6}$$

Für alle angreifenden vertikalen Kräfte folgt

(am linken Schnitt aus Abbildung 9.15)

$\Sigma V = 0$:

$A_V - [g + q(s)] \cdot x - V_z = 0$

Aus dem Auflösen nach der gesuchten Schnittgröße folgt

$$V_z = A_V - [g + q(s)] \cdot x \quad (9.7)$$

Für alle angreifenden Momente (wieder am linken Schnitt aus Abbildung 9.15) ist der Drehpunkt die Schnittstelle, für die Schreibweise an jeder x-beliebigen Stelle folgt

$\Sigma M = 0$:

$A_V \cdot x - [g + q(s)] \cdot x^2/2 - M_y = 0$

Aus dem Auflösen nach der gesuchten Schnittgröße folgt

$$M_y = A_V \cdot x - [g + q(s)] \cdot x^2/2 \quad (9.8)$$

Moment = Kraft · Hebelarm

Wichtig ist: Eine Last ist keine Kraft!

Die angreifende Streckenlast muss erst in eine Kraft überführt werden, um ihre Momentenwirkung berechnen zu können. Dabei wird die Streckenlast über die Multiplikation ihrer Wirklänge in die resultierende Kraft (Ersatzlast) umgerechnet:

aus Last wird Kraft	$[g + q(s)] \cdot x$
wirkender Hebelarm	$^x/_2$
Moment aus Streckenlast	$[g + q(s)] \cdot x^2/_2$

Falls Sie gerade nicht wissen, um was es geht: In den folgenden Kapiteln werden Sie diese bisher sehr abstrakten allgemeinen Formeln mit den Zahlen konkreter Beispiele bestücken und dabei verstehen, was hier erläutert wird. Vielleicht möchten Sie sich einen kleinen Spicker schreiben und die drei Formeln (9.6) bis (9.8) für $N_{(x)}$, $V_{(z)}$ und $M_{(y)}$ notieren!

Berechnung der Resultierenden durch Integration der Streckenlast (= Flächeninhalt ermitteln):

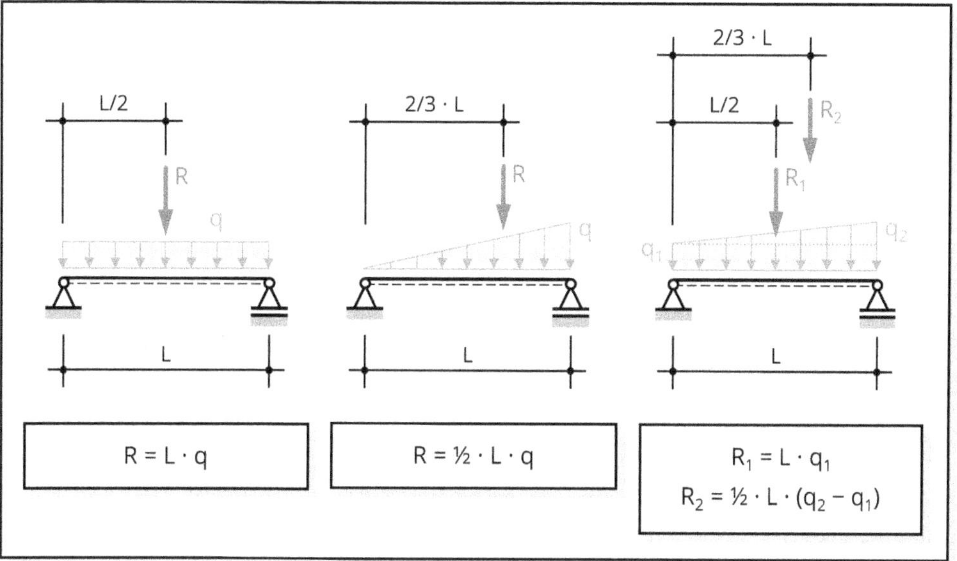

Abbildung 9.16: Größe und Angriffspunkt der Resultierenden

Der Angriffspunkt der Resultierenden ist immer der Schwerpunkt der Last (= Last-Geometrie).

Und wo wird eigentlich geschnitten?

Natürlich an der Stelle mit der größten Beanspruchung - wie oben dargelegt. Und wie ist diese zu finden? Grundsätzlich gilt:

Das maximale Moment tritt an der Nullstelle x_0 der Querkraft auf.

Das ist die Stelle, an der die Querkraft null ist.

Die Nullstelle

Ist in dem Bereich, in dem die Nullstelle auftritt, eine Gleichstreckenlast vorhanden, kann diese Stelle sehr einfach über die folgende Formel bestimmt werden:

$$x_0 = V/r \qquad (9.9)$$

Nullstelle = Querkraft/ Streckenlast (im Bereich der Nullstelle)

Tritt die Nullstelle an einer Einzellast auf, sind keine Berechnungen nötig, weil die Stelle eindeutig durch die vermasste Lage der Einzellast bestimmt ist. Mit den Beispielen ab Kapitel 10 wird die Nullstelle x_0 sehr viel verständlicher.

Eine einzige Stelle ist aber nicht ausreichend, um die Beanspruchung eines Bauteils und damit seine notwendige statische Tragfähigkeit ausreichend zu erfassen.

Neben der Stelle der maximalen Beanspruchung sind folgende Stellen als Schnitte nötig beziehungsweise empfehlenswert:

- ✔ an den Auflagern – bei Innenstützen rechts und links davon
- ✔ rechts und links von Einzellasten
- ✔ an Lastwechseln

Die sich daraus ergebende große Anzahl an Schnitten und die mitunter sehr aufwendige und eher schwierig zu lesende schriftliche Berechnung der vielen Schnittgrößen fordert (schreit nach) eine übersichtliche Darstellung der Ergebnisse, um die bessere Erfassbarkeit zu gewährleisten, was in der graphischen Darstellung mündet. Für alle ermittelten Normalkraft-, Querkraft- und Momentenwerte wird je ein Graph erstellt.

Die Graphen der Schnittgrößen

Während für die Normalkraftlinie nur die Unterscheidung in Druck- oder Zugbeanspruchung als konstante Rechteckfläche hergibt, sind die Graphen von Querkraft- und Momentenlinie je nach Belastungsqualität unterschiedlich in der Grundform und bei Lastkombinationen sehr individuell in der darstellenden Form. Das grundlegende Darstellungsprinzip für die einzelnen Lastqualitäten finden Sie hier:

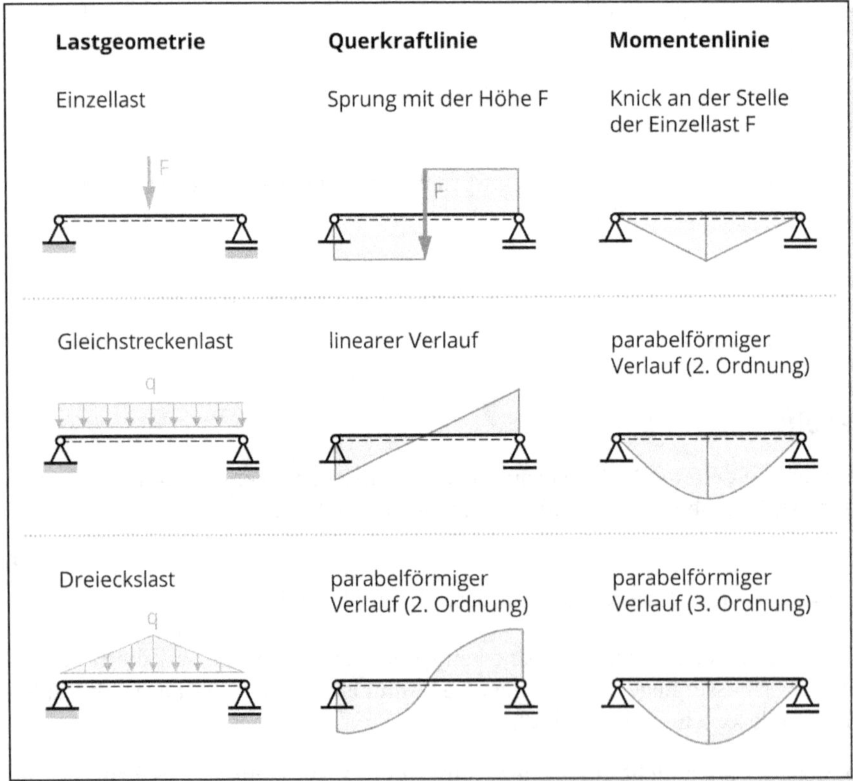

Abbildung 9.17: Grundprinzip der Lastdarstellung in Linienform

Treten Kombinationen der Belastungsqualitäten auf, sind die Graphen eine Mischung der Einzelqualitäten und folgen der Hauptbelastungsqualität. Das Wissen aus der grundsätzlichen Darstellung hilft in Verbindung mit der entsprechenden Erfahrung, auch mit wenigen Werten zuverlässig korrekte Graphen anzufertigen und seitenweise, eher unübersichtliche Rechenschritte kompakt und übersichtlich zusammenzustellen.

Dabei gibt es ein paar grundsätzliche Regeln beziehungsweise Vorgaben zu beachten, was die Anfertigung der Graphen betrifft:

Der Maßstab

Um die Skizzen der Graphen vergleichbar und nachvollziehbar zu machen, braucht man einen Maßstab. Genauer gesagt, zwei: einen für die Längen und einen für die Kräfte. Diese sollten sinnvoll gewählt werden, zum Beispiel:

M.d.L. (Maßstab der Längen): 1 cm ≙ 1 m
M.d.K. (Maßstab der Kräfte): 1 cm ≙ 10 kN bzw. kNm

Die Darstellung

selbst enthält folgende Details, welche die korrekte Lesbarkeit gewährleisten:

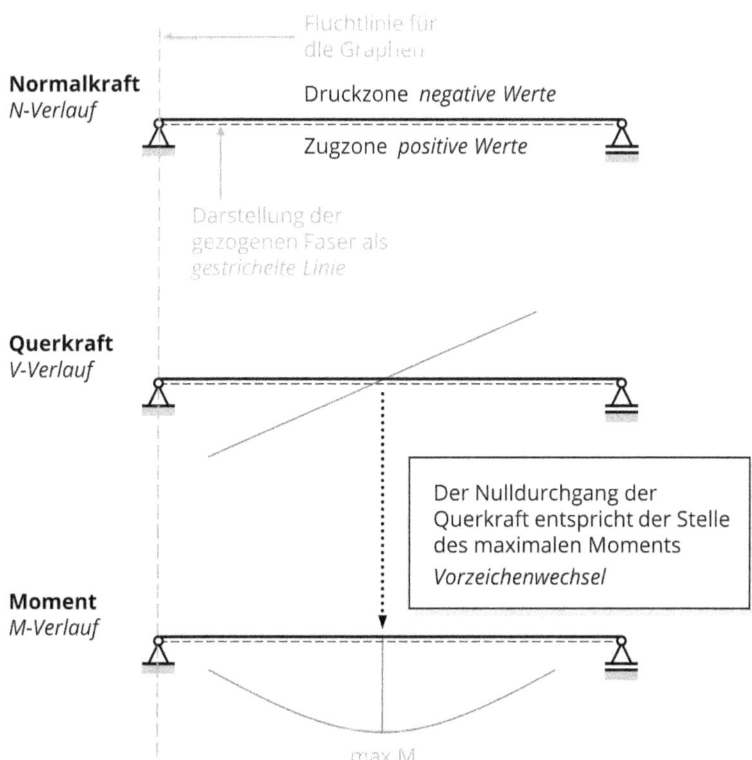

Abbildung 9.18: Die Darstellung der Graphen

- ✔ Um vor allem den Nulldurchgang der Querkraft als Stelle des maximalen Moments eindeutig übertragen zu können, sollten die Graphen in einer Flucht beginnen.
- ✔ Die gezogene Faser, also der Rand, der durch die Biegebeanspruchung eine Längenstreckung erfährt, ist durch eine Strichlinie zu kennzeichnen (die Strichlinie steht für die gerissene Faser!). So ist die Zugzone des Bauteils eindeutig erkennbar.
- ✔ Positive Rechenwerte werden dann an der gerissenen Faser – hier unter der Bezugslinie – angetragen, die negativen Werte auf Seite der gedrückten Faser – oberhalb der Bezugslinie.
- ✔ Der Nulldurchgang der Querkraft ist idealerweise zu bemaßen, in jedem Fall jedoch auf die Bezugslinie des Momentengraphen hinunterzuleveln.

Auf zu Kapitel 10, in dem die Theorie dieses Kapitels praktische Anwendung findet.

IN DIESEM KAPITEL

Auflagerkräfte berechnen

Schnittgrößen für unterschiedliche Laststellungen und -qualitäten

Schnittkraftverläufe zeichnen

Kapitel 10
Der Einfeldträger

Wie der Name besagt, hat der Einfeldträger nur ein Feld und wird auch als Träger auf zwei Stützen bezeichnet. Wir möchten die Ermittlung der Schnittgrößen sehr ausführlich an diesem ersten Beispiel erklären und mit der einfachsten Lastqualität, der Gleichstreckenlast, beginnen. Bei allen weiteren Beispiele werden, wie Sie es auch in Kapitel 8 finden, sofort die vollständigen Lösungen dargestellt und im Anschluss daran detaillierte Erklärungen gegeben.

Einfeldträger mit Gleichstreckenlast

Die Abarbeitung der einzelnen Arbeitsschritte erfolgt nach dem bereits in Kapitel 1 vorgestellten Schema, dem wir konsequent bei den Aufgaben folgen werden. Punkt 1 der Aufzählung, das statische System, geben wir dabei immer vor, weil es in diesem Kapitel um die Bestimmung der Schnittgrößen geht.

1. Statisches System

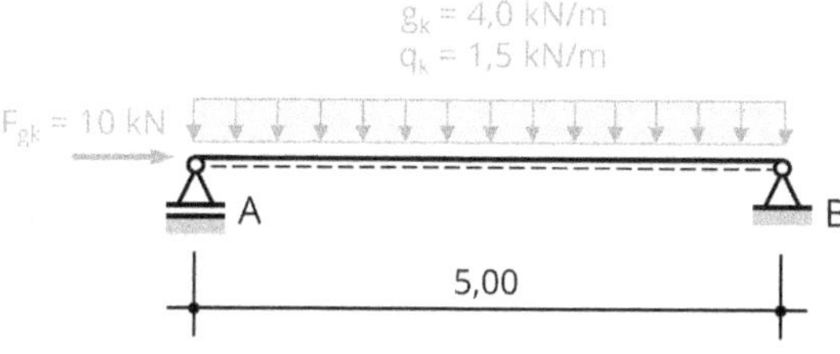

Abbildung 10.1: Statisches System inklusive Belastung

2. **Lasten**

Die Angabe enthält für die Lasten charakteristische Werte, die für die Schnittgrößenermittlung in Bemessungswerte gewandelt werden müssen:

$$F_{gd} = 1{,}35 \cdot 10 = 13{,}5 \text{ kN}$$

$$g_d = 1{,}35 \cdot 4{,}0 = 5{,}40 \text{ kN/m}$$

$$q_d = 1{,}50 \cdot 1{,}5 = 2{,}25 \text{ kN/m}$$

$$r_d = 5{,}40 + 2{,}25 = 7{,}65 \text{ kN/m}$$

3. **Schnittgrößen**

Für die korrekte Ermittlung der inneren Schnittgrößen Normalkraft, Querkraft und Momente bedarf es neben der äußeren Einwirkung auch der Auflagerkräfte.

Auflagerkräfte

Die Darstellung der Auflager in der Skizze – siehe Kapitel 9 – gibt an, welche Wertigkeit das Auflager hat, welche Qualität an Auflagerkraft – horizontal und/oder vertikal – erzeugt werden kann. Damit ist A das einwertige und B das zweiwertige Lager. Tragen Sie die Auflagerkräfte entsprechend in die ursprüngliche Skizze ein.

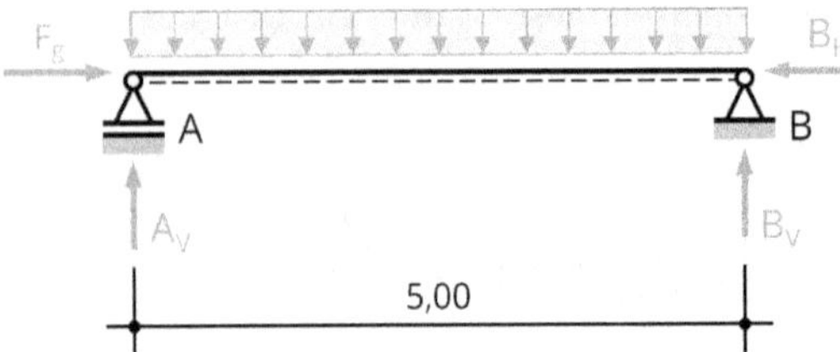

Abbildung 10.2: Statisches System inklusive der Auflagerkräfte

Wenn Sie die Skizze nun genauer betrachten, werden Sie bemerken, dass dieses sehr einfache erste Beispiel die »Berechnung« der Auflagerkräfte sogar ohne schriftlichen Rechenweg, einfach durch »Hinschauen«, Überlegung und logische Schlussfolgerung ermöglicht. Basis ist dabei das Grundprinzip der Gleichgewichtsbedingungen.

Für die horizontalen Kräfte gilt:

$$\Sigma H = 0 \qquad (9.2)$$

Die angreifende Horizontalkraft F_g wirkt entgegen der Stützkraft B_H, ergo muss B_H exakt so groß sein, wie F_g, also 13,5 kN.

Mathematisch korrekt belegt, ist zu rechnen:

$$F_g - B_H = 0$$

$$\Rightarrow B_H = F_g = 13{,}5 \text{ kN}$$

Für die vertikalen Kräfte gilt:

$$\Sigma V = 0 \tag{9.3}$$

Da sowohl Träger als auch Belastung symmetrisch und konstant sind, ist hier alleine durch das Betrachten klar, dass jedes Auflager die Hälfte der Last zu tragen hat:

$$\frac{1}{2} \cdot 7{,}65 \cdot 5{,}0 = 19{,}1\ \text{kN}$$

Mathematisch formuliert, ergibt sich die Gleichung allgemein zu:

$$r_d \cdot 5{,}0 - A_V - B_V = 0$$

Mit den Zahlen aus dem Beispiel und aufgelöst nach den unbekannten Stützgrößen folgt:

$$A_V = B_V = \frac{1}{2} \cdot 7{,}65 \cdot 5{,}0 = 19{,}1\ \text{kN}$$

Normalkraft

Die inneren Schnittgrößen werden dann »sichtbar«, wenn der Träger »aufgeschnitten« wird. Erinnern Sie sich einfach an Kapitel 9, in dem sowohl die (Innen-)Ansicht des Schnitts als auch die Stelle des Schnitts beschrieben wird.

Da in unserem Beispiel nur eine horizontale Kraft angreift, ist nur ein Schnitt nötig. Da die horizontale Kraft genau gegenüber dem festen Lager angreift, ist die Normalkraft über den ganzen Träger gleich und der Schnitt kann tatsächlich an jeder x-beliebigen Stelle geführt werden, weil er an jeder Stelle gleich ist:

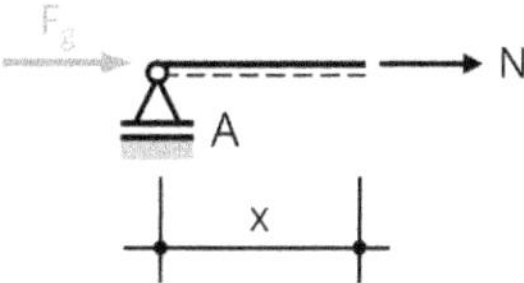

Abbildung 10.3: Schnitt an x-beliebiger Stelle

Dem Grundprinzip der Statik folgend, müssen alle angreifenden Kräfte in Summe null ergeben. Da es um die Ermittlung der Normalkraft geht, werden nur die horizontalen Kräfte betrachtet:

$$F_g + N = 0$$

Aufgelöst nach der unbekannten Normalkraft ergibt sich:

$$N = -F_g = -13{,}5\ \text{kN}$$

Tauscht man die Buchstaben der beteiligten Kräfte aus, erkennen Sie die allgemeine Gleichung (9.6) aus Kapitel 9.

Das negative Vorzeichen gibt an, dass es sich um eine Druckbeanspruchung handelt. Ein Blick auf die Skizze der Aufgabe zeigt, dass Kraft und Gegenkraft »aufeinander zu« wirken und damit Druck im Träger erwirken. Die Berechnung ist also korrekt.

Querkraft

Bei der Ermittlung der Querkraft ist es hilfreich, Abbildung 9.17 aus Kapitel 9 hinzuzuziehen. Darin wird sichtbar, dass die Querkraftlinie für eine Gleichstreckenlast prinzipiell einen linearen Verlauf hat. Zusammen mit den notwendigen Schnittstellen, die Sie ebenfalls in Kapitel 9 finden, ergibt sich der erste Schnitt unmittelbar am Auflager A:

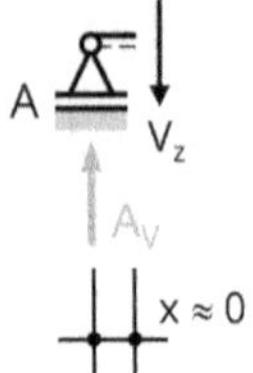

Abbildung 10.4: Schnitt am Auflager – abstrakt

Da wir uns in der Querkraft-Ermittlung befinden, sind alle anderen Kraftgrößen ausgeblendet. Es geht nur um die vertikalen Kräfte. Möchten Sie sich die abstrakte Darstellung konkret vorstellen, so werfen Sie einen Blick auf Abbildung 10.5.

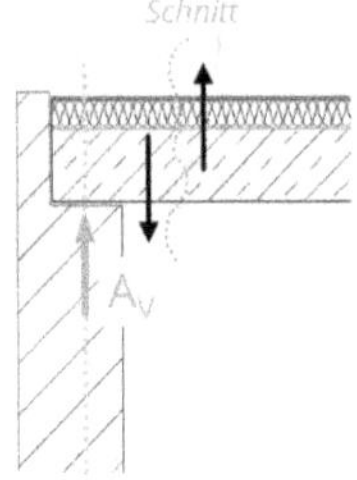

Abbildung 10.5: Schnitt am Auflager – real

Nehmen Sie sich kurz Zeit und achten Sie auf die Richtungen der Pfeile für die Querkraft; vergleichen Sie diese mit der Schnittführung in Abbildung 9.15. Die Abbildung 10.4 ist nun viel verständlicher.

Zurück zur Ermittlung der Querkraftbeanspruchung ... die Summe aller angreifenden Kräfte muss null ergeben:

$$A_V - V_z = 0$$

$$\Rightarrow V_z = A_V = 19{,}1\ \text{kN}$$

Oder Sie nehmen direkt die allgemeine Formel (9.7) aus Kapitel 9 und setzen dem Beispiel entsprechend die Zahlen ein - dann erhalten Sie das gleiche Ergebnis. Bedenken Sie: $x \to 0$, damit fällt der Anteil der Streckenlast raus.

Da für die Querkraft mehrere Schnitte nötig sind und grundsätzlich bei komplexeren Lastsituationen viele Schnitte anfallen, müssen die einzelnen Stellen eindeutig unterscheidbar sein und die ermittelten Schnittgrößen jedem Schnitt unmissverständlich zugeordnet werden können. Wir empfehlen daher, die Schnitte nach der Stelle des Schnitts zu benennen und der Schnittgröße den entsprechenden Index zu geben. Damit wird die Querkraft am Auflager A zu V_A.

Kapitel 9 folgend sind Schnitte nötig

- ✔ an den Auflagern – bei Innenstützen rechts und links davon
- ✔ rechts und links von Einzellasten
- ✔ an Lastwechseln

Das bedeutet, dass der nächste Schnitt am Auflager B zu führen ist, weil keiner der aufgeführten Punkte für unser Beispiel zutreffend ist. Dabei kann nun das rechte oder linke Teil des Trägers betrachtet werden. (**Beachten Sie**: Das ist natürlich für das Auflager A prinzipiell auch möglich! Da wir in der westlichen Welt aber der lateinischen Schreibweise von links nach rechts folgen und die Ermittlung über das lange Schnittteil viel aufwendiger ist, verzichten wir an dieser Stelle darauf.) Im Folgenden möchten wir die Ermittlung der Querkraft am Auflager B von rechts kommend erarbeiten:

Es gilt $\Sigma V = 0$:

$$V_B + B_V = 0 \Rightarrow V_B = -B_V = -19{,}1 \text{ kN}$$

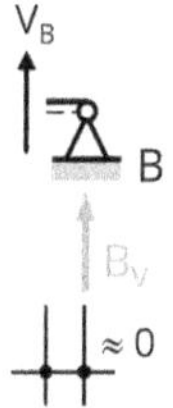

Abbildung 10.6: Schnitt am Auflager B – rechter Teilschnitt

Ob das wirklich richtig ist, kann mittels der anderen Schnitthälfte einfach überprüft werden:

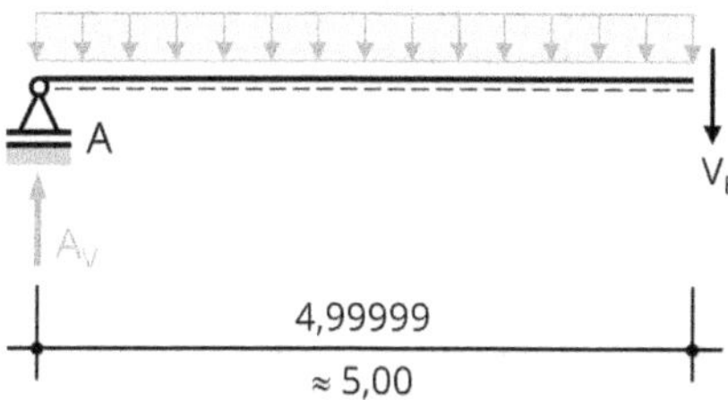

Abbildung 10.7: Schnitt am Auflager B – linker Teilschnitt

Auch hier gilt natürlich das Prinzip: $\Sigma V = 0$ und damit

$$A_V - r_d \cdot 5 - V_B = 0 \Rightarrow V_B = 19{,}1 - 7{,}65 \cdot 5 = -19{,}1\ \text{kN}$$

Als Regel für den Einfeldträger gilt: Die Querkraft am Auflager entspricht der Auflagerkraft; bei »B« mit negativem Vorzeichen!

$$V_A = A_V \text{ und } V_B = -B_V$$

Momente

Als Grundprinzip gilt: Momente werden an den gleichen Schnittstellen ermittelt, an denen auch die Querkraft bestimmt wurde UND zusätzlich natürlich an der Nullstelle der Querkraft, weil dort das Moment extremal wird.

Formel (9.8) aus Kapitel 9 für die Bestimmung der Momente an einer x-beliebigen Stelle lautet:

$$M_y = A_V \cdot x - [g + q(s)] \cdot x^2/2 \tag{9.7}$$

$[g + q(s)]$ ist dabei der Platzhalter für die tatsächlich vorhandene Belastung und beträgt in unserem Beispiel $r_d = 7{,}65$ kN/m. Für das Moment am Auflager A ist die Schnittstelle direkt am Auflager und x ist damit gleich 0 – siehe Abbildung 10.4.

$$M_A = A_V \cdot 0 - [g + q(s)] \cdot 0^2/2 = 0\ \text{kNm}$$

Für das Auflager B ist die Schnittstelle ebenfalls direkt am Auflager und damit auch das Moment am Auflager B – Abbildung 10.6:

$$M_B = 0\ \text{kNm}$$

Als Regel für den Einfeldträger gilt: Die Momente an den Auflagern sind (sofern kein äußeres Moment angreift) Null:

$$M_A = M_B = 0$$

Bleibt, die Nullstelle der Querkraft zu ermitteln, um das größte Moment berechnen zu können. Betrachten wir die beiden ermittelten Querkräfte am Auflager A und B …

$$V_A = 19{,}1\ \text{kN}$$

$$V_B = -19{,}1\ \text{kN}$$

… Sie erkennen mit ein bisschen Nachdenken, dass sich die Nullstelle, also die Stelle an der die Querkraft zu null wird, in der Mitte des Trägers befindet. Tatsächlich berechnen lässt sich das mit der Formel:

$$x_0 = V/r \tag{9.9}$$

$$x_0 = 19{,}1/7{,}65 = 2{,}50\ \text{m} \quad \text{et voilà.}$$

Wenden wir wieder die allgemeine Formel für die Berechnung des Momentes an jeder x-beliebigen Stelle an, dann ergibt sich das maximale Feldmoment zu

$$\text{max.M} = 19{,}1 \cdot 2{,}50 - 7{,}65 \cdot 2{,}5^2/2 = 23{,}8 \text{ kNm}$$

Ist der Einfeldträger nur mit einer Gleichstreckenlast belastet, dann kann das maximale Feldmoment auch mit einer »Faulenzer-Formel« berechnet werden – die sich in allen Tabellen findet – und unter der Bezeichnung »Kuh Elsa« bekannt ist:

$\text{max. M} = q \cdot l^2/8$

»Kuh« = q = Platzhalter für die Gleichstreckenlast

»El« = l = die (Feld-)Länge des Trägers

»sa« = /8 – Achtel

Angewandt auf das Beispiel, bei dem für »q« die tatsächlich vorhandene Streckenlast »r« eingesetzt werden muss, folgt:

$$\text{max.M} = 7{,}65 \cdot 5^2/8 = 23{,}9 \text{ kNm}$$

Dass sich in der Nachkommastelle eine Abweichung ergibt, ist der Rundung der Auflagerkraft A und Gesamtlast r geschuldet. Würde man hier mit genaueren Werten arbeiten, ergäbe sich für beide Varianten auch in der Nachkommastelle das gleiche Ergebnis.

Die Graphen der Schnittgrößen

Die Maßstäbe für dieses Beispiel sind sinnvoll gewählt mit:

M.d.L. (Maßstab der Längen): 1 cm ≙ 1 m

M.d.K. (Maßstab der Kräfte): 1 cm ≙ 10 kN bzw. kNm

Das bedeutet, dass unser Träger mit einer Länge von 5 m eine Bezugslinie von 5 cm hat:

Normalkraft
N-Verlauf

Abbildung 10.8: Bezugslinie des Graphen mit Darstellung der gezogenen Zone

Die berechneten Werte werden, den allgemeinen Regeln (siehe Abbildung 9.18) auf die entsprechenden Bezugslinien übertragen und für die Nachvollziehbarkeit beschriftet!

Einfeldträger mit Gleich-, Teilstrecken- und Einzellast

Lassen Sie uns nach diesem sehr einfachen ersten Beispiel eine Stufe höher gehen. Dabei möchten wir wie in Kapitel 8 vorgehen und die fertige Lösung vorab »in einem Zug« präsentieren und erst im Nachgang detaillierte Erläuterungen anfügen.

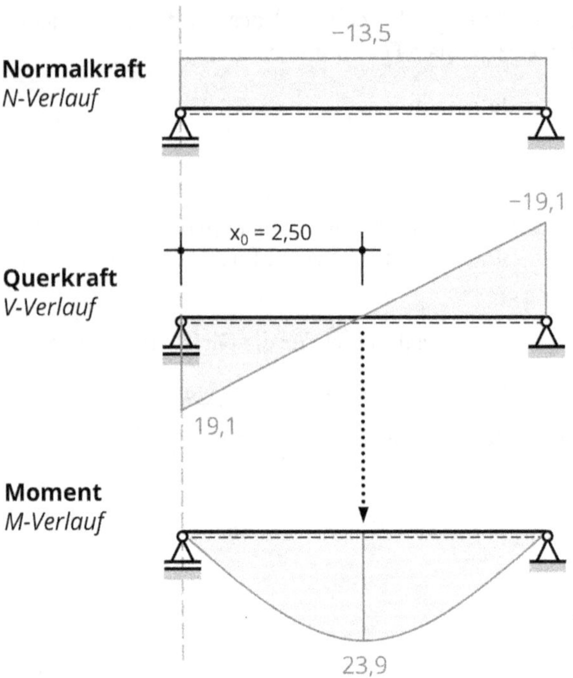

Abbildung 10.9: Normal-, Querkraft- und Momentenlinie

Wagen Sie sich einfach an die Bearbeitung und vergleichen Sie Ihre Ergebnisse mit der Lösung. Kommen Sie nicht weiter, suchen Sie im Lösungs-Ablauf die Stelle und bringen sich selbst wieder ins Laufen.

Sie werden feststellen, dass es so schwierig gar nicht ist beziehungsweise die Hürden, an denen Sie hängen bleiben, wenig mit Statik und vielmehr mit Menschlichkeit zu tun haben!

1. Statisches System

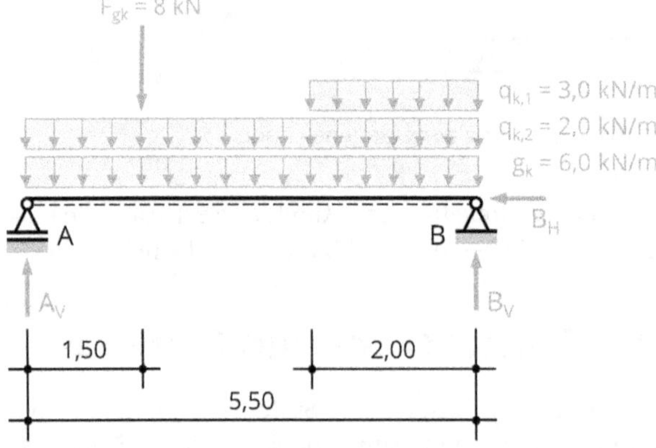

Abbildung 10.10: Statisches System inklusive Belastung

2. Lasten

$$F_{gd} = 1{,}35 \cdot 8 = 10{,}8\ \text{kN}$$

$$g_d = 1{,}35 \cdot 6{,}0 = 8{,}10\ \text{kN/m}$$

$$q_{d,1} = 1{,}50 \cdot 3{,}0 = 4{,}50\ \text{kN/m}$$

$$q_{d,2} = 1{,}50 \cdot 2{,}0 = 3{,}00\ \text{kN/m}$$

$$r_{d,ges} = 15{,}6\ \text{kN/m}$$

$$r_{d\ (g+q2)} = 11{,}1\ \text{kN/m}$$

3. Schnittgrößen

Auflagerkräfte

$\Sigma M_A = 0$:

$B_V \cdot 5{,}50 - 11{,}1 \cdot 5{,}50^2/2 - 4{,}5 \cdot 2{,}0 \cdot 4{,}50 - 10{,}8 \cdot 1{,}50 = 0$

$\Rightarrow B_V = 40{,}83\ \text{kN}$

$\Sigma M_B = 0$:

$A_V \cdot 5{,}50 - 11{,}1 \cdot 5{,}50^2/2 - 4{,}5 \cdot (2{,}0)^2/2 - 10{,}8 \cdot 4{,}0 - 0$

$\Rightarrow A_V = 40{,}02\ \text{kN}$

Normalkraft

Da keine äußere horizontale Kraft angreift, tritt keine Normalkraft auf: $N = 0$

Querkraft

$$V_A = 40{,}02\ \text{kN}$$

$$V_{F,li} = 40{,}02 - 11{,}1 \cdot 1{,}50 = 23{,}37\ \text{kN}$$

$$V_{F,re} = 23{,}37 - 10{,}8 = 12{,}57\ \text{kN}$$

$V_{3,50} = 12{,}57 - 11{,}1 \cdot 2{,}0 = -9{,}63\ \text{kN} \Rightarrow$ Nullstelle zwischen F und 3,50 m!

$$V_B = -9{,}63 - 15{,}6 \cdot 2{,}0 = -40{,}83\ \text{kN} \mathrel{\hat{=}} -B_V$$

Momente

$$M_A = M_B = 0$$

$$M_F = 40{,}02 \cdot 1{,}50 - 11{,}1 \cdot 1{,}50^2/2 = 47{,}5\ \text{kNm}$$

$$M_{3,50} = 40{,}02 \cdot 3{,}50 - 11{,}1 \cdot 3{,}50^2/2 - 10{,}8 \cdot 2{,}0 = 50{,}5\ \text{kNm}$$

$$x_0 = 1{,}50 + 12{,}57/11{,}1 = 2{,}63\ \text{m}$$

$$\Rightarrow \max.M_{(x_0=2{,}63)} = 40{,}02 \cdot 2{,}63 - 11{,}1 \cdot 2{,}63^2/2 - 10{,}8 \cdot 1{,}13 = 54{,}7\ \text{kNm}$$

Graphen

M.d.L.: 1 cm ≙ 1 m

M.d.K.: 1 cm ≙ 5 kN bzw.kNm

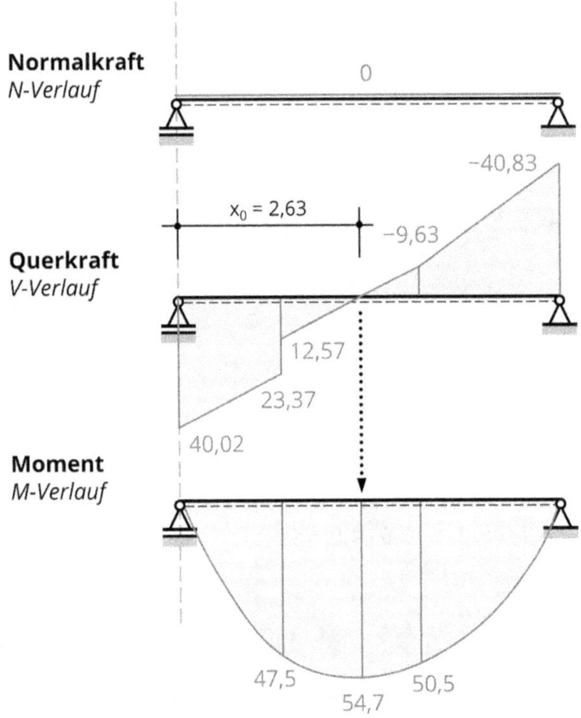

Abbildung 10.11: Normal-, Querkraft- und Momentenlinie

Wie kommt man drauf?

Bevor man mit einer Aufgabe beginnt, sollte man sich immer ausreichend Zeit nehmen, um die Aufgabenstellung gut zu erfassen und die vorbereitenden Maßnahmen abzuarbeiten: Hier sind die Lasten in Bemessungslasten umzuwandeln, was durch den Index »k« angezeigt ist. Die Buchstaben »g« und »q« geben die Lastqualität ständige Last beziehungsweise veränderliche Last und damit die Teilsicherheitsbeiwerte 1,35 und 1,50 vor.

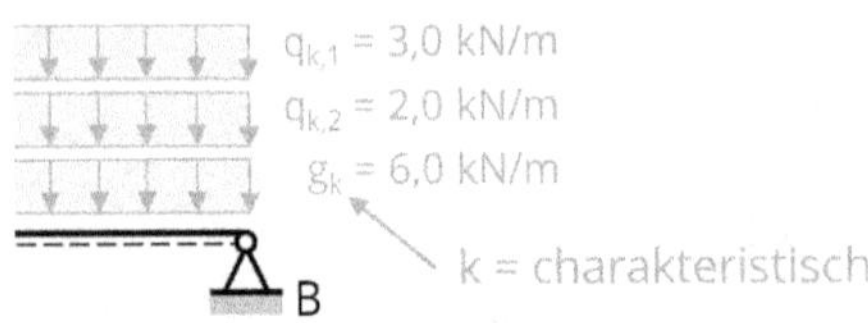

Abbildung 10.12: Charakteristische Lasten erkennen

Auflagerkräfte

Durch die unsymmetrische Belastung des Trägers ist die Gleichgewichtsbedingung $\Sigma V = 0$ nicht mehr anwendbar. Wir müssen auf den Momentensatz, wie in Kapitel 9 erläutert, zurückgreifen.

$$\Sigma M_A = 0:$$

$$B_V \cdot 5{,}50 - 11{,}1 \cdot 5{,}50^2/2 - 4{,}5 \cdot 2{,}0 \cdot 4{,}50 - 10{,}8 \cdot 1{,}50 = 0$$

$$\Rightarrow B_V = 40{,}83 \text{ kN}$$

Dabei ist der Lastanteil »$11{,}1 \cdot 5{,}50^2/2$« mit einem negativen Vorzeichen versehen, weil er – wie alle Belastungsteile – um das Auflager A entgegen der Stützkraft B dreht. Ausführlich formuliert beziehungsweise mathematisch auseinandergezogen folgt

$$11{,}1 \cdot 5{,}50^2/2 = (8{,}1 + 3{,}0) \cdot 5{,}50 \cdot 5{,}50/2$$

$$= \text{Last} \cdot \text{Lastlänge} \cdot \text{Hebelarm}$$

Abbildung 10.13 zeigt die graphische Darstellung.

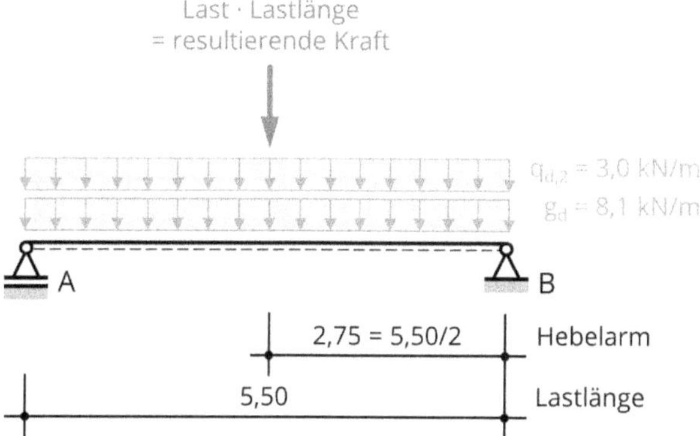

Abbildung 10.13: Lastanteil von g und q_1 mit Hebelarm der Resultierenden

Für die Berechnung der Streckenlast q_1 wird ebenso vorgegangen:

4,5	·	2,0	·	4,50
Last	·	Lastlänge	·	Hebelarm nach A

Für Auflager B ist ebenso zu verfahren und bei der Berechnung sind im Grunde genommen nur die Hebelarme anzupassen!

$$\Sigma M_B = 0:$$

$$A_V \cdot 5{,}50 - 11{,}1 \cdot 5{,}50^2/2 - 4{,}5 \cdot (2{,}0)^2/2 - 10{,}8 \cdot 4{,}0 = 0$$

$$\Rightarrow A_V = 40{,}02 \text{ kN}$$

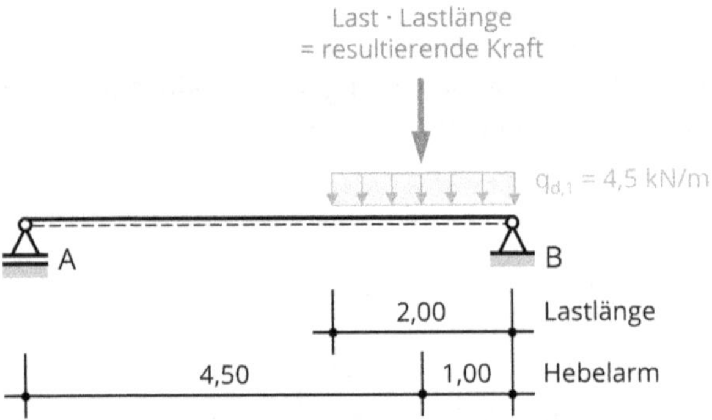

Abbildung 10.14: Lastanteil von q_2 mit Hebelarm nach A bzw. B

Die Kontrolle der berechneten Stützkräfte sollten Sie immer durchführen, wenn auch nur im Taschenrechner, ohne schriftlichen Nachweis. Die gesamte folgende Berechnung baut auf den Stützkräften auf. Sind diese falsch, haben Sie zwar theoretisch eine weitere Kontrollmöglichkeit in der Querkraftlinie, die aber praktisch versagen kann, sofern der Fehler »konsequent weitergedacht« wird.

Kontrolle:

$$A_V + B_V = (g_d + q_{d,2}) \cdot l_1 + q_{d,1} \cdot l_2 + F_d$$

Die Stützkräfte müssen die Belastungen abtragen:

$$80{,}85 = 80{,}85$$

Grundlage ist hierbei die Gleichgewichtsbedingung $\Sigma V = 0$:

$$40{,}02 + 40{,}83 - 11{,}1 \cdot 5{,}50 - 4{,}5 \cdot 2{,}0 = 0$$

Normalkraft

Da keine äußere horizontale Kraft angreift, tritt keine Normalkraft auf: $N = 0$

Querkraft

Der Anfang für die Querkraftlinie ist immer leicht: Die Querkraft am Auflager entspricht der Auflagerkraft selbst:

$$V_A = A_V = 40{,}02 \text{ kN}$$

Für alle weiteren Stellen gehen wir nach dem vereinfachten Prinzip der »schnittweisen« Betrachtung vor. Dabei wird der in viele Teilschnitte zerlegte Träger …

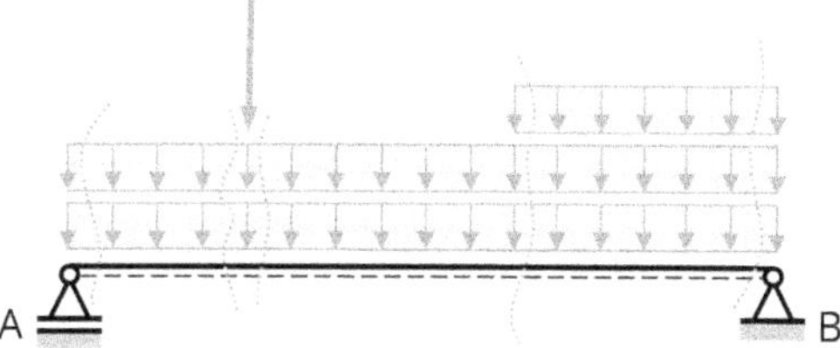

Abbildung 10.15: Notwendige Schnitte am Träger

...... nur an dem zu untersuchenden Schnittteil betrachtet:

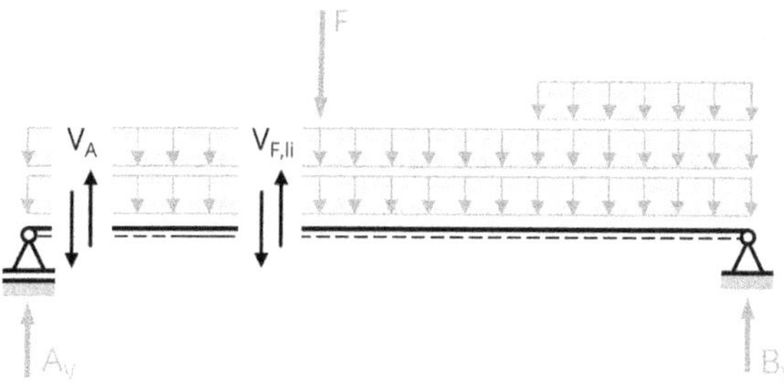

Abbildung 10.16: Zu untersuchendes Schnittteil

An den Schnittflächen ist die Querkraft immer an beiden Flächen gegeben und kann somit als Ausgangsgröße für das Schnittteil herangezogen werden, von welcher die tatsächliche Belastung bis zur nächsten (Schnitt-)Stelle abgezogen wird. Das entspricht dem Grundprinzip der Gleichgewichtsbedingung:

$$\Sigma V = 0:$$

$$V_A - \text{Belastung} - V_{F,re} = 0$$

$$V_{F,re} = V_A - \text{Belastung}$$

Führt man diesen Gedanken konsequent zu Ende, sind für den in 6 Teile zerlegten Träger 5 Rechenschritte nötig.

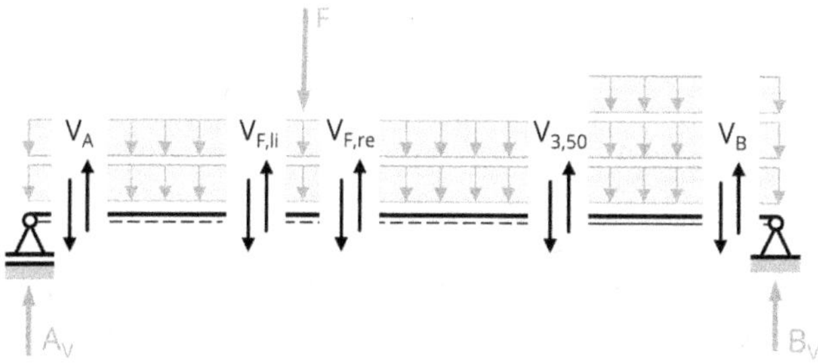

Abbildung 10.17: Alle Schnittteile am Träger

Dieses Vorgehen ist für alle Trägersysteme mit jeder Belastungsgeometrie anwendbar. Die allgemeine Formulierung lautet:

Die Querkraft an (je)der nachfolgenden Schnittstelle berechnet sich wie folgt: Die zuvor ermittelte Querkraft minus der Last bis zur nächsten Stelle.

In unserem Beispiel ist für die Querkraft links der Einzellast die vorher ermittelte Querkraft V_A und die Last bis links von F ist nur die Streckenlast 11,1 kN/m. (Links von der Einzellast ist diese ja noch nicht »erfasst/im Bild«.) Vom Auflager A bis zur Kraft F ist es 1,50 m »weit«.

$$V_{F,li} = 40{,}02 - 11{,}1 \cdot 1{,}50 = 23{,}37 \text{ kN}$$

Rechts der Einzellast ist nur die Einzellast selbst als Belastung vorhanden, weil der Schnitt (von links der Einzellast nach rechts der Einzellast) ideell ist und seine Länge gegen Null geht, was für die Streckenlast einen Belastungsanteil von »11,1 · 0,000...01 m« und damit 0 ergibt.

$$V_{F,re} = 23{,}37 - 10{,}8 = 12{,}57 \text{ kN}$$

Die weiteren Stellen werden nach dem gleichen Prinzip ermittelt, es gilt

Zuvor bestimmte Querkraft minus der Belastung bis zur nächsten Stelle

$$V_{3,50} = 12{,}57 - 11{,}1 \cdot 2{,}0 = -9{,}63 \text{ kN}$$

$$V_B = -9{,}63 - 15{,}6 \cdot 2{,}0 = -40{,}83 \text{ kN} \equiv -B_V$$

Momente

Die Momente an den Auflagern sind für den Einfeldträger immer 0 (sofern kein äußeres Moment angreift), das muss nicht rechnerisch nachgewiesen werden:

$$M_A = M_B = 0$$

Ein Blick auf die Querkraftlinie gibt die Stellen vor, an denen untersucht werden muss ... (siehe auch Kapitel 9).

$$M_F = 40{,}02 \cdot 1{,}50 - 11{,}1 \cdot 1{,}50^2/2 = 47{,}5 \text{ kNm}$$

Das »F« im Index von »M« steht hier nicht für das Wort »Feld«, sondern für die »Kraft F«. Die Schnittstelle ist für das Moment direkt in der Wirkungslinie der Einzelkraft, die damit einen Hebelarm von 0 m in die Schnittstelle hat. Für die Schnittstelle rechts beziehungsweise links der Kraft ist die »Entfernung« wieder so gering, dass, anders als bei der Querkraft, für das Moment das gleiche Ergebnis folgt.

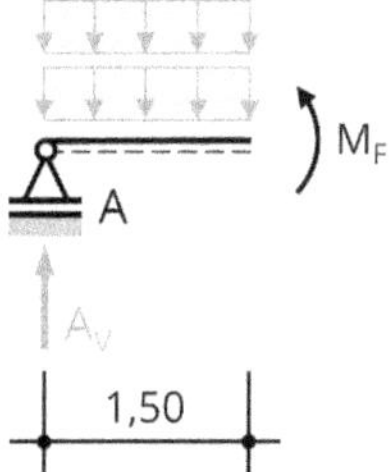

Abbildung 10.18: Schnitt-Skizze für das Moment bei 1,50 m

Bei 3,50 m »rutscht« der Schnitt um 2,0 m weiter nach rechts und die Einzelkraft hat nun einen Hebelarm von 2,0 m in den Schnitt; damit folgt eine Drehmomentenwirkung von »10,8 · 2,0 m«. Die Lastanteile von »g« und »q_2« vergrößern sich entsprechend und somit auch deren Hebelarme, die immer vom Schwerpunkt der Lastflächen in den Drehpunkt wirken.

$$M_{3,50} = 40{,}02 \cdot 3{,}50 - 11{,}1 \cdot 3{,}50^2/2 - 10{,}8 \cdot 2{,}0 = 50{,}5\ \text{kNm}$$

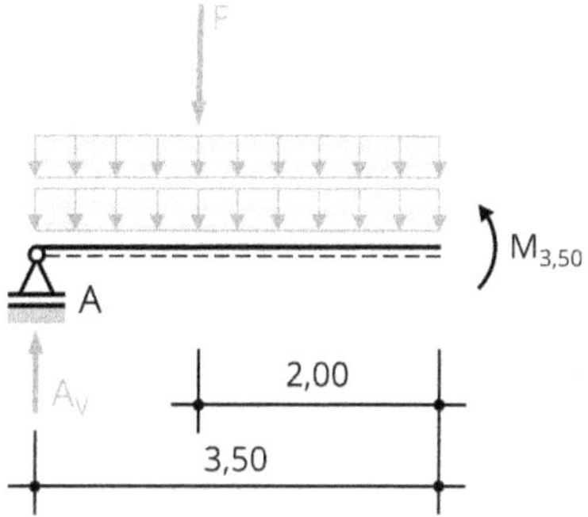

Abbildung 10.19: Schnitt-Skizze für das Moment bei 3,50m

Die Nullstelle für die Berechnung des größten Feldmoments kann über den Vorzeichenwechsel in der Querkraftlinie im Bereich zwischen der Einzellast und dem Beginn von »q_1« lokalisiert beziehungsweise eingegrenzt werden: Rechts der Einzellast ist die Querkraft positiv, links vom Beginn der Streckenlast q_1 ist sie negativ. Die Formel

$$x_0 = V/r \qquad (9.9)$$

darf angewandt werden, sofern keine Einzellast vorhanden ist! Im zutreffenden Bereich gibt es keine Einzellast und die Formel ist somit gültig!

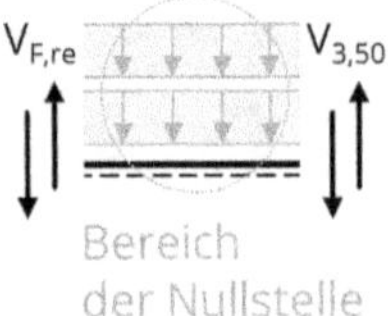

Abbildung 10.20: Bereich, in dem die Nullstelle auftritt

Die Skizze zeigt deutlich, dass für die Querkraft der Wert von $V_{F,re}$ oder $V_{3,50}$ herangezogen werden muss. In jedem Fall ist für »r« die vorhandene Streckenlast von 11,1 kN/m einzusetzen. Da die Nullstelle immer von einem Auflager aus gemessen wird, muss die Länge vom Auflager bis zur Einzellast hinzugerechnet werden. Für die »lateinische Schreibweise« von Auflager A nach rechts ergibt sich:

$$x_0 = 1{,}50 + 12{,}57/11{,}1 = 2{,}63\ \text{m}$$

Vom rechten Auflager B nach links:

$$x'_0 = 2{,}0 + 9{,}63/11{,}1 = 2{,}87\ \text{m}$$

Egal von welcher Seite Sie sich nähern, müssen Sie an derselben Stelle ankommen und damit muss gelten:

$$x_0 + x'_0 = l$$

$$2{,}63 + 2{,}87 = 5{,}50\text{m}$$

Für die Berechnung des maximalen Moments können Gleichung und Skizze für das Moment bei 3,50 m »als Vorlage« verwendet werden. Es sind lediglich die Hebelarme anzupassen:

$$\text{max.}M_{(x_0=2{,}63)} = 40{,}02 \cdot 2{,}63 - 11{,}1 \cdot 2{,}63^2/2 - 10{,}8 \cdot 1{,}13 = 54{,}7\ \text{kNm}$$

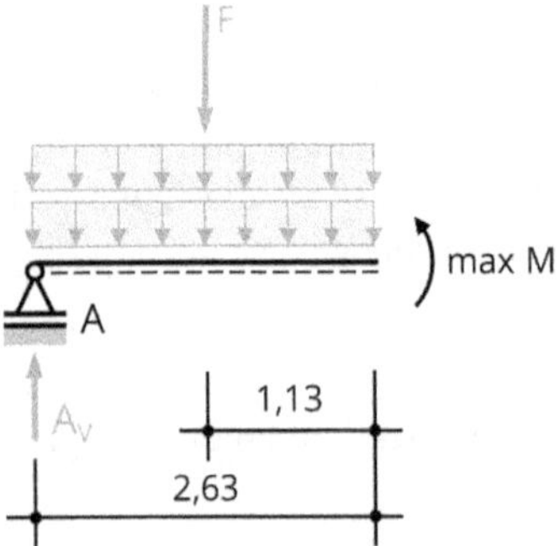

Abbildung 10.21: Schnitt-Skizze für das maximale Moment

Wir empfehlen Ihnen, für die ersten Beispiele stets eine »Skizze« des Schnitts anzufertigen, um sehen zu können, was genau gerechnet werden muss. Natürlich ist es auch ausreichend, den nicht relevanten Teil des Feldes in der Aufgabenstellung einfach abzudecken!

Somit wird auch sichtbar, warum die Gleichungen für das maximale Moment und bei 3,50 m grundsätzlich gleich sind: Der Schnitt ist prinzipiell identisch, nur die Längen haben sich verändert.

Die Momente über die Querkraftfläche bestimmen

Die Ermittlung der Momente über die klassische Formel Kraft mal Hebelarm ist für jede Last an jedem beliebigen Punkt des Trägers möglich. Liegen nur Einzel- und/oder (Teil-) Streckenlasten vor, kann das Moment etwas einfacher auch über die Fläche der Querkraftlinie berechnet werden. Sehen Sie sich die Graphen in Abbildung 10.22 an: Die dargestellten Flächen sind je zwei Trapeze und Dreiecke.

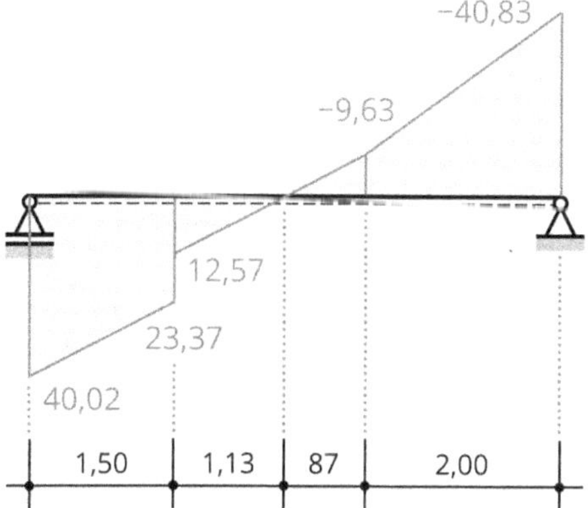

Abbildung 10.22: Vermaßte Querkraftlinie für die Flächenberechnung

Das Moment bei F (x = 1,50 m) entspricht dem Flächeninhalt des Trapezes von A bis 1,50 m:

$$M_{1,50} = \tfrac{1}{2} \cdot (40{,}02 + 23{,}37) \cdot 1{,}50 = 47{,}5 \text{ kNm}$$

Für das maximale Moment ist der Flächeninhalt des Dreiecks bis zur Nullstelle zum bisherigen Flächeninhalt hinzuzuaddieren!

$$\text{max.M} = \tfrac{1}{2} \cdot (40{,}02 + 23{,}37) \cdot 1{,}50 + \tfrac{1}{2} \cdot 12{,}57 \cdot 1{,}13 = 54{,}7 \text{ kNm}$$

Nach der Nullstelle wechselt das Vorzeichen der Querkraft und für das Moment bei 3,50 m ist die Querkraftfläche nach der Nullstelle abzuziehen. Wenn Sie das Ergebnis des vorherigen Terms im Taschenrechner lassen, können Sie einfach »weitertippen«:

$$M_{3,50} = 54{,}7 - \tfrac{1}{2} \cdot 9{,}63 \cdot 0{,}87 = 50{,}5 \text{ kNm}$$

Wer den Beweis für seine korrekte Rechnung führen möchte:

$$M_B = 50{,}5 - \tfrac{1}{2} \cdot (9{,}63 + 40{,}83) \cdot 2{,}0 = 0 \text{ kNm}$$

Oder in der korrekten Langversion:

$$M_B = \tfrac{1}{2} \cdot (40{,}02 + 23{,}37) \cdot 1{,}50 + \tfrac{1}{2} \cdot 12{,}57 \cdot 1{,}13 - \tfrac{1}{2} \cdot 9{,}63 \cdot 0{,}87$$
$$- \tfrac{1}{2} \cdot (9{,}63 + 40{,}83) \cdot 2{,}0 = 0 \text{ kNm}$$

Den Abweichungen nach dem Komma, insbesondere an der 2. Stelle nach dem Komma begegnen wir dabei souverän, da uns bewusst ist, dass es sich um Rundungsfehler handelt.

IN DIESEM KAPITEL

Lastfallunterscheidung

Negative Stützmomente untersuchen

Schnittgrößen ermitteln

Die Grenzlinien der Schnittgrößen betrachten

Kapitel 11
Einfeldträger mit Kragarm

Der Einfeldträger, der in Kapitel 10 vorgestellt wird, ist wirtschaftlich betrachtet das ungünstigste statische System! Die Last wird von einem Feld, das von Auflager zu Auflager gespannt ist, abgetragen. Ganz alleine. Keiner hilft. Obwohl das System des Einfeldträgers mit einem zusätzlichen Kragarm den Anschein erweckt, als würde der freikragende Teil nur eine weitere Anstrengung für das Feld bedeuten, ist das Gegenteil der Fall!

Was ist neu?

Durch das Erweitern des Einfeldträgers um den Kragarm muss auch das Repertoire an Fachbegriffen erweitert werden, um das statische System und seine Berechnungsmethoden korrekt erfassen zu können.

Das statische System

Zuerst gilt es, die Teile des Trägers zu erkennen und korrekt zu benennen:

- das Feld mit der Bezeichnung »l« liegt zwischen den Auflagern;
- der Kragarm mit dem Kürzel »l_k« trägt frei über das eine Auflager hinaus.

Wie dem Namen zu entnehmen ist, fehlt dem Kragarm die Stützung am Trägerende. Die Länge des Kragarms wird dabei durch die Länge des Feldes und der vorgesehenen Beanspruchung »begrenzt«.

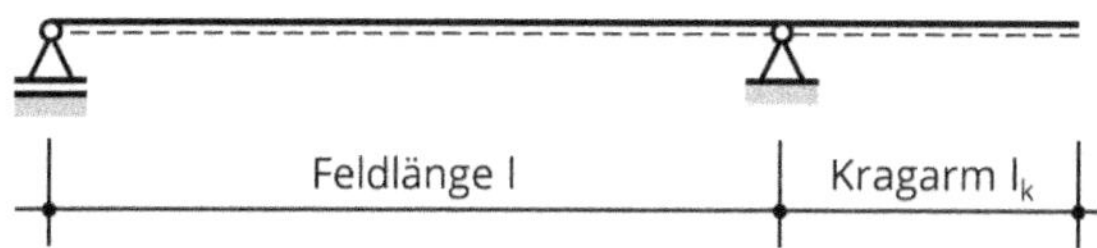

Abbildung 11.1: Statisches System des Einfeldträgers mit Kragarm

Die Lastfallunterscheidung

Der Begriff Lastfallunterscheidung besagt, dass die angreifenden Lasten so auf den Systemteilen zu kombinieren sind, dass alle real möglichen Belastungssituationen erfasst sind. Die ungünstigste dieser Laststellungen wird für den Nachweis der Tragfähigkeit (und Gebrauchstauglichkeit) herangezogen. Doch welche Belastungen sind wie zu kombinieren?

Mit der Lastannahme ist für jedes Bauteil sowohl die Eigenlast g als auch die Verkehrslast(en) q zu bestimmen. Die entsprechende Methode wird in Teil III ausführlich erläutert.

Während die Eigenlast per Definition ständig und unveränderlich in ihrer Lage vorhanden ist und somit keine Unterscheidungsmöglichkeit bietet, wirkt die Verkehrslast nicht ständig und kann auch noch ihre Lage verändern! Diese Veränderung der Lage der Verkehrslast(en) ist es, die gut durchdacht sein will, denn sie hat querschnittsbestimmenden Einfluss auf das Bauteil.

Wie können die Lasten am Einfeldträger mit Kragarm kombiniert werden?

Es gilt das Prinzip der stochastischen Kombinatorik: Für alle Lastqualitäten sind alle möglichen Kombinationen zu bilden. Einzige »Bewegliche« im Spiel ist die veränderliche Last q, die in zwei möglichen Wirkbereichen (Feld und Kragarm) somit drei Kombinationen – sogenannte Lastfälle, abgekürzt »LF« – erzeugt:

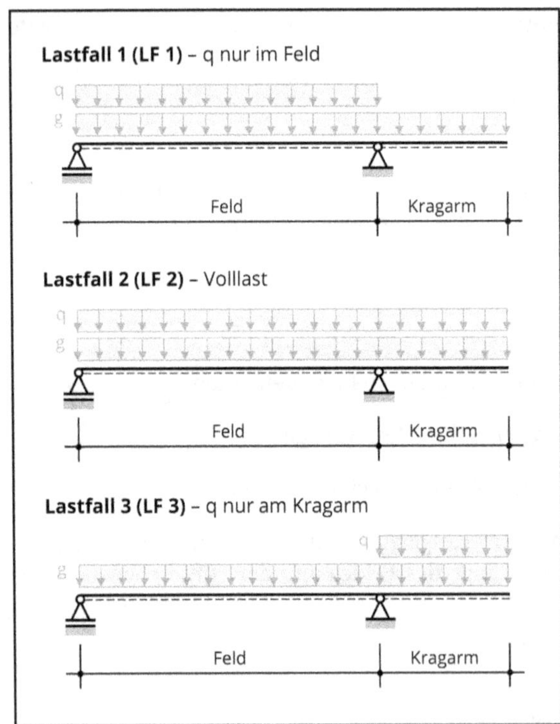

Abbildung 11.2: Lastfallkombinationen

Die Auswirkungen der einzelnen Belastungskombinationen lassen sich in Form einer Biegelinie graphisch darstellen:

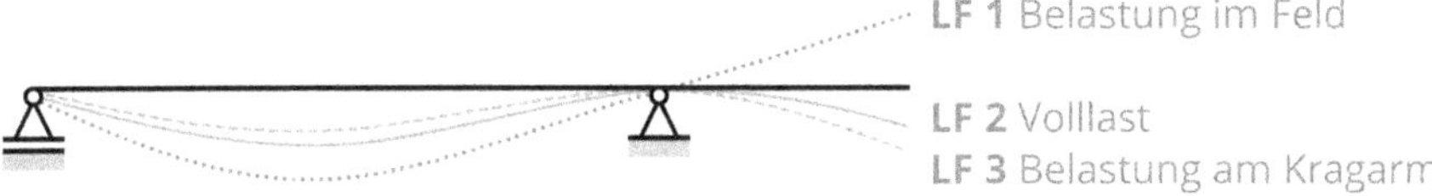

Abbildung 11.3: Biegelinien am Einfeldträger mit Kragarm

Es ist zu erkennen, dass für LF 1, bei dem die Verkehrslast nur im Feld auftritt, die Biegebeanspruchung im Feld am größten ist, während sie kleiner wird, sobald der Kragträger in LF 2 und 3 Verkehrslast erfährt. Die zusätzliche Belastung auf dem Kragarm entlastet das Feld und wird maximal – die Entlastung!, wenn die Verkehrslast nur auf dem Kragarm vorhanden ist.

Wenn Sie sich das bildlich und real vorstellen wollen, denken Sie an eine Studentenbude, in der eine Party gefeiert wird:

LF 1: Es gibt Essen und alle sind drinnen (weil es gerade Winter ist und viel zu kalt, um draußen zu essen).

LF 2: Die Raucher müssen auf den Balkon, während sich die Nichtraucher über den Nachtisch hermachen.

LF 3: Die Nichtraucher brauchen nach dem üppigen Mahl dringend frische Luft und gesellen sich zu den frierenden Rauchern.

Das Stützmoment

Durch die Erweiterung des Feldes wird der Träger über die Stützung (= Auflager) hinaus verlängert. Die Unterstützung am Auflager B, eine Wand oder ein Unterzug, unterbindet die Durchbiegung, wie sie im Feld gegeben ist, und verursacht den »örtlichen« Wechsel der Zug- und Druckzone, die gezogene Zone wechselt von »unten« nach »oben« …

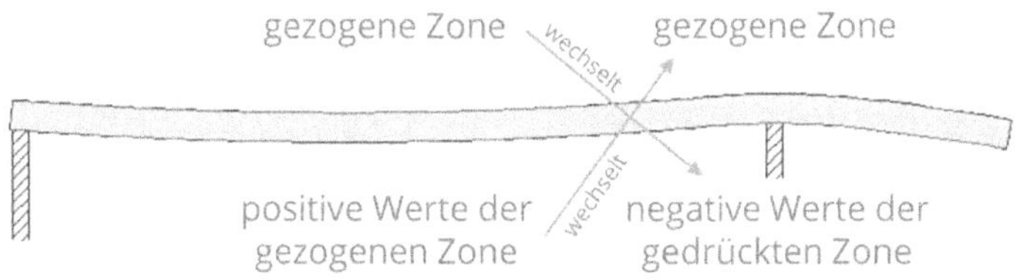

Abbildung 11.4: Wechsel von Zug- und Druckzone

… und über der Stützung ergibt sich ein »neues« Biegemoment. Da auf der Unterseite des Bauteils nun die gedrückte Zone liegt, erhält das Stützmoment ein negatives Vorzeichen: Bitte erinnern Sie sich an die Darstellung der Graphen: Positive Zahlenwerte werden unter der Bezugslinie angetragen, negative Werte darüber. Bildlich dargestellt ergibt sich der prinzipielle Momentenverlauf für den Einfeldträger mit Kragarm wie folgt:

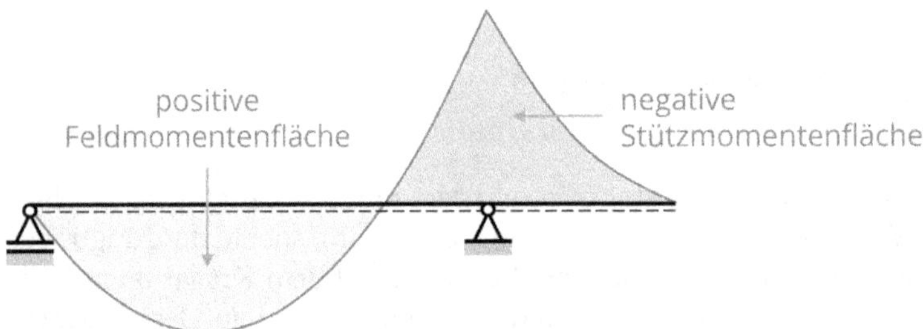

Abbildung 11.5: Prinzipieller Momentenverlauf am Einfeldträger mit Kragarm

Rechnerisch kann das Stützmoment mit der bekannten Gleichung (9.8) von Auflager A an ermittelt werden.

$$M_y = A_V \cdot x - [g + q] \cdot x^2/2 \tag{9.8}$$

Dabei ist für »x« die Feldlänge »l« einzusetzen und für die Belastung je nach Lastfall »g« oder »g + q«.

$$M_B = A_V \cdot l - [g + q] \cdot l^2/2$$

Viel einfacher ist es jedoch, die Berechnung vom Kragarm zum Auflager B hin abzuwickeln, also von rechts nach links im gezeigten Beispiel! Das ist in der Regel sehr viel weniger Arbeit und bedeutet damit auch, dass es weniger Fehlerquellen gibt. Der Schnitt wird im Auflager B geführt und sieht wie folgt aus:

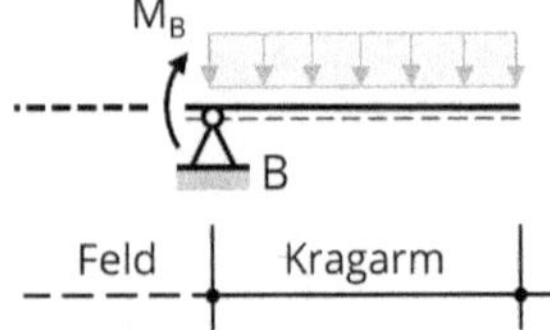

Abbildung 11.6: Schnitt für das Stützmoment über dem Auflager B

Gleichung (9.8) trifft natürlich auch hier zu: Für »x« ist diesmal die Kragarmlänge »l_k« einzusetzen und für die Belastung wieder dem betrachteten Lastfall entsprechend »g« oder »g + q«. Der Hebelarm der Auflagerkraft B ist null und hat damit keine Momentenwirkung in den betrachteten Schnitt. Es folgt die allgemeine Formel für das Stützmoment:

$$M_B = -[g\,(+\,q)] \cdot l_k^2/2 \tag{11.1}$$

Maßgebende Lastfälle

Statik ist (auch) der Nachweis der Querschnitts-Abmessungen der Bauteile. Diese Nachweise werden für den ungünstigsten LF geführt. Die Biegelinie in Abbildung 11.3 zeigt die »Extremwerte« der Auswirkungen der Belastungen, die maßgebend für die Nachweise der Bauteile werden.

So bestimmt **LF 1** die Querschnittswerte im Feld und am Auflager A: Das Feldmoment wird maximal und auch die Auflagerkraft bei A ist in keinem anderen Lastfall größer!

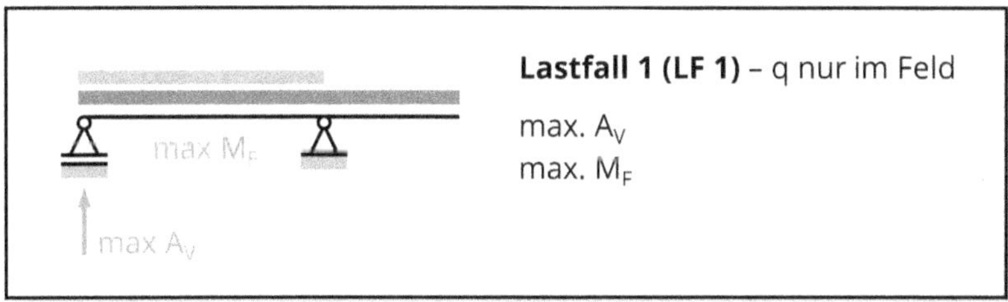

Abbildung 11.7: Extremwerte, die sich aus LF 1 ergeben

Während **LF 2** die Extremwerte am Auflager B bestimmt: Auflagerkraft, Querkraft und Stützmoment sind extremal.

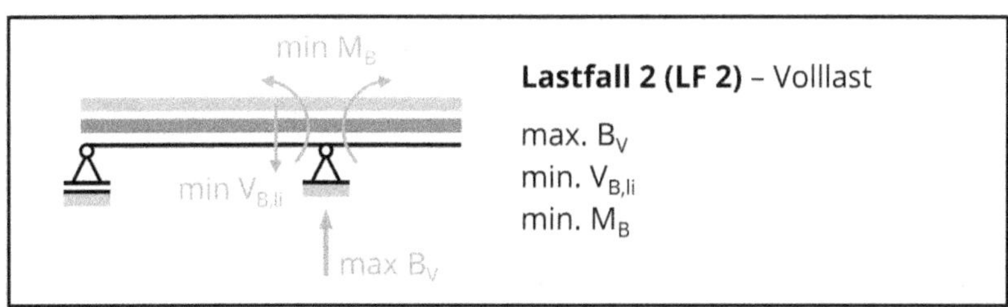

Abbildung 11.8: Extremwerte, die sich aus LF 2 ergeben

Aus **LF 3** ergeben sich für die Querschnittsdimensionierung keine neuen Erkenntnisse. Die Extremwerte sind bereits im LF 2 enthalten. Durch die starke Entlastung im Feld wird dieser LF vor allem für die Zugverankerung am Auflager A oder Abhebenachweise zum Beispiel bei leichten Dachdeckungen maßgebend.

Extremwerte sind Spitzenwerte und können sowohl negative als auch positive Werte benennen. Den positiven Werten ist dabei das Kürzel »max.« vorangestellt, den negativen Werten »min.«, weil negative Werte kleiner werden, je größer die nachgestellte Zahl ist!

$-10 > -100$

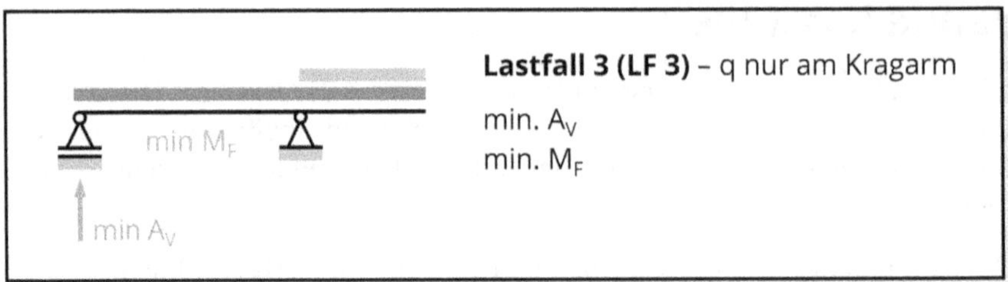

Abbildung 11.9: Extremwerte, die sich aus LF 3 ergeben

Bevor wir in die Bestimmung von Schnittgrößen mit Lastfallunterscheidungen einsteigen, möchten wir die Querkraft- und Momentenermittlung am Beispiel »nur mit ständiger Last« voranstellen.

Einfeldträger mit Kragarm ohne LF-Unterscheidung

1. **Statisches System**

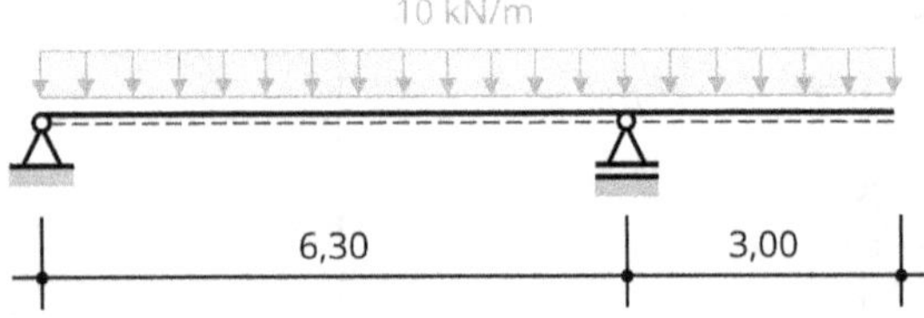

Abbildung 11.10: Einfeldträger mit Kragarm »nur mit ständiger Last«

2. **Lasten**

   Die Skizze macht keine Angaben zur Qualität der Last oder den Sicherheitsbeiwerten. Die Last wird verarbeitet, wie sie ansteht. Die Teilsicherheitsbeiwerte können auch später hinzugerechnet werden.

3. Schnittgrößen

Auflagerkräfte

$\Sigma H = 0$:

$\Rightarrow A_H = 0$

$\Sigma M_A = 0$:

$B_V \cdot 6{,}30 - 10 \cdot 9{,}30^2/2 = 0$

$\Rightarrow B_V = 68{,}64$ kN

$\Sigma M_B = 0$:

$A_V \cdot 6{,}30 - 10 \cdot 6{,}30^2/2 + 10 \cdot 3{,}0^2/2 = 0$

$\Rightarrow A_V = 24{,}36$ kN

Kontrolle:

$24{,}36 + 68{,}64 = 10 \cdot 9{,}30$

$93 = 93$

oder mit $\Sigma V = 0$:

$24{,}36 + 68{,}64 - 10 \cdot 9{,}30 = 0$

Für das Drehmoment um das Auflager B verhält sich die Last links vom Auflager, also im Feld entgegengesetzt der Last rechts vom Auflager (die den gleichen Drehsinn hat, wie die Auflagerkraft A um B):

In der Gleichung für das Moment wird der Termteil der Last auf dem Kragarm daher mit positivem Vorzeichen geführt: $A_V \cdot 6{,}30 - 10 \cdot 6{,}30^2/2 + 10 \cdot (3{,}0)^2/2 = 0$

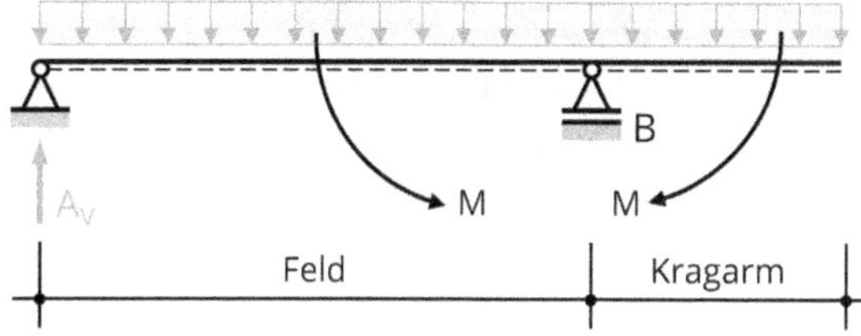

Abbildung 11.11: Momentenwirkung der Lastanteile um B

Normalkraft

$N = 0$

Querkraft

$$V_A = 24{,}36\ \text{kN}$$

$$V_{B,li} = 24{,}36 - 10 \cdot 6{,}3 = -38{,}64\ \text{kN}$$

Der Sprung vom linken Rand des Auflagers zum rechten Rand wird gehandhabt wie der Schnitt an einer Einzellast. Da die Stützkraft aber keine Belastung ist, muss die Kraftgröße der Stützkraft zu der vorher ermittelten Querkraft addiert werden. Damit ergibt sich rechts vom Auflager B wieder eine positive Querkraft.

$$V_{B,re} = -38{,}64 + 68{,}64 = 30{,}0\ \text{kN}$$

$$V_{Krag} = 30{,}0 - 10 \cdot 3{,}0 = 0\ \text{kN}$$

Tritt am Kragarm nur Streckenlast, egal welcher Geometrie, auf, ist die Querkraft am Kragarm(ende) null.

Greift am Ende des Kragarms eine Einzellast an, dann ist die Querkraft am Kragarm gleich der Einzellast.

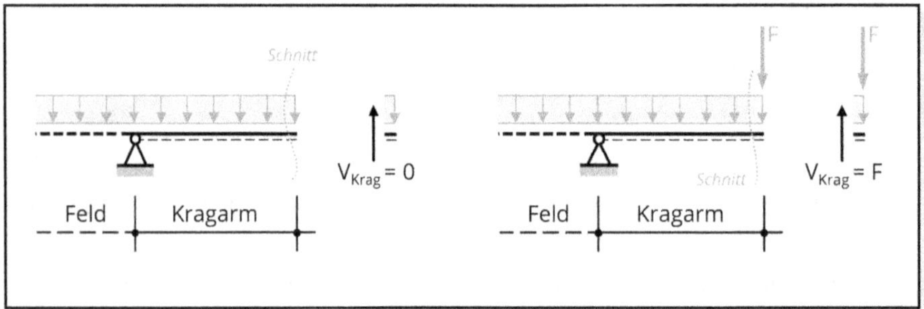

Abbildung 11.12: Kragarmende mit und ohne Einzellast

Bei genauerer Betrachtung der Querkraftwerte fällt zudem auf, dass es zwei Nullstellen gibt! Zwei Stellen an denen das Vorzeichen wechselt: im Feld zwischen A und B und direkt in B, von $V_{B,li}$ nach $V_{B,re}$. Ergo muss es auch zwei extremale Momente geben: eines im Feld und eines über der Stützung B. Für das Feldmoment wird die Nullstelle mittels der bekannten Formel (9.9) bestimmt:

$$x_0 = V/r = 24{,}36/10 = 2{,}44\ \text{m}$$

Für das Stützmoment ist die Lage eindeutig: über der Stützung! Eine weitere Berechnung der Lage ist obsolet.

Momente

$M_A = 0$:

$max.M_{F(x_0 = 2,44)} = 24,36 \cdot 2,44 - 10 \cdot 2,44^2/2 = 29,7$ kNm

Das Stützmoment wird mit der modifizierten Feld-Momentenformel (11.1) bestimmt:

$M_B = -10 \cdot 3,0^2/2 = -45$ kNm

Auch für den Einfeldträger mit Kragarm kann das Feldmoment mit Hilfe einer »Faulenzer-Formel« berechnet werden. Bedingung ist wieder: es steht nur eine Gleichstreckenlast an!

$max.M = A_V^2/(2 \cdot q)$

A_V = Auflagerkraft am Endauflager

q = Platzhalter für die vorhandene Gleichstreckenlast

Graphen

M.d.L.: 1 cm ≙ 1 m

M.d.K.: 1 cm ≙ 10 kN bzw.kNm

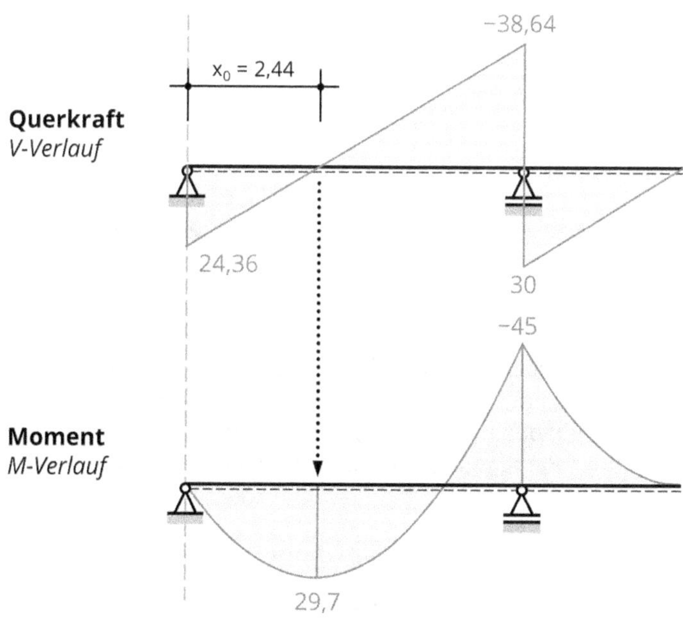

Abbildung 11.13: Graphen von Querkraft- und Momentenlinie

Einfeldträger mit Kragarm mit LF-Unterscheidung

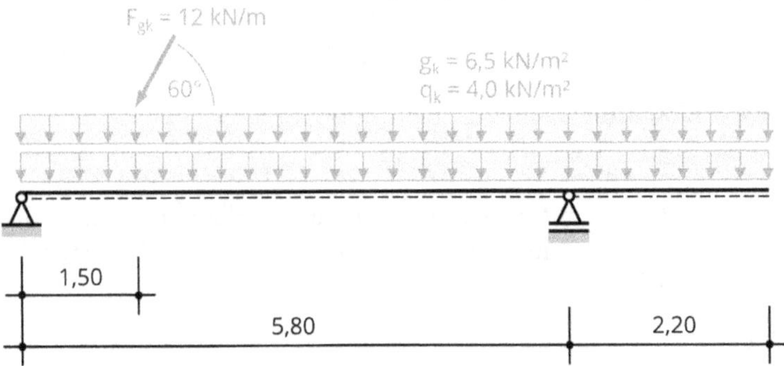

Abbildung 11.14: Statisches System mit Belastung

Bevor mit der Berechnung begonnen wird, sind wieder die vorbereitenden Maßnahmen abzuarbeiten. Für diese Aufgabe ist das die Ermittlung der Bemessungslasten und der lotrechten Anteile der Einzellast:

$$g_d = 1{,}35 \cdot 6{,}5 = 8{,}78 \text{ kN/m}$$

$$q_d = 1{,}50 \cdot 4{,}0 = 6{,}00 \text{ kN/m}$$

$$F_{gd} = 1{,}35 \cdot 12 = 16{,}2 \text{ kN}$$

$$\Rightarrow F_H = 16{,}2 \cdot \cos 60^\circ = 8{,}1 \text{ kN}$$

$$\Rightarrow F_V = 16{,}2 \cdot \sin 60^\circ = 14{,}0 \text{ kN}$$

Da die Bemessung für Decken stets für einen ein Meter breiten Streifen erfolgt, werden die Einheiten auf diesen 1m-Streifen »reduziert« und wie eine Linienlast dargestellt.

Die Schnittgrößen der beiden maßgebenden Lastfälle sind nun getrennt voneinander zu berechnen. Die Ergebnisse werden dann jedoch in einem Graphen zusammengeführt. Um Missverständnisse zu vermeiden und den normativen Grundanspruch der Prüffähigkeit zu gewährleisten, wird zu Beginn der Berechnung jeder LF mit einer Skizze zweifelsfrei benannt:

LF 1 – q nur im Feld

Wie viel »zusätzliche« Informationen Sie einfügen – oder auch weglassen –, ist dabei nicht vorgegeben. Der horizontale Anteil der Einzellast ist für die Bestimmung von A_V und dem maximalen Feldmoment nicht nötig und tritt deswegen in der Skizze der Abbildung 11.15 auch nicht auf.

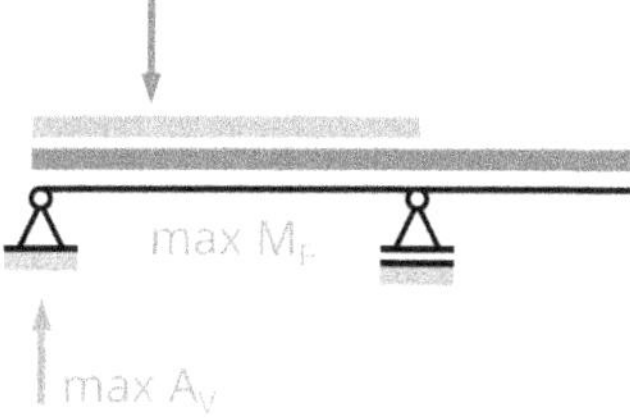

Abbildung 11.15: Lastfall 1 (LF 1)

Auflagerkräfte

Für die horizontale Stützkraft gilt die Gleichgewichtsbedingung $\Sigma H = 0$:

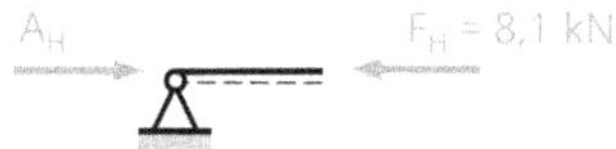

Abbildung 11.16: Am Träger vorhandene horizontale Kräfte

Ohne weitere Berechnung ist ersichtlich, dass die Stützkraft A_H gleich der angreifenden Kraft F_H sein muss: $A_H = 8,1$ kN.

Denkt man an diesem Punkt für die Normalkraftlinie weiter, ist zu erkennen, dass der Träger vom festen Auflager bis zum Angriffspunkt der Kraft eine Druckbeanspruchung von 8,1 kN erfährt.

In diesem ersten Beispiel der Lastfall-Unterscheidung haben wir stets alle Auflagerkräfte ermittelt. Im nachfolgenden Beispiel erläutern wir die verkürzte Version, bei der auf die nicht extremalen Auflagerkräfte (in diesem LF 1 »B«) verzichtet werden kann. Haben Sie bereits ausreichend Übung, überlesen Sie diesen Teil einfach.

$$\Sigma M_A = 0:$$

$$B_V \cdot 5,80 - 14,78 \cdot 5,80^2/2 - 8,78 \cdot 2,20 \cdot 5,9 - 14 \cdot 1,50 = 0$$

$$\Rightarrow B_V = 69,46 \text{ kN}$$

$$\Sigma M_B = 0:$$

$$\text{max. } A_V \cdot 5,80 - 14,78 \cdot 5,80^2/2 + 8,78 \cdot (2,20)^2/2 - 14 \cdot 4,30 = 0$$

$$\Rightarrow \text{max. } A_V = 49,58 \text{ kN}$$

Kontrolle:

$$49,58 + 69,46 = 14,78 \cdot 5,8 - 8,78 \cdot 2,20 - 14$$
$$119,04 = 119,04$$

Normalkraft

$\Sigma H = 0$:

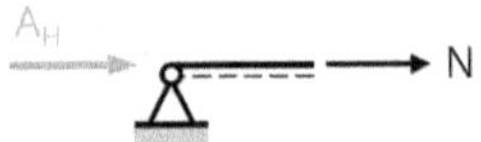

Abbildung 11.17: Schnitt für die Normalkraftbestimmung

$A_H + N = 0$

$\Rightarrow N = -8{,}1$ kN, Druck von A bis 1,50 m (*wie bereits festgestellt*!)

Querkraft

$V_A = 49{,}58$ kN

$V_{F,li} = 49{,}58 - 14{,}78 \cdot 1{,}5 = 27{,}41$ kN

$V_{F,re} = 27{,}41 - 14 = 13{,}41$ kN $\Rightarrow$ Vorzeichenwechsel nach F, vor B

$V_{B,li} = 13{,}41 - 14{,}78 \cdot 4{,}30 = -50{,}14$ kN $\Rightarrow x_0 = 1{,}50 + 13{,}41/14{,}78 = 2{,}41$ m

$V_{B,re} = -50{,}14 + 69{,}46 = 19{,}32$ kN

$V_{Krag} = 19{,}32 - 8{,}78 \cdot 2{,}20 = 0$ kN

Momente

$M_A = 0$:

$M_{1,50} = 49{,}58 \cdot 1{,}50 - 14{,}78 \cdot 1{,}50^2/2 = 57{,}7$ kNm

max. $M_{F(x_0 = 2,41)} = 49{,}58 \cdot 2{,}41 - 14{,}78 \cdot 2{,}41^2/2 - 14 \cdot 0{,}91 = 63{,}8$ kNm

$M_B = -8{,}78 \cdot 2{,}20^2/2 = -21{,}2$ kNm

Die Graphen sparen wir bis zum Ende der Berechnungen auf.

LF 2 – Volllast

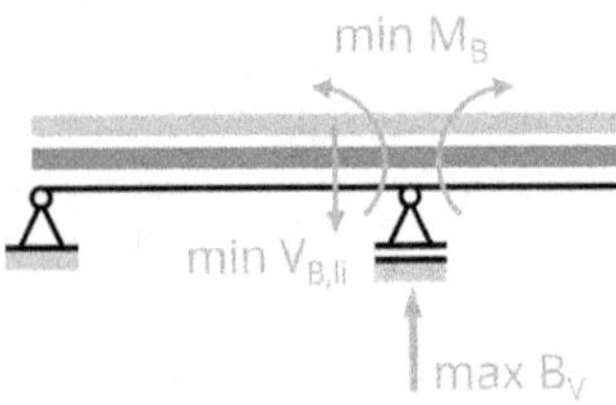

Abbildung 11.18: Lastfall 2 (LF 2)

Auflagerkräfte

$\Sigma M_A = 0$:

max. $B_V \cdot 5{,}80 - 14{,}78 \cdot 8{,}0^2/2 - 14 \cdot 1{,}50 = 0$

$\Rightarrow$ max. $B_V = 85{,}17$ kN

$\Sigma M_B = 0$:

$A_V \cdot 5{,}80 - 14{,}78 \cdot 5{,}80^2/2 + 14{,}78 \cdot 2{,}20^2/2 - 14 \cdot 4{,}30 = 0$

$\Rightarrow A_V = 47{,}07$ kN

(Kontrolle: 132,24 = 132,24) Sie werden geübter und können die Kontrolle schon reduzierter erfassen!

Querkraft

$V_A = 47{,}07$ kN

$V_{F,li} = 47{,}07 - 14{,}78 \cdot 1{,}5 = 24{,}90$ kN

$V_{F,re} = 24{,}90 - 14 = 10{,}90$ kN $\Rightarrow$ Vorzeichenwechsel nach F, vor B

$V_{B,li} = 10{,}90 - 14{,}78 \cdot 4{,}30 = -52{,}65$ kN = min.

$V_{B,li} \Rightarrow x_0 = 1{,}50 + 10{,}90/14{,}78 = 2{,}24$m

$V_{B,re} = -52{,}65 + 85{,}17 = 32{,}52$ kN

$V_{Krag} = 32{,}52 - 14{,}78 \cdot 2{,}20 = 0$ kN

Momente

$M_A = 0$:

$M_{1,50} = 47{,}07 \cdot 1{,}50 - 14{,}78 \cdot 1{,}50^2/2 = 54{,}0$ kNm

$M_{F(x0=2,24)} = 47{,}07 \cdot 2{,}24 - 14{,}78 \cdot 2{,}24^2/2 - 14 \cdot 0{,}74 = 58{,}0$ kNm

min. $M_B = -14{,}78 \cdot 2{,}20^2/2 = -35{,}8$ kNm

Linsen Sie bei der Berechnung des LF 2 immer auf die Ergebnisse im LF 1: die Extremwerte müssen auch wirklich extrem sein! So darf …

- ✔ die Auflagerkraft A_V im LF 2 nicht größer sein als max. A_V aus LF 1!
- ✔ das Feldmoment im LF 2 nicht größer sein als im LF 1!
- ✔ das Stützmoment aus LF 1 nicht größer sein als in LF 2!

Graphen

Beide Berechnungen werden nun in ein und demselben Graphen eingetragen. Das kann mit unterschiedlicher Farbe oder wie hier in unterschiedlicher Liniendarstellung erfolgen. Tragen Sie wieder einen Lastfall nach dem anderen ein und beschriften Sie die Linien sofort mit den Zahlenwerten. Verbinden Sie die Einzelwerte zur Linie/Parabel, bevor Sie mit dem 2. Lastfall beginnen.

M.d.L.: 1 cm ≙ 1 m

M.d.K.: 1 cm ≙ 20 kN bzw. kNm

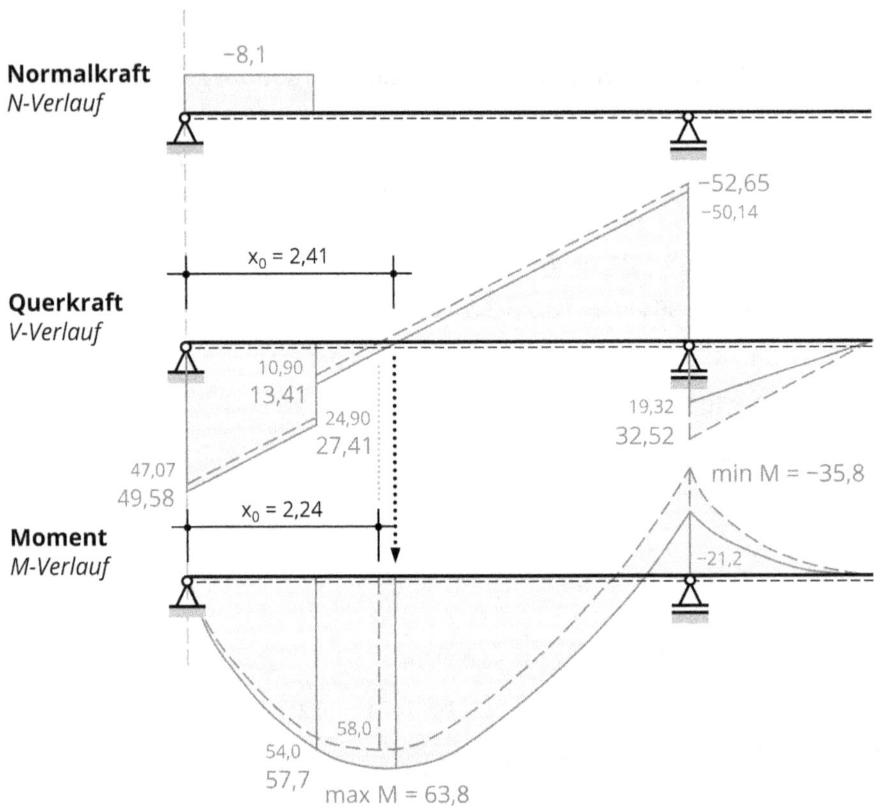

Abbildung 11.19: Normalkraft-, Querkraft- und Momentenlinie

Verkürzte Methode

Für die Bemessung eines Bauteils werden nur die Extremwerte herangezogen und so finden sich in statischen Berechnungen oft auch nur diese Extremwerte der Schnittgrößen. Für den LF 1 bedeutet das, dass nur max. A_V berechnet wird. Wie trotzdem die Querkraftlinie korrekt ermittelt werden kann, erfahren Sie im Folgenden:

Sie beginnen wird wie gewohnt am Auflager A …

$$V_A = 49{,}58\ \text{kN}$$

$$V_{F,li} = 49{,}58 - 14{,}78 \cdot 1{,}5 = 27{,}41\ \text{kN}$$

$$V_{F,re} = 27{,}41 - 14 = 13{,}41\ \text{kN}$$

$$V_{B,li} = 13{,}41 - 14{,}78 \cdot 4{,}30 = -50{,}14\ \text{kN}$$

… für die Bestimmung von $V_{B,re}$ wäre nun die Auflagerkraft von B nötig, auf die man verzichten kann, wenn man von $V_{B,li}$ aus auf das Trägerende »springt« …

Abbildung 11.20: Schnitt am Trägerende

… dort ist die Querkraft 0. Nun arbeitet man sich vom Kragarm aus zum Auflager B vor:

$$V_{Krag} = 0\ \text{kN}$$

$$V_{B,re} = 0 + 8{,}78 \cdot 2{,}20 = 19{,}32\ \text{kN}$$

Achten Sie darauf, dass die Belastung in diesem Fall addiert werden muss!

Bei der Ermittlung der Querkraft von links nach rechts werden Lasten subtrahiert und Stützkräfte addiert!

→
– Lasten
+ Stützkräfte

Bei der Ermittlung der Querkraft von rechts nach links werden Lasten addiert und Stützkräfte subtrahiert!

←
+ Lasten
– Stützkräfte

Tabelle 11.1 enthält eine Zusammenfassung dieser Ergebnisse.

Arbeitsrichtung	Last	Stützkraft
→	–	+
←	+	–

Tabelle 11.1: Arbeitsrichtungen bei der Querkraftbestimmung

In rechnergestützten Statik-Programmen wird für die bessere Übersicht nur die sogenannte Grenzwertlinie dargestellt, das heißt, Werte, die für die Nachweise nicht benötigt werden, sind nicht dargestellt.

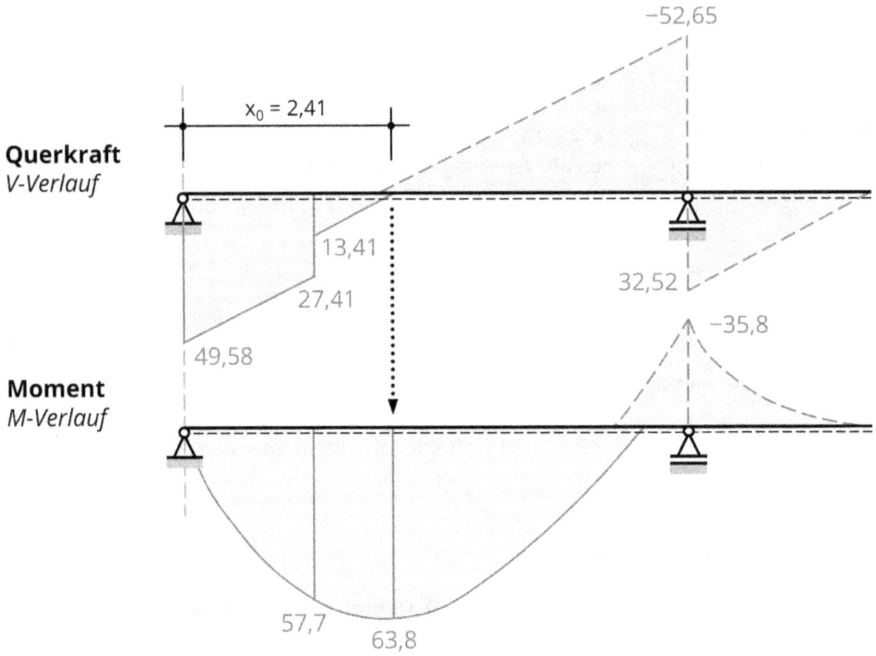

Abbildung 11.21: Grenzwertlinie von Querkraft und Momenten

Da die Grenzwertlinie »die wichtigsten Teile« des Ganzen zeigt, stellt sie nur die nachweisrelevanten Schnittgrößen dar und erfreut mit klarer Übersichtlichkeit.

IN DIESEM KAPITEL

Statische Bestimmtheit kennenlernen

Durchlaufträgertafeln studieren

Lastfallkombination betrachten

Schnittgrößen an Mehrfeldträgern bestimmen

Kapitel 12
Durchlaufträger

In Kapitel 11 wird erläutert, dass der auskragende Teil des Trägers die Auswirkungen der Beanspruchungen im Feld vermindert. Dem Feld wird geholfen. Verlängert man nochmals das bereits betrachtete Trägersystem und fügt dem auskragenden Teil wieder ein Auflager unter das Ende, so entsteht ein Zweifeldträger - der kleinste der Mehrfeld- oder Durchlaufträger. Die Erweiterung zu einem Zweifeldträger verstärkt die positive Wirkung der verminderten Beanspruchung und wird sogar, je mehr Felder vorhanden sind, immer größer – die Schnittgrößen werden betraglich kleiner!

Was ist neu?

Wir begeben uns auf das Feld der statisch unbestimmten Träger!

Das statische System

Bei Mehrfeldträgern gibt es zwei grundsätzliche Berechnungsmethoden, die sich an der Feldlänge orientieren:

- ✔ Für ungleiche Stützweiten
- ✔ Für gleiche respektive annähernd gleiche Stützweiten

Für den Zweifeldträger gibt es für beide Methoden in den Regelwerken Tabellen, die bei der Ermittlung von Auflagerreaktionen und Schnittgrößen helfen. Gibt es mehr als zwei Felder, können die Schnittgrößen mit solchen Tabellen nur für Träger mit (annähernd) gleichen Stützweiten berechnet werden:

Wann ist die Stützweite »annähernd« gleich?

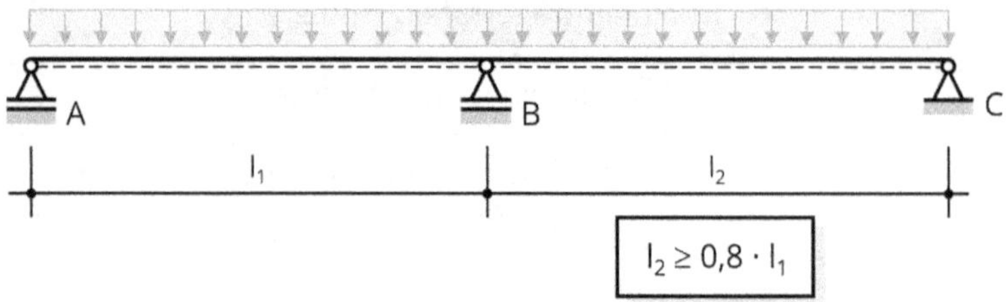

Abbildung 12.1: Zweifeldträger mit (annähernd) gleichen Stützweiten

Beträgt die Länge des kleineren Feldes mindestens 80% der Länge des größeren Feldes, dann gelten die Längen als annähernd gleich. Sind mehr als zwei Felder vorhanden, gilt dieser Grundsatz für das größte und das kleinste Feld.

Die statische Bestimmtheit

In Kapitel 5 haben Sie den Begriff der statischen Bestimmtheit kennengelernt und bereits bei Fachwerken angewandt. Für die Mehrfeldträger wird die statische Bestimmtheit etwas einfacher ermittelt:

Ein Zweifeldträger hat drei Auflager und wie Sie aus Kapitel 9 wissen, sollte nur eines davon ein festes Lager sein, was bedeutet, dass ein Zweifeldträger vier Stützkräfte (= Auflagerkräfte) ausbildet:

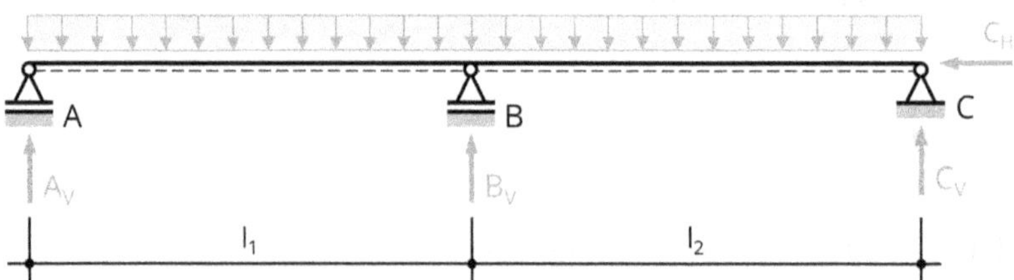

Abbildung 12.2: Auflagerkräfte des Zweifeldträgers

Da es aber nur drei Gleichgewichtsbedingungen gibt, können maximal drei Unbekannte – hier die Auflagerkräfte – ermittelt werden.

Dadurch ergibt sich für den **Zweifeldträger:**
4 Auflagerreaktionen – 3 Gleichgewichtsbedingungen = 1-fach statisch unbestimmtes System

Und analog gilt für einen **Dreifeldträger:**
5 Auflagerreaktionen – 3 Gleichgewichtsbedingungen = 2-fach statisch unbestimmtes System

Mit jedem weiteren Feld erhöht sich die statische Unbestimmtheit entsprechend um eins.

Und was genau bedeutet das? In jedem Fall nicht, dass der Träger einstürzt oder instabil ist, sondern nur, dass die Auflagerkräfte nicht nach der bekannten Methode des Momentensatzes – ein Auflager wird »weggeschlagen« und es bleibt eine unbekannte Stützgröße übrig – ermittelt werden können.

Unsere Statik-Vorfahren haben sich diesbezüglich viele Gedanken gemacht und die sehr aufwendigen Berechnungsmethoden in Tabellen (Durchlaufträgertafeln) zusammengefasst, die es uns heute ermöglichen, bequem und wirklich sehr einfach Auflager- und Querkräfte sowie Momente zu berechnen.

In der Praxis ist der Durchlaufträger das am häufigsten verwendete System. Sind die Stützweiten ungleich, bleibt nur die Berechnung mit speziellen Statik-Programmen für statisch unbestimmte Träger-Systeme.

Sonderfall Gelenkträger

Mehrfeldträger werden auch mit Gelenken ausgeführt, die am Momenten-Nullpunkt – siehe Abbildung 12.7 – als Konstruktionsdetail im Träger verarbeitet werden. Solche Verbindungen (Gelenke) haben einen entscheidenden Einfluss auf die statische Bestimmtheit.

Die statische Bestimmtheit für solche Gelenkträger, auch Gerberträger genannt, wird den Mehrfeldträgern entsprechend, nur um die Anzahl der Gelenke »ergänzt«, ermittelt:

$$n = a - 3 - g$$

a = Anzahl der Auflagerreaktionen

3 = Anzahl der Gleichgewichtsbedingungen ($\Sigma H = 0$, $\Sigma V = 0$, $\Sigma M = 0$)

g = Anzahl der Gelenke

So kann über die Anzahl der Gelenke ein statisch unbestimmtes System in ein statisch bestimmtes System überführt werden! Probieren Sie es aus: Fügt man dem Träger aus Abbildung 12.2 ein Gelenk hinzu …

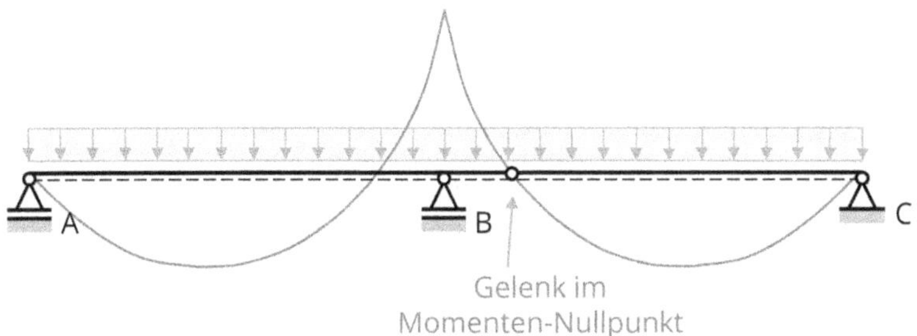

… und wendet die Formel für Gelenkträger an …

$$n = a - 3 - g$$

… so ergibt sich …,

$$n = 4 - 3 - 1 = 0$$

… dass der Träger statisch bestimmt ist.

Nachfolgend untersuchen wir ausschließlich statisch unbestimmte Zwei- und Mehrfeldträger mit (annähernd) gleichen Stützweiten. Die Berechnung von statisch bestimmten Gelenk- beziehungsweise Gerberträgern wird hier nicht weiter behandelt.

Die Lastfallunterscheidung

In Kapitel 11 wird der Gedanken der Lastfallunterscheidung ausführlich beleuchtet und es ist klar, dass dieser Weg ebenfalls für einen Mehrfeldträger angewendet werden kann. Für den Zweifeldträger ist die Lastfallunterscheidung dieselbe wie für den Einfeldträger mit Kragarm: die Extremwerte der Schnittgrößen entstehen in den gleichen Lastfall-Situationen:

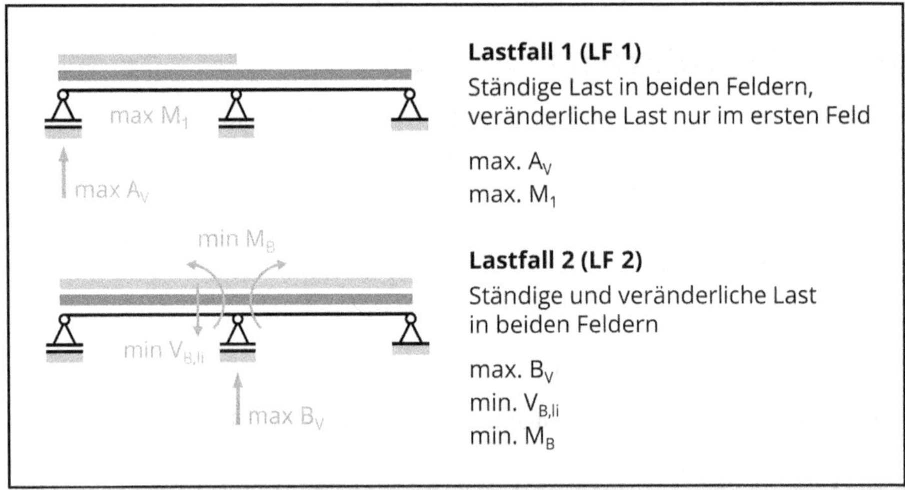

Abbildung 12.3: Lastfälle des Zweifeldträgers

Für alle weiteren Durchlaufträger mit mehr als zwei Feldern können die Auswirkungen der feldweise vorhandenen veränderlichen Belastung und die sich daraus ergebenden extremalen Auflagerreaktionen und Schnittgrößen mittels der Tabellen in den Regelwerken erfasst werden. Nehmen Sie also Ihr Regelwerk zur Hand und studieren Sie die Tafeln.

Durch die grundsätzlich (annähernd) gleichen Stützlängen ergibt sich, dass die Laststellungen spiegelverkehrt identisch sind und sich sowohl Auflager- als auch Feldbezeichnungen wiederholen:

Auflager A entspricht Auflager D; Auflager B entspricht Auflager C etc.

Deshalb finden Sie in den Tafeln zwar die Träger mit fortlaufender Nummerierung beziehungsweise Bezifferung in den Skizzen, nicht aber als ablesbare Tabellenwerte.

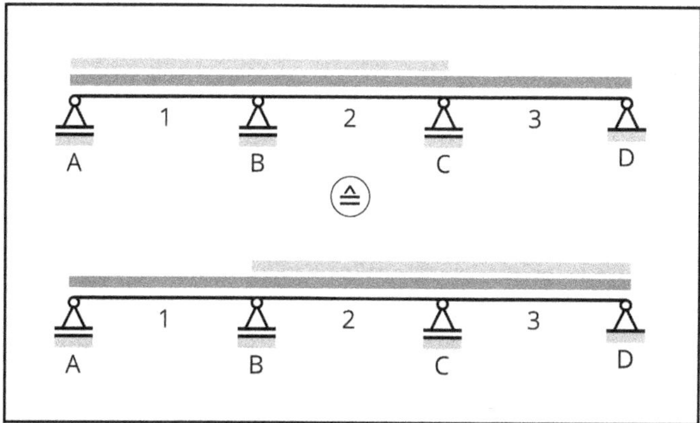

Abbildung 12.4: Spiegelidentische Laststellungen am Dreifeldträger

Die Schnittgrößenermittlung mit Tabellen

Da für die Bemessung von Bauteilen, die Nachweise der Tragfähigkeit, nur die Extremwerte der Schnittgrößen von Bedeutung sind, werden in den Tafelwerken auch nur diese aufgeführt. Für die Darstellung der Graphen sind die zusätzlich notwendigen Werte »per Hand« zu ergänzen.

Um die Durchlaufträgertafeln benutzen zu können, müssen folgende Grundsätze erfüllt sein:

- ✔ Der Träger muss über die gesamte Länge ein konstantes Trägheitsmoment aufweisen, mehr dazu in Kapitel 13 – Grundlagen der Festigkeitslehre.
- ✔ Die Feldlängen müssen gleich beziehungsweise annähernd gleich sein.
- ✔ Die einwirkenden Belastungen müssen mit den vorgegebenen Belastungsqualitäten der Durchlaufträgertafeln übereinstimmen, siehe Abbildung 12.5.

  Folgende Belastungen können verarbeitet werden:

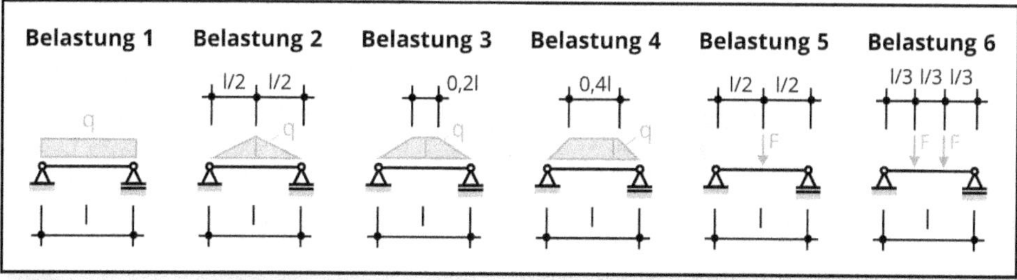

Abbildung 12.5: Belastungsqualitäten der Durchlaufträgertafeln

Die Berechnung der Kraft- beziehungsweise Momentengrößen erfolgt nach dem Schema:

Belastung	Kräfte	Momente
1 – 4	$k \cdot q \cdot l$	$k \cdot q \cdot l^2$
5 + 6	$k \cdot F$	$k \cdot F \cdot l$

Tabelle 12.1: Berechnungsformeln

»k« ist dabei der Tafelwert, der für die gesuchte Schnittgröße abzulesen ist.

Sind die einzelnen Felder ungleich lang, die kleinste Länge beträgt aber mindestens 80% der größten Länge, ist für »l« der Mittelwert der benachbarten Feldlängen einzusetzen.

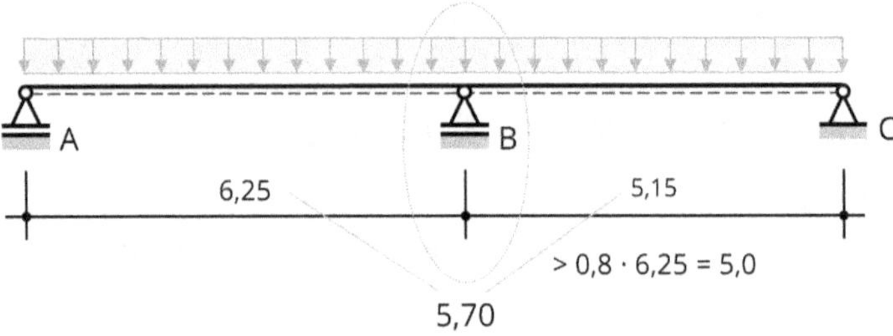

Abbildung 12.6: Mittelwert an der Innenstütze

Die Anwendung der Tafeln selbst ist genau genommen nur das Ablesen eines Zahlenwertes, der über die zuvor festgestellten Eingangswerte gefunden wird …

- ✔ Anzahl der Felder
- ✔ Belastungsgeometrie
- ✔ Lastkombination respektive
- ✔ gesuchter Extremwert der Schnittgröße

… und dann in die entsprechende Formel der Tabelle 12.1 für die gesuchte Schnittgröße eingesetzt wird.

In Tabelle 12.1 wird in den Formeln immer nur »q«, also die veränderliche Last geführt. Die Skizzen der Laststellungen in der ersten Spalte der Tabelle 12.2 zeigt auch nur eine Belastung, nämlich wieder die Verkehrslast. Was ist mit der Eigenlast, die stets in beiden Feldern vorhanden und per Definition in Lage und Größe unveränderlich ist? Es gilt also zu verstehen, dass diese Tafeln immer zweimal angewendet werden müssen:

1. Für die ständige Last immer in beiden Feldern
2. Für die veränderliche Last je nach Lastfall in einem oder beiden Feldern

Belastungs-Schema	Statische Größe	Belastung					
		1	2	3	4	5	6
	M_1	0,070	0,048	0,056	0,063	0,156	0,222
	min. M_B	−0,125	−0,078	−0,093	−0,106	−0,187	−0,333
A 1 B 2 C	A_V	0,375	0,172	0,207	0,244	0,313	0,667
	max. B_V	1,250	0,656	0,786	0,912	1,375	2,667
	min. $V_{B,li}$	−0,625	−0,328	−0,393	−0,456	−0,687	−1,333
	max. M_1	0,096	0,065	0,076	0,085	0,203	0,278
A 1 B 2 C	M_B	−0,062	−0,039	−0,046	−0,053	−0,094	−0,167
	max. A_V	0,438	0,211	0,254	0,297	0,406	0,833
	min. C_V	−0,062	−0,039	−0,046	−0,053	−0,094	−0,167

Tabelle 12.2: Tafelwerte des Zweifeldträgers

Bei der Berechnung der Schnittgrößen muss also der Lastanteil der Eigenlast stets als Term hinzugefügt werden!

Wenn Sie die Tafeln genauer studieren, ist dies auch anhand der Benennung der Schnittgrößen zu erkennen. Die Auflagerkraft A zum Beispiel ist sowohl im Lastfall der ersten als auch der zweiten Zeile – mit Zeile ist das Feld der Skizze gemeint, die folgenden Aufgliederungen sind als Unterzeilen zu verstehen – zu finden. Nehmen Sie Abbildung 12.3 hinzu, sehen Sie, dass für den LF 1, bei dem die Auflagerkraft bei A maximal wird, die ständige Last in beiden Feldern und die veränderliche Last nur im ersten Feld vorhanden ist. Die Last in beiden Feldern – egal ob nur ständige Last oder Volllast – ergibt für diese Laststellung keinen Extremwert für die Auflagerkraft in A.

Besser zu verstehen ist das, wenn man sich den grundsätzlichen Verlauf der Momentenlinie am Zweifeldträger anschaut. Nehmen Sie also die Laststellungen aus Abbildung 12.3 dazu.

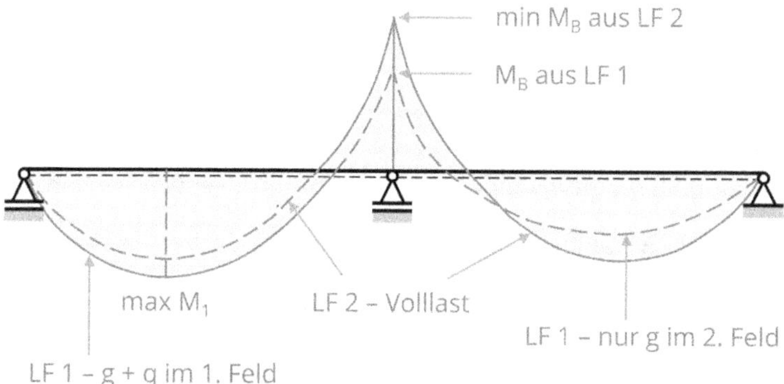

Abbildung 12.7: Prinzipieller Momentenverlauf (Grenzwertlinie) am Zweifeldträger

Im ersten Feld sind in beiden Lastfällen immer ständige und veränderliche Last vorhanden. Im Lastfall Volllast entlastet die veränderliche Last im 2. Feld das 1. Feld: Das Feldmoment ist geringer als im LF 1, bei dem im 2. Feld ja nur die ständige Last vorhanden ist und durch ihr Fehlen die Auswirkung der Biegebeanspruchung im 1. Feld verstärkt.

Nun ist alle Theorie zusammengetragen und zur praktischen Anwendung folgt ein Beispiel:

Zweifeldträger mit gleicher Stützweite und Gleichstreckenlast

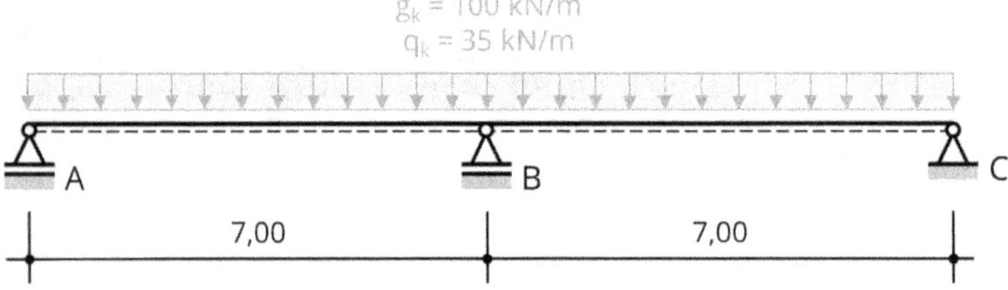

Abbildung 12.8: Zweifeldträger mit Gleichstreckenlast

Die Lasten sind über die Beaufschlagung mit den Teilsicherheitsbeiwerten in Bemessungslasten zu wandeln:

$$g_d = 1{,}35 \cdot 100 = 135 \text{ kN/m}$$

$$q_d = 1{,}50 \cdot 35 = 52{,}5 \text{ kN/m}$$

$$r_d = 187{,}5 \text{ kN/m}$$

Die Lastfälle sind getrennt voneinander zu untersuchen:

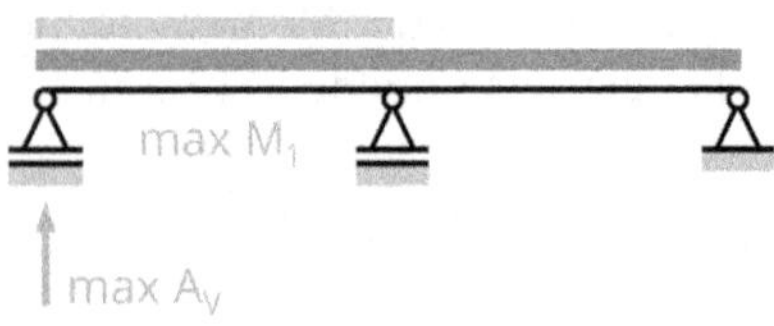

Abbildung 12.9: Lastfall 1 (LF 1)

Die ständige Last ist in beiden Feldern, die veränderliche Last nur im 1. Feld vorhanden.

Damit ist die größte Stützkraft bei A wie folgt zu berechnen:

$$\text{max. } A_V = \text{Tafelwert der 1. Zeile} \cdot g \cdot l + \text{Tafelwert der 2. Zeile} \cdot q \cdot l$$

Setzt man die Zahlenwerte der Last und die Tafelwerte aus Tabelle 12.2 ein, ergibt sich:

$$\text{max. } A_V = 0{,}375 \cdot 135 \cdot 7 + 0{,}438 \cdot 52{,}5 \cdot 7 = 515 \text{ kN}$$

Für das Feldmoment ist ebenso vorzugehen, nur der »Anteil« der Länge ist anzupassen:

$$\text{max. } M_1 = \text{Tafelwert der 1. Zeile} \cdot g \cdot l^2 + \text{Tafelwert der 2. Zeile} \cdot q \cdot l^2$$

Wen man die Zahlen- und Tafelwerte ergänzt und »l^2« ausklammert, folgt:

$$\text{max. } M_1 = (0{,}07 \cdot 135 + 0{,}096 \cdot 52{,}5) \cdot 7^2 = 710 \text{ kNm}$$

Mehr ist für die Bestimmung der maßgebenden Schnittgrößen im LF 1 nicht zu tun. Bleibt, LF 2 zu untersuchen:

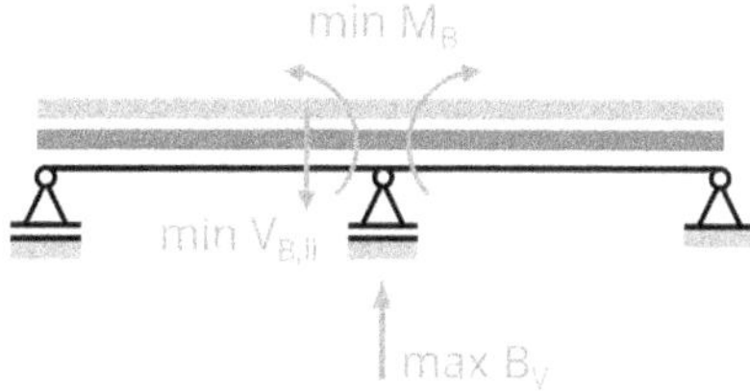

Abbildung 12.10: Lastfall 2 (LF 2)

Sowohl Eigenlast als auch Nutzlast sind in beiden Feldern vorhanden, der Lastfall Volllast liegt vor und die Berechnung ist ein bisschen einfacher respektive kürzer, weil die 1. Zeile der Tafelwerte sowohl für die ständige Last g als auch die Verkehrslast q Anwendung findet:

$$\text{max. } B_V = \text{Tafelwert der 1. Zeile} \cdot (g + q) \cdot l$$

$$\text{max. } B_V = 1{,}25 \cdot (135 + 52{,}5) \cdot 7 = 1.640 \text{ kN}$$

Die Querkraft ist eine Kraftgröße und damit prinzipiell wie die Auflagerkraft zu ermitteln:

$$\text{min. } V_{B,li} = \text{Tafelwert der 1. Zeile} \cdot (g + q) \cdot l$$

$$\text{min. } V_{B,li} = -0{,}625 \cdot (135 + 52{,}5) \cdot 7 = -820 \text{ kN}$$

Das Stützmoment bei B berechnet sich zu:

$$\text{min. } M_B = \text{Tafelwert der 1. Zeile} \cdot (g + q) \cdot l^2$$

$$\text{min. } M_B = -0{,}125 \cdot (135 + 52{,}5) \cdot 7^2 = -1.148 \text{ kNm}$$

Et voilà … mit den berechneten Werten können die Graphen als Grenzwertlinie angelegt werden:

Die Nullstelle der Querkraft kann über die bekannte Formel (9.9) $x_0 = V/r$ ermittelt werden, so kann die Neigung der Querkraftlinie bestimmt und gezeichnet werden.

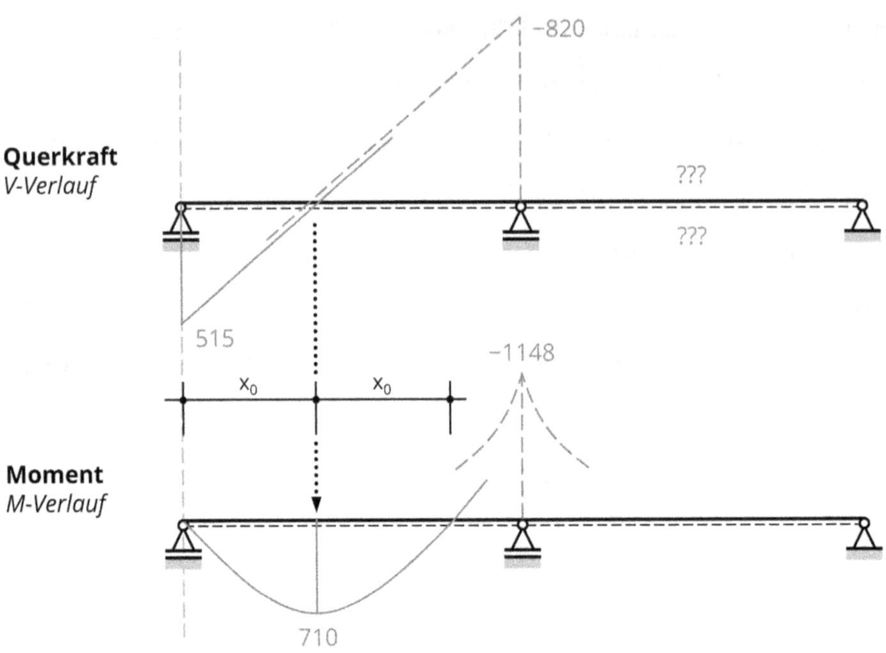

Abbildung 12.11: Unvollständige Graphen

Zweifeldträger mit ungleicher Stützweite

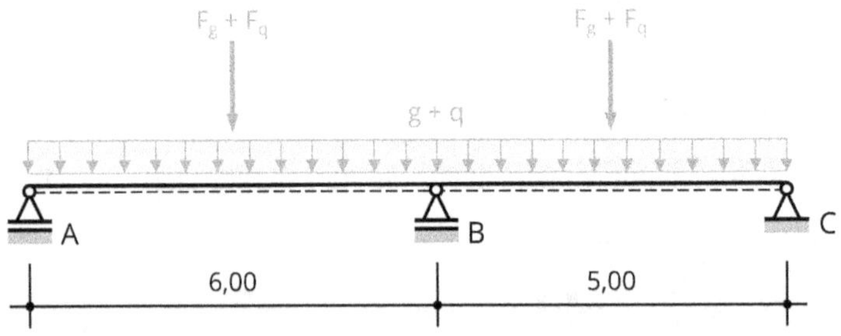

Abbildung 12.12: Zweifeldträger mit ungleicher Stützweite

Belastungen:

$$g_d = 18\ \text{kN/m}$$

$$q_d = 6\ \text{kN/m}$$

$$F_{gd} = 4\ \text{kN}$$

$$F_{qd} = 1{,}5\ \text{kN}$$

Bei ungleichen Stützweiten dürfen die Tabellen nur angewandt werden, wenn die kleinere Länge mindestens 80% der größeren Länge entspricht. Dies ist vor Beginn nachzuweisen: $0{,}8 \cdot 6{,}0 = 4{,}80\,\text{m} < 5{,}0\,\text{m}$

Das kürzere Feld muss mindestens 4,80 m lang sein und erfüllt mit 5 m diese Bedingung. Die Tafeln dürfen angewandt werden!

Obwohl die Lage der Einzellast nicht vermasst ist, muss aus der System-Skizze in Abbildung 12.12 und der Lastvorgabe der Durchlaufträger-Tafeln geschlossen werden, dass die Einzellast mittig im Feld angreift. Für eine andere Lage gibt es keine Tafelwerte.

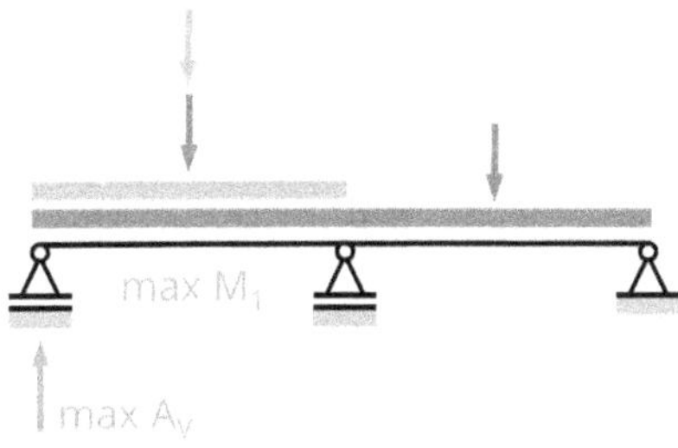

Abbildung 12.13: Lastfall 1 (LF 1)

Wir empfehlen für jeden Lastfall eine maximal informative Skizze zu erstellen, weil diese ganz klar darstellt, was zu rechnen ist. Für den Lastfall 1 ist zu erkennen, dass Sie auch für die Einzellast zwei Werte benötigen. Abbildung 12.5 gibt vor, dass die mittige Einzellast Belastung 5 darstellt und damit die Zahlenwerte der Spalte »5« zu verarbeiten sind.

Die Formeln für die Ermittlung der Schnittgrößen für Einzellasten in Tabelle 12.1 sind leicht verändert:

$$\text{Kraft} = k \cdot F$$

$$\text{Moment} = k \cdot F \cdot l$$

Zusammen mit der Streckenlast gilt für max. A_V allgemein die Gleichung:

$$\text{max. } A_V = (k_1 \cdot g + k_2 \cdot q) \cdot l + k_3 \cdot F_g + k_4 \cdot F_q$$

Die Tafelwerte für die Streckenlasten ändern sich nicht! Für die Einzellast lesen Sie in Spalte 5 die Werte ab und tragen diese in den Platzhalter-Term ein:

$$\text{max. } A_V = (0{,}375 \cdot 18 + 0{,}438 \cdot 6) \cdot 6{,}0 + 0{,}313 \cdot 4 + 0{,}406 \cdot 1{,}5 = 58{,}1\,\text{kN}$$

Für das maximale Feldmoment tauschen Sie in der Gleichung die Tafelwerte und »ergänzen« ein weiteres Mal die Länge:

$$\text{max. } M_1 = (0{,}07 \cdot 18 + 0{,}096 \cdot 6) \cdot 6{,}0^2 + (0{,}156 \cdot 4 + 0{,}203 \cdot 1{,}5) \cdot 6{,}0 = 71{,}7\,\text{kNm}$$

Der Lastfall Volllast ist durch das Zusammenfassen von ständiger und veränderlicher Last wieder etwas einfacher zu rechnen:

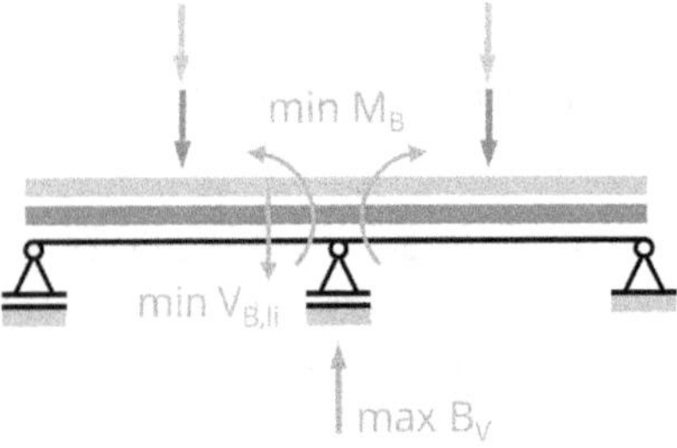

Abbildung 12.14: Lastfall 2 (LF 2)

Vorsicht jedoch … da die Felder unterschiedlich lang sind, muss jetzt mit dem Mittelwert der benachbarten Feldlängen gerechnet werden!

$$\text{max. } B_V = 1{,}25 \cdot (18 + 6) \cdot \mathbf{5{,}50} + 1{,}375 \cdot (4 + 1{,}5) = 172{,}6 \text{ kN}$$

$$\text{min. } V_{B,li} = -0{,}625 \cdot (18 + 6) \cdot \mathbf{5{,}50} - 0{,}687 \cdot (4 + 1{,}5) = -86{,}3 \text{ kN}$$

$$\text{min. } M_B = -0{,}125 \cdot (18 + 6) \cdot \mathbf{5{,}50}^2 - 0{,}187 \cdot (4 + 1{,}5) \cdot \mathbf{5{,}50} = -96{,}4 \text{ kNm}$$

Lastfallkombinationen des Dreifeldträgers

Die Berechnung der Schnittgrößen für Träger mit mehr als zwei Feldern ist identisch zu dem bisherigen Vorgehen. Einzig die Kombinatorik der Laststellungen ist aufwendiger und es ergeben sich mehr Lastfälle. Schlagen Sie hierzu in Ihrem Regelwerk die Tafeln für den Dreifeldträger auf.

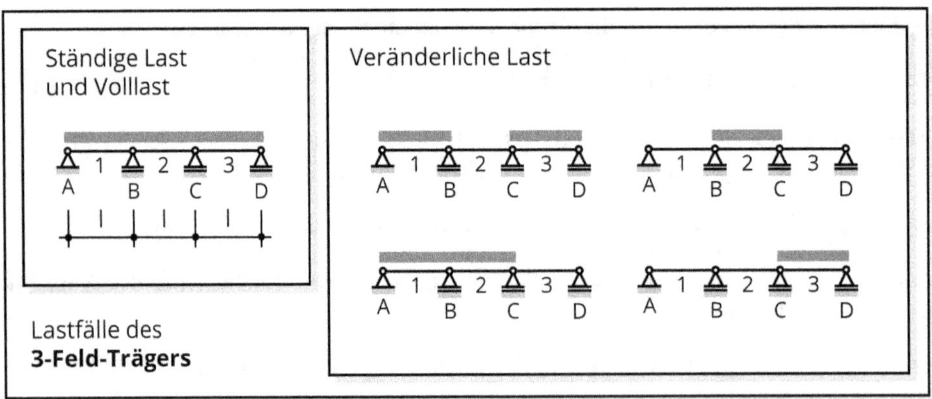

Abbildung 12.15: Lastfallkombinationen für den Dreifeldträger

Dank der gut ausgearbeiteten Tafeln müssen Sie sich keine Gedanken darüber machen, welcher Lastfall welche extremale Schnittgröße hervorbringt! Suchen Sie einfach in der Spalte »Statische Größe« den benötigten Extremwert und sie erhalten die Laststellung der Nutzlast, die diesen bewirkt. Die ständige Last in allen drei Feldern ist natürlich wieder hinzuzunehmen.

Wie Sie an der Benennung der statischen Größe für den Lastfall der 1. Zeile sehen können ergibt die Belastung in allen drei Feldern keinen Extremwert - weder für die ständige Last noch für den Lastfall Volllast. Erst durch die feldweise Belastung der veränderlichen Last entstehen extreme Auswirkungen der Einwirkungen!

Je nach Bauteil, Werkstoff oder Konstruktionsweise sind nicht immer alle Extremwerte nötig oder auch zusätzliche nicht extremale Werte wichtig. Das ist zum Beispiel der Fall, wenn im Steg eines Unterzugs ein Loch für die Durchführung einer Versorgungsleitung benötigt wird. Mehr dazu finden sie am Ende dieses Kapitels.

Was ist neu?

Der Verlauf der Momentenlinie eines Drei- oder Mehrfeldträgers ist nach so viel Übung in der Statik nicht wirklich eine Überraschung. Dennoch gibt es bei genauerem Hinsehen Neues zu entdecken:

- Die Feldmomente der Endfelder sind größer als die der Innenfelder.
- Der Momenten-Nullpunkt ist die Stelle, an der das Moment »0« ist.
- Der Momenten-Nullpunkt im Endfeld liegt bei ca. 0,85 · der Feldlänge ab dem Auflager.
- An Innenfeldern beträgt der Abstand der Momenten-Nullpunkte ca. 0,7 · der Feldlänge.

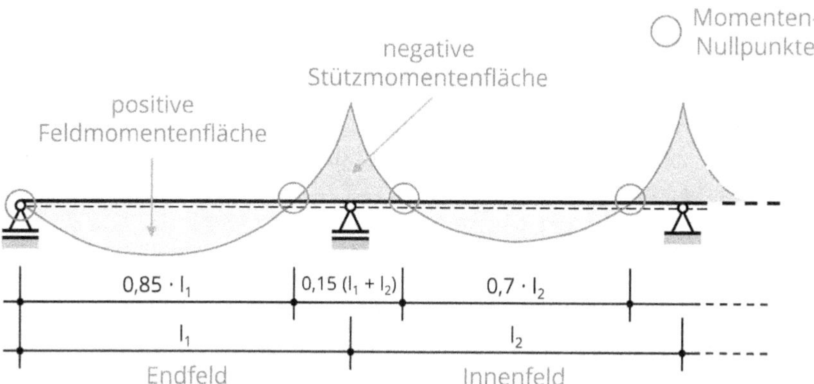

Abbildung 12.16: Momentenverlauf am Mehrfeldträger

Auf zu den besser verständlichen Zahlen und Rechnungen des konkreten Beispiels:

Dreifeldträger mit Gleichstrecken- und Trapezlast

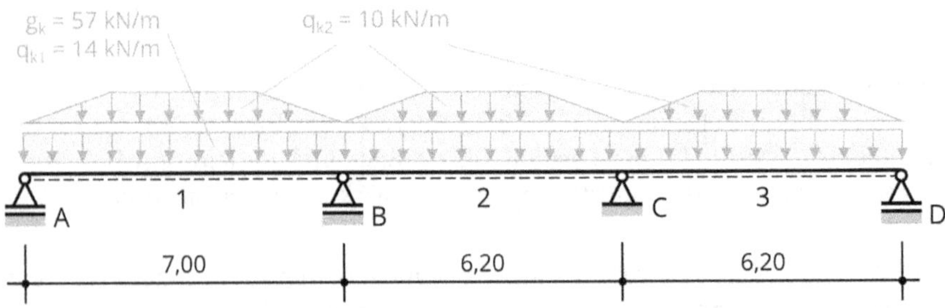

Abbildung 12.17: Statisches System mit Belastung

Lassen Sie sich nicht beeindrucken von ungewöhnlichen Lasten oder ungleichen Feldlängen. Das Grundprinzip ist immer gleich: passenden Tafelwert zu gewünschter Schnittgröße finden und in die zutreffende Formel einsetzen …

Beginnen Sie wie gewohnt mit den Vorbereitungen für die eigentliche Berechnung der Auflagerkräfte und Schnittgrößen:

- ✔ Bemessungslasten bilden

  $g_d = 1{,}35 \cdot 57 = 77 \text{ kN/m}$

  $q_{d1} = 1{,}5 \cdot 14 = 21 \text{ kN/m}$

  $q_{d2} = 1{,}5 \cdot 10 = 15 \text{ kN/m}$

- ✔ Anwendbarkeit der Tafeln nachweisen

  $0{,}8 \cdot 7{,}0 = 5{,}60 \text{ m} < 6{,}20 \text{ m}$

- ✔ Mittlere Feldlänge 6,60 m für Auflager B beachten!

Die Trapezlast ist der »Belastung 4« zuzuordnen und ist in der Berechnung der Schnittgrößen identisch zur Gleichstreckenlast, nur die Tafelwerte variieren. Die maßgebenden Extremwerte sind

- ✔ die Auflagerkräfte bei A und B,
- ✔ das Feldmoment im 1. Feld,
- ✔ das Stützmoment über B und
- ✔ die Querkraft $V_{B,li}$

Ein Blick in die Tafeln im Regelwerk zeigt, welche Lastfälle dafür angesetzt werden:

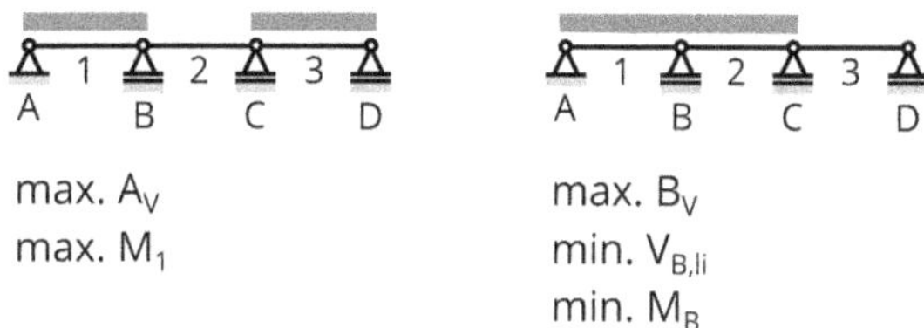

Abbildung 12.18: Laststellungen für die Extremwerte

Was ist mit dem Moment im 2. Feld? Ein Blick in die Tabelle zeigt: Der Tafelwert für max. M_2 ist kleiner als der Tafelwert für max. M_1. Da die Momente mit der gleichen Formel »$k \cdot q \cdot l^2$« berechnet werden, geben die Tafelwerte direkt Auskunft über den Größenunterschied der Momente.

Für die Momente im 3. Feld und über der Stützung B sowie die Auflagerkräfte C_V und D_V gibt es keine Werte in der Tafel! Sie sind spiegelidentisch mit den Werten im 1. Feld beziehungsweise den Auflagern A und B.

Die unterschiedlichen Feldlängen

Für das Endfeld ist die Länge des 1. Feldes maßgebend, weil das 3. Feld, als gespiegeltes 1. Feld, kürzer ist.

$$\text{max. } A_V = (0{,}40 \cdot 77 + 0{,}45 \cdot 21 + 0{,}308 \cdot 15) \cdot \mathbf{7{,}0} = 314 \text{ kN}$$

$$\text{max. } M_1 = (0{,}08 \cdot 77 + 0{,}101 \cdot 21 + 0{,}09 \cdot 15) \cdot \mathbf{7{,}0^2} = 472 \text{ kNm}$$

Im Mittelfeld muss die mittlere Länge aus 1. Feld und 2. Feld herangezogen werden.

$$\text{max. } B_V = (1{,}10 \cdot 77 + 1{,}2 \cdot 21 + 0{,}869 \cdot 15) \cdot \mathbf{6{,}60} = 811 \text{ kN}$$

$$\text{min. } V_{B,li} = (-0{,}60 \cdot 77 - 0{,}617 \cdot 21 - 0{,}449 \cdot 15) \cdot \mathbf{6{,}60} = -435 \text{ kN}$$

$$\text{min. } M_B = (-0{,}10 \cdot 77 - 0{,}117 \cdot 21 - 0{,}099 \cdot 15) \cdot \mathbf{6{,}60^2} = -507 \text{ kNm}$$

Et voilà sind alle maßgebenden Bemessungsschnittgrößen ermittelt. Fertig.

Schnittgröße an beliebiger Stelle

Wie kann mit Hilfe der Tafeln eine Schnittgröße an einer x-beliebigen Stelle im Träger bestimmt werden? Wir wollen das wieder am konkreten Beispiel erläutern und beleuchten, wie die Schnittgrößen 1m rechts von Auflager B bestimmt werden können.

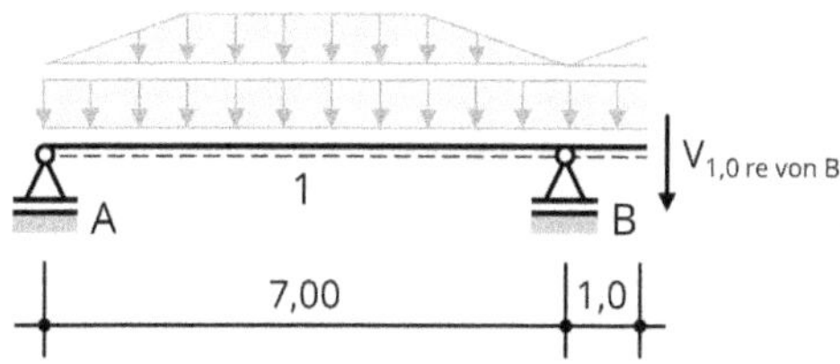

Abbildung 12.19: Schnittgrößen an einer beliebigen Stelle

Es ist wichtig zu verstehen, dass auch für jede andere Stelle am Träger immer der extremale Wert an dieser Stelle von Bedeutung ist. Dafür muss der Träger an dieser Stelle ausgelegt sein. Wird zum Beispiel der Querschnitt durch ein Loch für eine Durchführung geschwächt, ist der Nachweis an dieser Stelle mit der tatsächlich vorhandenen Schnittgröße und dem verminderten Querschnitt zu führen.

Schnittgrößen, die kleiner sind als das Worst-Case-Szenario, haben in der Statik keine Verwendung, sie finden nirgends Eingang in eine Berechnung.

Für das Beispiel 1,0 m rechts von B sind also die dort auftretende größte Querkraft und das vorhandene Moment wichtig. Gehen Sie in der Tafel im Regelwerk die Spalte mit den statischen Größen durch und suchen Sie nach der Querkraft rechts von B. Im Angebot sind max. $V_{B,re}$ und min. $V_{B,re}$. Als geübter Statiker ist anhand des Tafelwerts sofort zu erkennen, welcher der beiden Werte zu berücksichtigen ist. Fehlt die Erfahrung, gehen Sie einfach den Rechenweg! 1,0 m rechts von Auflager B ist die dort anzutreffende Querkraft nach der bekannten Methode zu berechnen:

Vorherig ermittelte Querkraft minus Belastung bis zur nächsten Stelle – siehe Kapitel 10.

$$V_{1,0 \text{ re von B}} = V_{B,re} - \text{Last} \cdot 1\text{ m}$$

$$\text{max. } V_{B,re} = 0{,}50 \cdot 77 + 0{,}583 \cdot 21 + 0{,}421 \cdot 15 \cdot 6{,}60 = 376{,}6\text{ kN}$$

$$\text{min. } V_{B,re} = 0{,}50 \cdot 77 - 0{,}083 \cdot 21 - 0{,}071 \cdot 15 \cdot 6{,}60 = 235{,}6\text{ kN}$$

$$\uparrow g \qquad \uparrow q_1 \qquad \uparrow q_2$$

Damit ist klar zu erkennen, dass die Querkraft 1 m rechts von Auflager B wie folgt berechnet werden muss:

$$V_{1,0 \text{ re von B}} = 376{,}6 - (98 + \tfrac{1}{2} \cdot 8{,}06) \cdot 1\text{ m} = 274\text{ kN}$$

Die Lastamplitude der dreiecksförmigen Verkehrslast bei 1,0 m ist über den Dreisatz zu ermitteln:

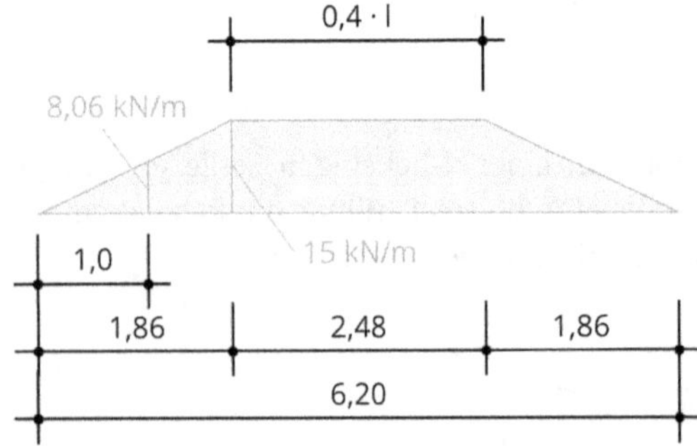

Abbildung 12.20: Lastamplitude der Trapezlast bei 1 m

Teil V
Festigkeitslehre

IN DIESEM TEIL …

Bisher haben Sie sich nur auf der Seite der Einwirkungen bewegt. Haben diese in Form der Lastannahmen fachgerecht ermittelt und kombiniert und deren Auswirkungen, die Schnittgrößen, berechnet. Kurz, die Beanspruchungen wurden intensiv beleuchtet. Nun wechseln Sie auf die andere Seite, zu den Beanspruchbarkeiten. Sie werden die Widerstände, die sich den Einwirkungen entgegenstellen müssen. kennenlernen und verstehen, wie ihre Wirkweise ist.

IN DIESEM KAPITEL

Normal- und Biegespannung

Flächen- und Widerstandsmoment

Statische Baustoffeigenschaften

Kapitel 13

Grundlagen der Festigkeitslehre

In der Festigkeitslehre beschäftigt man sich mit Materialien und der Frage, wie sie sich unter einer Belastung verhalten, mit den Widerständen von Bauteilen und den aus einer Belastung resultierenden Konsequenzen für das Tragwerk: Spannungen, Dehnungen, Verformungen.

Eine Frage des Durchhaltevermögens

Die Wirkweise des Widerstands ist eine geometrische Größe und bei technisch interessierten Menschen »intuitiv angelegt«: Stellen Sie sich vor, Sie müssen einen tiefen Graben überwinden und haben dafür einen Balken mit den Abmessungen 10 cm × 20 cm zur Verfügung. Legen Sie das Kantholz hochkant 10 cm × 20 cm oder liegend 20 cm × 10 cm über den Graben?

»Steht« der Balken, sind die unmittelbar wahrnehmbare Durchbiegung und das Schwingverhalten sehr viel kleiner als beim liegenden Balken. Das lässt die Schlussfolgerung zu, dass die »Höhe« eines Bauteils maßgeblich zum Widerstand desselbigen beiträgt.

Kenntnisse der Festigkeitslehre sind entscheidend für den Tragwerksentwurf und somit stehen insbesondere Architekten in der Verantwortung. Denn wichtiger als die Wahl des Werkstoffs ist die Geometrie, also die Querschnittsabmessung des Bauteils, denn es gilt: *»Die Form schlägt das Material«*

Was man nicht sehen kann

Wie im vorderen Teil des Buches mehrmals dargelegt wird, ist Statik der Vergleich von tatsächlich vorhandener Spannung (aus der Beanspruchung) und zulässiger Spannung (der Beanspruchbarkeit); ein Teil der ent-zip-ten Gleichung $E_d \leq R_d$ (Einwirkung ≤ Widerstand). Auch beim Betreten des Balkens entstehen Spannungen. Doch wo genau entsteht/wirkt welche Spannung, und wie darf man sich diese Spannung vorstellen?

Spannungen entstehen infolge von Beanspruchungen und werden wie folgt unterschieden:

- ✔ Normalspannung, verursacht durch Normalkräfte (Druck oder Zug)
- ✔ Schubspannung, verursacht durch Querkräfte und
- ✔ Biegespannung, verursacht durch Momente.

Die allgemeine Formel zur Berechnung der Normal- und Biegespannung lautet:

$$\sigma = F/A \pm M/W \qquad (13.1)$$

σ = die sich ergebende respektive tatsächlich vorhandene Spannung

F = die angreifende (Zug- oder Druck-)Normalkraft

A = die (Querschnitts-)Fläche, auf die diese Normalkraft einwirkt

M = das einwirkende (Biege-)Moment aus der Belastung

W = der sich der Einwirkung »entgegenstellende« Widerstand (= Widerstandsmoment)

Tritt nur eine Normalkraft auf, ergibt sich Zug- oder Druckspannung aus dem Term:

$$\sigma_N = F/A \qquad (13.2)$$

Greift keine Normalkraft an, wird nur Biegespannung durch das Biegemoment erzeugt:

$$\sigma_B = M/W \qquad (13.3)$$

Sehr viel geballte Information, Inhalt der zip-Datei, die wir nun einzeln betrachten und erläutern möchten.

Die Normalspannung

Normalspannungen werden durch die Normalkräfte innerhalb des Bauteils erzeugt. In den Kapiteln 10 bis 12 haben Sie Normalkräfte ermittelt.

Man unterscheidet bei Normalkräften zwischen Druck- und Zugkräften. Dem entsprechend werden bei Normalspannungen Druck- und Zugspannungen unterschieden.

$$\sigma_N = \sigma_{D/Z} = F/A \tag{13.2}$$

F = Druck- oder Zugkraft (= Normalkraft)

A = Querschnittsfläche

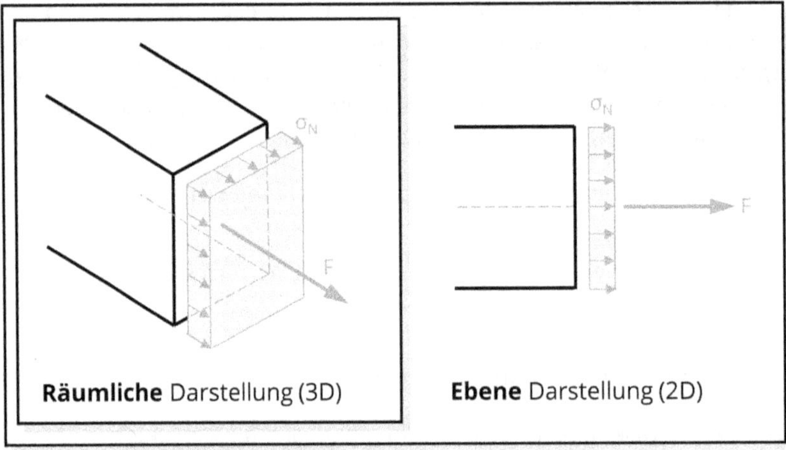

Abbildung 13.1: Normalspannung

Für das Fachwerk aus Kapitel 5, Abbildung 5.20, ergibt sich eine Zugkraft im Untergurt von 90 kN. Welche Zugspannung entsteht im Untergurt, wenn das Fachwerk in Holz ausgebildet wird und der Querschnitt 8 cm x 14 cm beträgt?

$F = 90$ kN

$A = 8 \cdot 14 = 112 \text{ cm}^2$

$\sigma_Z = 90/112 = 0,80 \text{ kN/cm}^2$

Die Biegespannung

Die Biegespannung ist das Resultat der (Biege-)Momente im Bauteil.

Beim Betreten des Balkens über dem Graben erfährt dieser eine Biegebeanspruchung, was zu Spannungen im Holz führt – die Unterseite wird gedehnt, die Oberseite wird zusammengedrückt (= gestaucht); unten herrscht Zug, oben Druck.

Der »Bereich« in dem Zug und Druck wechseln, nennt man Nulllinie: Es steht keine Spannung an!

Steht der Balken, ist die auftretende Durchbiegung und sind auch die anstehenden Spannungen geringer als in der »liegenden« Variante.

$$\sigma_B = M/W \tag{13.3}$$

M = das einwirkende (Biege-)Moment

W = der sich der Einwirkung »entgegenstellende« Widerstand (= Widerstandsmoment)

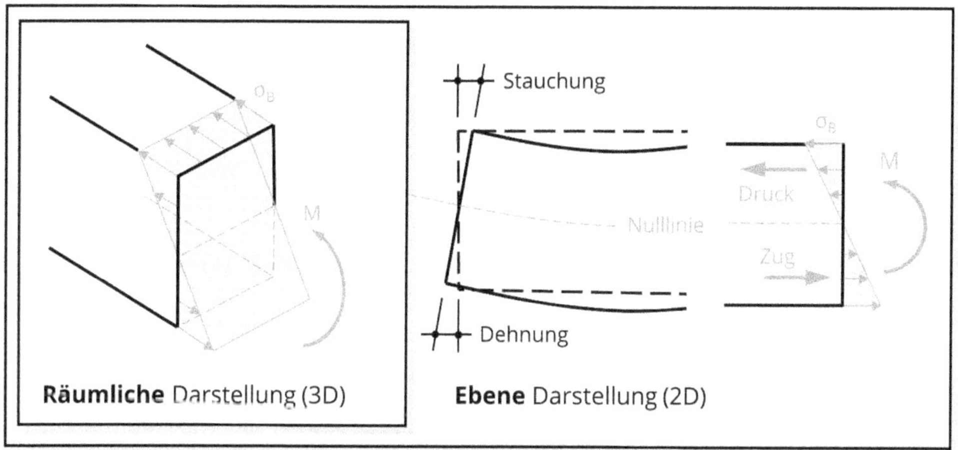

Abbildung 13.2: Biegespannung und Verformung – Dehnung und Stauchung

Für den Einfeldträger aus Kapitel 10, Abbildung 10.10, ist das maximale Bemessungsmoment max. M zu 54,7 kNm berechnet worden.

Es soll ein Stahlträger der Reihe HEB-180 der (Stahl-)Güte S235 eingebaut werden.

Für Profilstahl können alle Kennwerte sehr einfach aus Tafeln in den Regelwerken abgelesen werden! Nehmen Sie also Ihr Tabellenbuch zur Hand und suchen Sie im Kapitel Stahlbau die Profiltafeln für die HEB-Reihe.

Da die Belastung senkrecht, in Richtung der z-Achse erfolgt, ist der maßgebende Widerstand um die y-Achse abzulesen: $W_y = 426\,\text{cm}^3$

Die auftretende Biegespannung ergibt sich damit zu:

$$\sigma_B = \sigma_{Ed} = M/W = 54,7\ \text{kN/m} \cdot 100/426\ \text{cm}^3 = 12,8\ \text{kN/cm}^2$$

Der Faktor 100 ist hier nötig, um die Einheit des Moments von [kNm] in [kNcm] zu überführen und es damit »verrechenbar« mit dem Widerstandsmoment mit der Einheit [cm³] zu machen.

Der Name der Stahlgüte gibt Auskunft über die maximale Festigkeit des Materials und besagt im Falle von Stahl S235, dass die zulässige charakteristische Zugspannung 235 N/mm² beträgt: $f_{yk} = 235\,N/mm^2 = 23{,}5\,kN/cm^2$

Und weil im Stahlbau der statische Nachweis für die Beanspruchung auf Biegung wirklich sehr einfach ist, möchten wir diesen hier auch führen.

Der Teilsicherheitsbeiwert für die Beanspruchung von Querschnitten im Stahlbau beträgt $\gamma_M = 1{,}0$. Damit kann die zulässige Biegespannung (= Bemessungswert) ermittelt werden – siehe auch Kapitel 2, Formel (2.2):

$$f_{yd} = \sigma_{Rd} = 23,5/1,0 = 23,5\ \mathrm{kN/cm^2}$$

Und ehe man sich versieht, ist tatsächlich ein statischer Nachweis geführt:

$$\sigma_{Ed} = 12,8\ \mathrm{kN/cm^2} < \sigma_{Rd} = 23,5\ \mathrm{kN/cm^2} \Rightarrow \text{Nachweis erfüllt}$$

Überlagerung von Normal- und Biegespannung

Treten Normal- und Biegespannung gleichzeitig auf, überlagern sich die Spannungen:

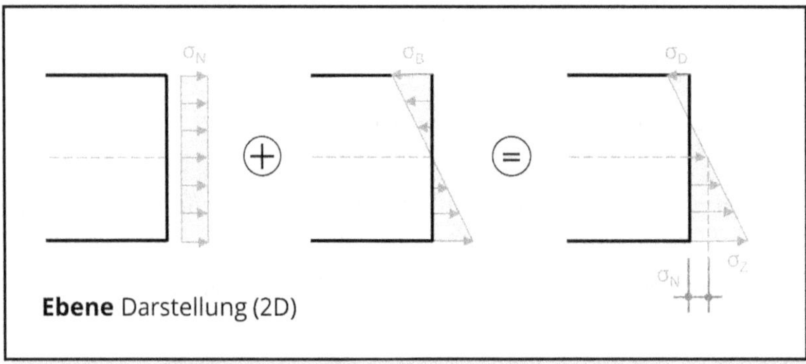

Abbildung 13.3: Normal- und Biegespannung überlagert

Das Ergebnis der Überlagerung von Normal- und Biegespannung ist eine (reduzierte) Druckspannung am oberen Querschnittsrand und eine (erhöhte) Zugspannung am unteren Rand, die mit der bekannten Formel (13.1) berechnet werden.

$$\sigma = F/A \pm M/W \tag{13.1}$$

Bei einer Überlagerung aus Normal- und Biegespannung verschiebt sich die Spannungs-Nulllinie und an der »ursprünglichen« Nulllinie, der Schwerachse – dazu unten mehr – ist nur die Normalspannung σ_N abzulesen.

Bis auf das Widerstandsmoment sind Ihnen die beteiligten Größen in Gleichung (13.1) bereits bekannt, und Sie haben in den vorangegangenen Kapiteln gelernt, sie zu berechnen. Bleibt also, das Widerstandsmoment genauer unter die Lupe zu nehmen.

Das Zentrum des Wirkens

Der Widerstand und damit das Widerstandsmoment bezieht sich stets auf den Schwerpunkt respektive die Schwerachse des Bauteil-Querschnitts und ergibt sich aus seiner Geometrie:

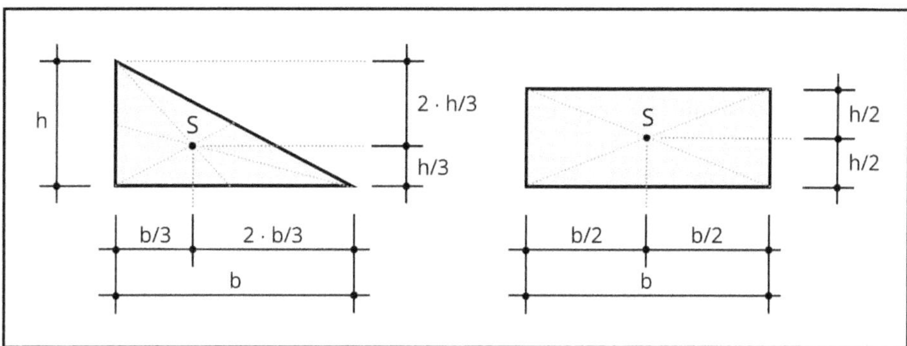

Abbildung 13.4: Lage des Schwerpunkts

Zusammengesetzte Flächen werden in Dreiecke oder Rechtecke zerlegt und anschließend einzeln betrachtet:

Abbildung 13.5: Zerlegung in Dreiecke und Rechtecke

Die Schwerachse (= Nulllinie) von Querschnitten liegt auf Höhe des Schwerpunkts. Für einen einfachen Rechteckquerschnitt sind die Hauptachsen damit auch die Schwerachsen:

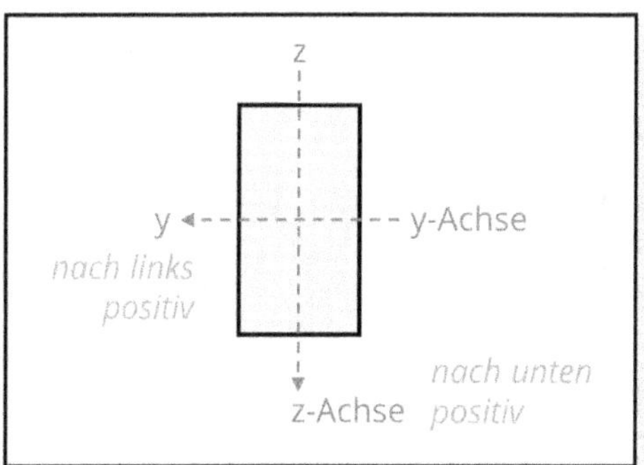

Abbildung 13.6: Hauptachsen = Schwerachsen

Das Widerstandsmoment am Rechteckquerschnitt

Der hochkant liegende Balken über dem Graben biegt sich weniger stark durch als der flach liegende Balken. Höhe und Breite des Querschnitts werden immer relativ zur angreifenden Belastung benannt; »wechseln« also, wenn die Belastung aus einer anderen Richtung auftrifft, wie beim Balken über den Graben: Was vormals die Höhe war, wird dann die Breite und umgekehrt. Da das mitunter sehr verwirrend sein kann …

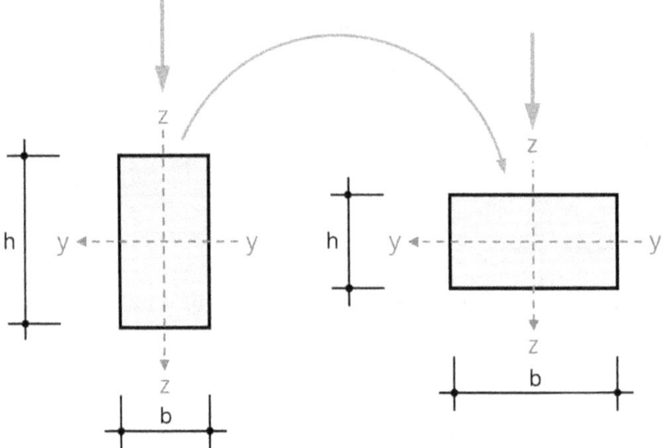

Abbildung 13.7: Verwirrende wechselnde Bezeichnungen von Höhe und Breite

… belässt man für die Berechnung des Widerstandsmoments den Balken in lotrechtem Zustand und wechselt stattdessen die Richtung der Belastung:

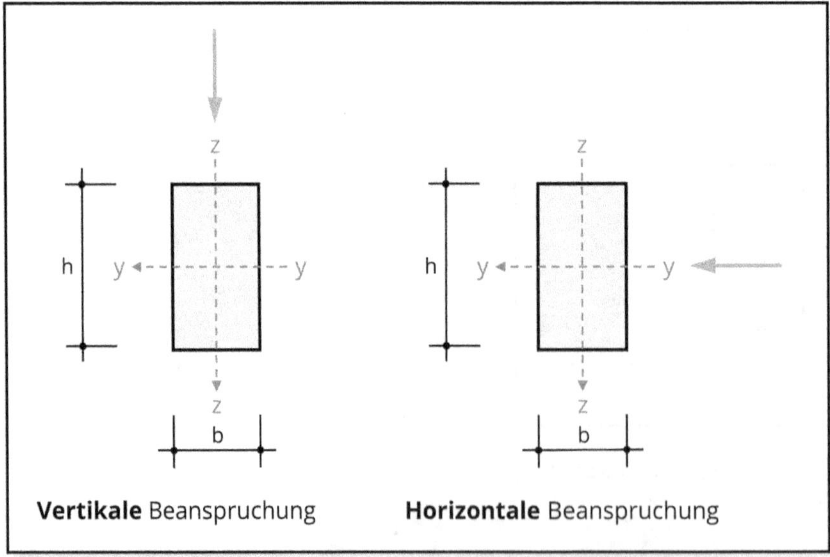

Abbildung 13.8: Normierte Darstellung

Für die lotrechte Belastung ergibt sich die Biegebeanspruchung um die y-Achse. Der sich dieser Beanspruchung entgegenstellende Widerstand muss demnach auch um die y-Achse wirken; sie wird folglich mit W_y bezeichnet:

$$W_y = \frac{b \cdot h^2}{6} \tag{13.4}$$

Bei horizontaler Beanspruchung biegt sich der Balken um die z-Achse und das maßgebende Widerstandsmoment ist W_z. Für das Beispiel unseres Balkens gilt im liegenden Zustand ebenfalls das Widerstandsmoment W_z:

$$W_z = \frac{h \cdot b^2}{6} \tag{13.5}$$

Wendet man die Formeln (13.4) und (13.5) auf die tatsächlichen Abmessungen des Balkens über dem Graben an und setzt die Querschnittsbreite 10 cm und Querschnittshöhe 20 cm ein, dann ergibt sich »stehend« ein Widerstandsmoment von

$$W_y = \frac{10 \cdot 20^2}{6} = 667\ cm^3$$

und »liegend«

$$W_z = \frac{20 \cdot 10^2}{6} = 333\ cm^3$$

Das ist also der rechnerische Nachweis für das Offensichtliche: Der Balken verhält sich liegend nur halb so »fest« wie stehend.

Wichtig: Die Einheit [cm^3] darf dabei nicht als Volumeneinheit Kubikmeter benannt werden, sondern »Zentimeter hoch drei«.

Wichtig: Achten Sie immer auf die Einheiten! Das gilt für jede Dimension – egal, ob es sich um die Umrechnung von Metern in Zentimeter und umgekehrt handelt oder Quadrat- und Kubikmeter in Quadrat- und Kubikzentimeter umgerechnet werden müssen.

Das Widerstandsmoment am zusammengesetzten Querschnitt

Wie berechnet sich das Widerstandsmoment, wenn ein Bauteil aus mehreren Querschnittsformen zusammengesetzt ist?

Um das Widerstandsmoment für eine aus mehreren Teilflächen zusammengesetzten Querschnitt berechnen zu können, müssen wir den Umweg über das Flächenträgheitsmoment gehen.

Und noch einmal ... der Schwerpunkt

In der Festigkeitslehre ist der Schwerpunkt im wahrsten Sinne des Wortes »Dreh- und Angelpunkt« des Widerstands. In Abbildung 13.7 und 13.8 ist die Last »selbstverständlich« auf

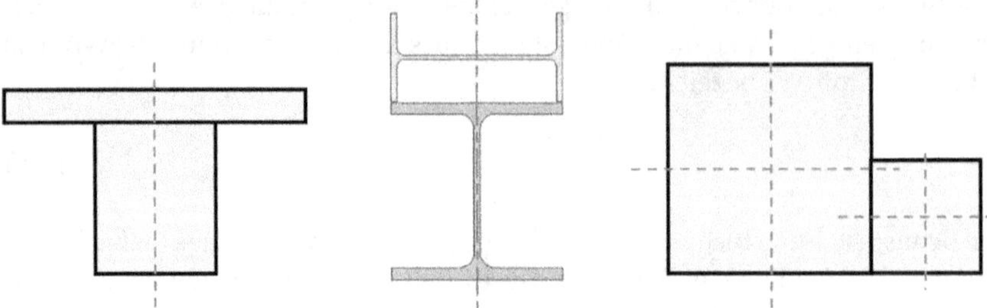

Abbildung 13.9: Beliebig zusammengesetzte Querschnitte

der (Schwer-)Achse des Querschnitts angetragen. Wäre sie es nicht, was würde passieren? Der Querschnitt verdreht sich und kippt, wenn er wie der Balken frei über dem Graben hängt.

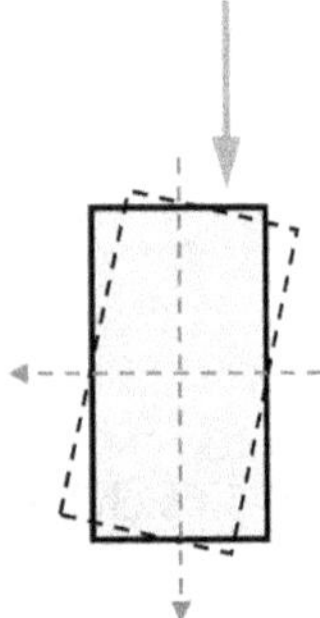

Abbildung 13.10: Sich verdrehender Querschnitt bei außermittiger Belastung

Möchten wir den Widerstand eines zusammengesetzten Querschnitts ermitteln, bedarf es zuallererst der Kenntnis der Lage des Gesamtschwerpunkts. Für zusammengesetzte Querschnitte gleichen Werkstoffs liegt dieser auf der Verbindungslinie zwischen den Einzelschwerpunkten.

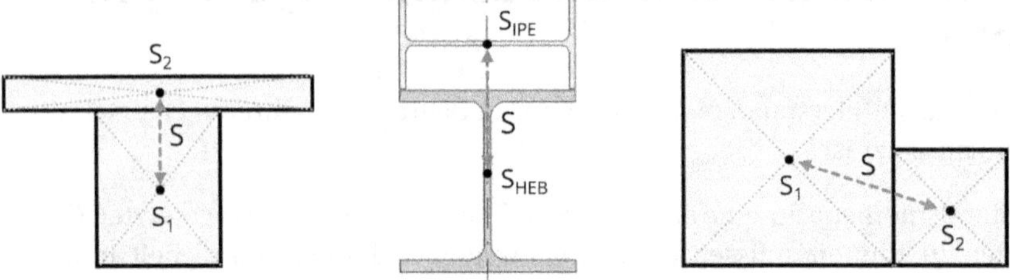

Abbildung 13.11: Schwerpunkt am zusammengesetzten Querschnitt gleichen Werkstoffs

Wo genau, muss über die Verhältnisanteile der Einzel-Flächen berechnet werden.

Ermittlung des Gesamtschwerpunkts

Hierzu werden Hilfsachsen y‘ und z‘ an den Rändern des Querschnitts angetragen und die Koordinaten der Einzelschwerpunkte der Teilflächen relativ zu diesem Hilfsachsen-System bestimmt.

Grundsätzlich können die Hilfsachsen an jeder beliebigen Stelle des Querschnitts angesetzt werden. Für die einfache Berechnung empfiehlt es sich den Ursprung an den linken unteren Rand zu platzieren. Das ist aus der Mathematik vertraut und gewährleistet, dass je Achse in nur eine Richtung gearbeitet wird.

Tritt eine Symmetrieachse auf, ist diese die Hauptschwerachse und es bedarf keiner Hilfsachse mehr.

Sobald Sie den Gesamtschwerpunkt ermittelt haben, sollten Sie für die weiteren Berechnungen die positiven Richtungen der y-Achse und der z-Achse gemäß Abbildung 2.3 mit einem Pfeil kennzeichnen. Diese wirken den Hilfsachsen entgegengesetzt und sind beispielhaft in Abbildung 13.13 dargestellt.

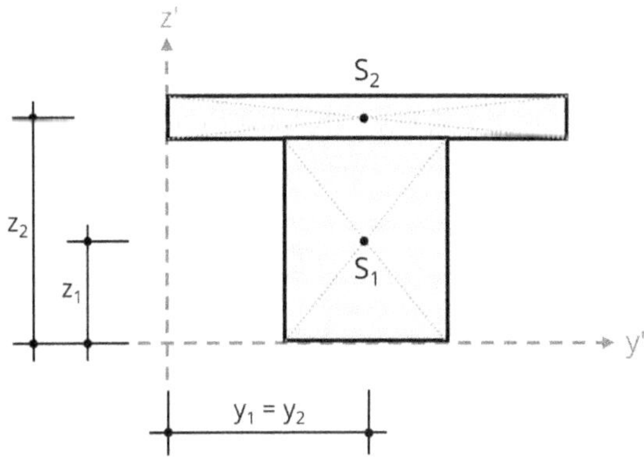

Abbildung 13.12: Hilfsachsen an den Querschnittsrändern

Zusammen mit den Einzel- beziehungsweise Teilflächen A_i ergeben sich die Gewichtungen am Gesamtquerschnitt und damit die Lage des Gesamtschwerpunkts.

Die Koordinaten des Gesamtschwerpunkts berechnen sich nach folgenden Gleichungen:

$$y_S = \frac{\sum Ai \cdot yi}{Ages} \tag{13.6}$$

$$z_S = \frac{\sum Ai \cdot zi}{Ages} \tag{13.7}$$

Der Schwerpunkt wird für gewöhnlich als Punkt im Koordinatensystem, in der Schreibeweise der Mathematik, angegeben …

$S\,(y_s/z_s)$

... und in die Querschnittsskizze eingetragen. Durch ihn verlaufen die Hauptschwerachsen des zusammengesetzten Querschnitts.

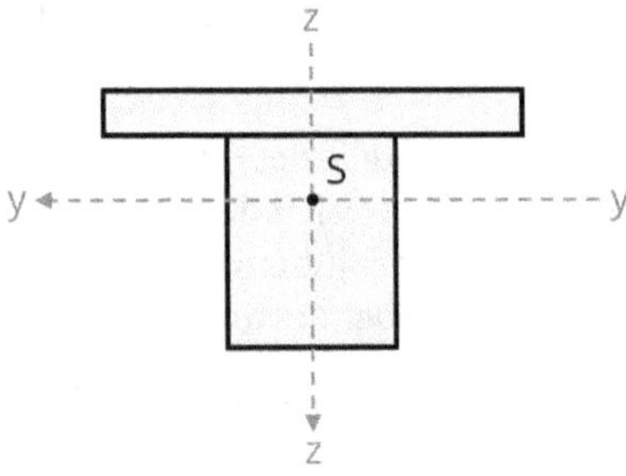

Abbildung 13.13: (Gesamt-)Schwerpunkt mit Hauptachsen

Das Flächen(trägheits)moment I

Für zusammengesetzte Querschnitte wird das Widerstandsmoment über das Flächenträgheitsmoment I und den Abstand e vom Schwerpunkt zum Querschnittsrand berechnet:

$$W = \frac{I}{e} \tag{13.8}$$

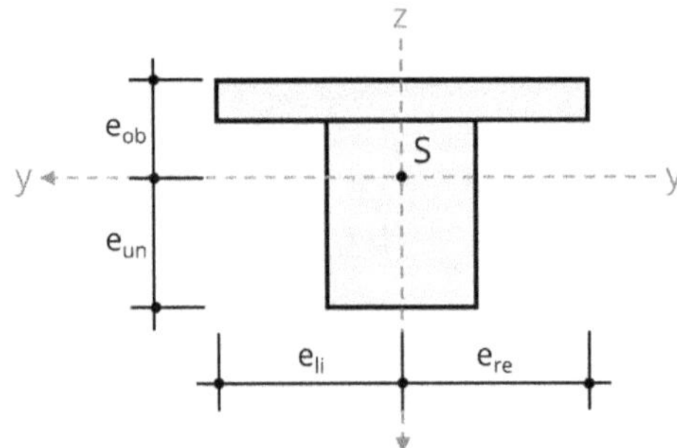

Abbildung 13.14: Abstände e zu den Querschnittsrändern

Das Flächen(trägheits)moment I für einfache Rechteckquerschnitte

Stellt man Formel (13.8) nach der gesuchten Größe I um, ergibt sich für einen einfachen Rechteckquerschnitt – wie in Abbildung 13.6 – mit den Abmessungen b x h und somit dem Schwerpunkt »in der Mitte«

$$\mathrm{I} = \mathrm{W} \cdot \mathrm{e} = \frac{b \cdot h^2}{6} \cdot \frac{h}{2} = \frac{b \cdot h^3}{12}$$

bezogen auf die jeweiligen Achsen:

$$I_y = \frac{b \cdot h^3}{12} \tag{13.9}$$

$$I_z = \frac{h \cdot b^3}{12} \tag{13.10}$$

Das Flächen(trägheits)moment I für zusammengesetzte Querschnitte

Bei zusammengesetzten Querschnitten ist die »unsymmetrische« Anordnung der Teilflächen um den Gesamtschwerpunkt zu berücksichtigen, denn es gilt: Je weiter die Schwerpunkte der Teilflächen vom Gesamtschwerpunkt entfernt sind, desto größer ist der Widerstandsanteil der Teilfläche am Gesamtwiderstand. In der Fachliteratur wird dieser Widerstandsanteil »Steinerscher Anteil« genannt.

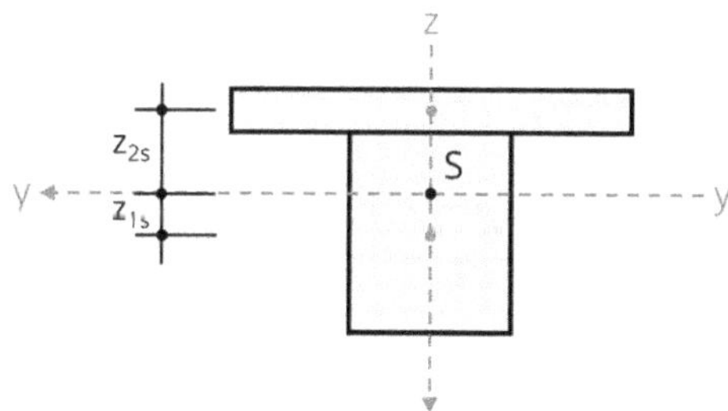

Abbildung 13.15: Abstand der Schwerpunkte der Teilflächen zum Gesamtschwerpunkt

Das Trägheitsmoment für einen zusammengesetzten Träger berechnet sich aus den Trägheitsmomenten der Teilflächen zuzüglich des Steinerschen Anteils der Teilfläche:

$$I_y = \Sigma(I_{yi} + A_i \cdot z_{is}^2) \tag{13.11}$$

$$I_z = \Sigma(I_{zi} + A_i \cdot y_{is}^2) \tag{13.12}$$

I_{yi} = Flächenträgheitsmomente der Teilflächen um die y-Achse

I_{zi} = Flächenträgheitsmomente der Teilflächen um die z-Achse

A_i = Teilfläche

$A_i \cdot z_{is}^2$ bzw. $A_i \cdot y_{is}^2$ = Steinersche Anteile

z_{is} = Abstand vom Gesamtschwerpunkt zum Teilflächen-Schwerpunkt in z-Richtung ↕

y_{is} = Abstand vom Gesamtschwerpunkt zum Teilflächen-Schwerpunkt in y-Richtung ↔

Für die Bestimmung des **Trägheitsmoments um die y-Achse** ↕ ist der **Abstand** $\mathbf{z_{is}}$ ↕ des Teilflächenschwerpunkts zum Gesamtschwerpunkt in z-Richtung nötig!

Für die Bestimmung des **Trägheitsmoments um die z-Achse** ↔ ist der **Abstand** $\mathbf{y_{is}}$ ↔ des Teilflächenschwerpunkts zum Gesamtschwerpunkt in y-Richtung nötig!

Auf zu Kapitel 14, in dem die Berechnung des Widerstands an konkreten Querschnitten entfaltet wird.

IN DIESEM KAPITEL

Widerstandsmomente für zusammengesetzte Rechteckquerschnitte

Widerstandsmomente für Stahlprofile

Kapitel 14
Widerstandsmomente berechnen

Im Folgenden werden die Beispiele aus Kapitel 13 mit Abmessungen versehen, um Ihnen die Gelegenheit zu bieten, die Bestimmung des Widerstandsmoments zu trainieren.

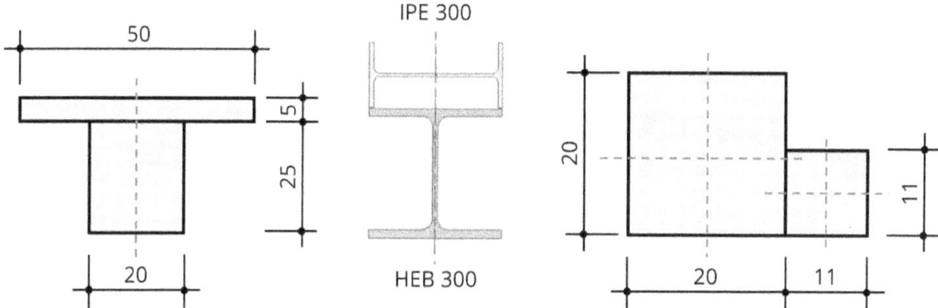

Abbildung 14.1: Bemaßte Querschnitte

Um Ihnen ausreichend Gelegenheit zum Üben zu geben, werden in den folgenden Beispielen stets alle Widerstandswerte ermittelt, auch wenn in der Praxis in der Regel nur das maßgebende Widerstandsmoment um die y-Achse für die Nachweise notwendig ist.

Für eine gute Übersicht und die optimale Vorbereitung des Rechengangs empfiehlt es sich, die Querschnittsdaten der Teilflächen in Form einer Tabelle zu sammeln. Das gilt insbesondere, wenn es mehr als nur zwei Querschnittsteilnehmer gibt! Je nach geometrischer Zusammensetzung der Einzelflächen respektive des gesuchten Widerstandswerts wird die Tabelle individuell angepasst.

	A_i [cm²]	y'_i [cm]	z'_i [cm]	I_{yi} [cm⁴]	I_{zi} [cm⁴]
A_1					
A_2					
…					
	$A_{ges} = \ldots cm^2$				

Tabelle 14.1: Vorbereitung der Querschnittsdaten, die minimale Form

Dabei ist

A_i = Flächeninhalt

y'_i = Abstand von der z'-Hilfsachse zum Schwerpunkt in y-Richtung

z'_i = Abstand von der y'-Hilfsachse zum Schwerpunkt in z-Richtung

I_{yi} = Flächenträgheitsmoment um die y-Achse

I_{zi} = Flächenträgheitsmoment um die z-Achse

… jeweils für die Teilflächen zu ermitteln.

Die Tabelle können Sie ergänzen und die gesuchte Widerstandsgröße ganz ohne »Rechenzeile« vollständig in Tabellenform berechnen …

… was eines ausreichend großen Blatt Papiers und guter Übersicht bedarf!

	A_i [cm²]	y'_i [cm]	z'_i [cm]	y_{is} [cm]	$Ai \cdot y_{is}^2$ [cm⁴]	I_{yi} [cm⁴]	z_{is} [cm]	$Ai \cdot z_{is}^2$ [cm⁴]	I_{zi} [cm⁴]
A_1									
A_2									
…									
	$A_{ges} = \ldots cm^2$				Σ	Σ		Σ	Σ

Tabelle 14.2: Vorbereitung der Querschnittsdaten maximal

Widerstandsmoment am zusammengesetzten Rechteckquerschnitt mit Symmetrieachse

Nehmen Sie sich ein Blatt Papier zur Hand und skizzieren Sie den ersten Querschnitt aus Abbildung 14.1 maßstabsgetreu. Erstellen Sie die Tabelle mit den notwendigen und gegebenenfalls bereits von Ihnen gewünschten ergänzenden Querschnittswerten für die y- und z-Achse. Notieren Sie in der ersten Spalte den Flächeninhalt. Auch die Werte der (Einzel-) Flächenträgheitsmomente können Sie schon eintragen, da sie nur von der Breite b und der Höhe h abhängen:

$$I_y = \frac{b \cdot h^3}{12} \qquad \text{(siehe Gleichung 13.9)}$$

$$I_z = \frac{b^3 \cdot h}{12} \qquad \text{(siehe Gleichung 13.10)}$$

Den Gesamtschwerpunkt bestimmen

Legen Sie die Hilfsachsen fest und bestimmen Sie die Koordinaten der Teilflächenschwerpunkte

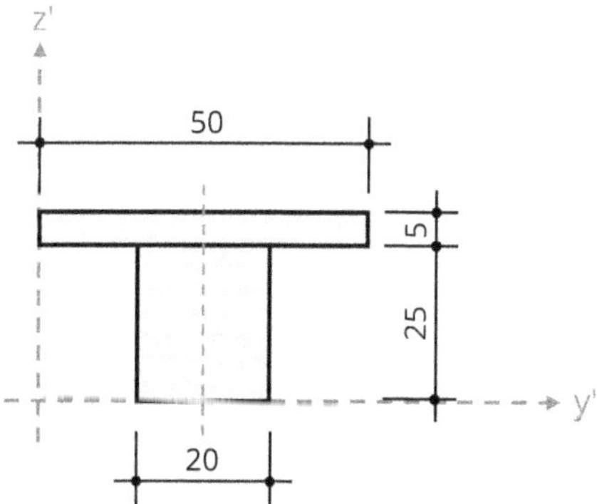

Abbildung 14.2: Vermaßter Rechteckquerschnitt

Für diesen ersten Querschnitt ist die Spalte für die y-Werte der Tabelle 14.1 obsolet, weil aus der Skizze ersichtlich ist, dass der y-Wert des Gesamtschwerpunkts dem der Einzelschwerpunkte entspricht: der Querschnitt hat die Mittelachse als Symmetrieachse.

	A_i [cm²]	y'_i [cm]	z'_i [cm]	I_{yi} [cm⁴]	I_{zi} [cm⁴]
A_1	$20 \cdot 25 = 500$	25	12,5	$\frac{20 \cdot 25^3}{12} = 26.041$	$\frac{20^3 \cdot 25}{12} = 16.666$
A_2	$50 \cdot 5 = 250$	25	27,5	$\frac{50 \cdot 5^3}{12} = 520{,}8$	$\frac{50^3 \cdot 5}{12} = 52.083$
	$A_{ges} = 750\,\text{cm}^2$				

Zur einmaligen Verdeutlichung möchten wir hier den rechnerischen Beweis führen:

$$y_S = \frac{500 \cdot 25 + 250 \cdot 25}{750} = 25\ cm \qquad \text{(siehe Gleichung 13.6)}$$

Die Symmetrieachse ist also bereits die z-Hauptachse. Bleibt die Lage der y-Hauptachse mittels des z_S-Wertes zu bestimmen:

$$z_S = \frac{500 \cdot 12{,}5 + 250 \cdot 27{,}5}{750} = 17{,}5\ cm \qquad \text{(siehe Gleichung 13.7)}$$

Der Gesamtschwerpunkt des zusammengesetzten Querschnitts hat die Koordinaten (25/17,5). Tragen Sie diesen in Ihre Skizze ein und bedenken Sie die Abstände y_{is} und z_{is} der Teilflächenschwerpunkte zum Gesamtschwerpunkt:

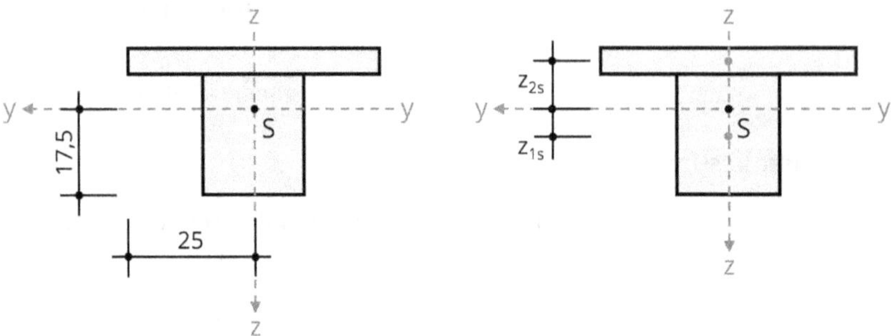

Abbildung 14.3: Schwerpunkt mit Abstände y_{is} und z_{is}

Sie stellen fest: Für y_{is} gibt es keine Werte, weil sowohl der Gesamtschwerpunkt als auch die beiden Teilflächenschwerpunkte auf einer »Linie«, nämlich der z-Achse, liegen.

Die Flächenträgheitsmomente am Gesamt-Querschnitt

Um das Trägheitsmoment um die y-Achse zu berechnen, werden die vorbereiteten Werte aus der Tabelle in Formel (13.10) eingesetzt:

$$I_y = \Sigma(I_{yi} + A_i \cdot z_{is}^{\,2}) \qquad \text{(siehe Gleichung 13.11)}$$

$$I_y = 26.041 + 500 \cdot (17{,}5 - 12{,}5)^2 + 520{,}8 + 250 \cdot (17{,}5 - 27{,}5)^2 = 64.061\ \text{cm}^4$$

Haben Sie die Spalten für die Abstände y_{is} und z_{is} nicht in die Tabelle eingefügt, können Sie diese einfach als Subtraktion von den Werten für den Gesamtschwerpunkt und den Einzelschwerpunkt mitführen.

Sie brauchen sich dabei keine Gedanken um ein mögliches negatives Vorzeichen machen, weil die Quadratur der Klammer dieses »eliminiert«.

Um die Trägheit um die z-Achse zu berechnen, verwenden Sie Formel (13.11):

$$I_z = \Sigma(I_{zi} + A_i \cdot y_{is}^{\,2}) \qquad \text{(siehe Gleichung 13.12)}$$

Da der y_{is} -Wert für beide Teilflächen null ist, wird auch der Term » $A_i \cdot y_{is}^{\,2}$« zu null und somit sind nur die Einzelträgheitsmomente zu addieren:

$$I_z = \Sigma I_{zi}$$

$$I_z = 16.666 + 500 \cdot (25 - 25)^2 + 520{,}8 + 250 \cdot (25 - 25)^2$$

$$I_z = 16.666 + 52.083 = 68.749\ \text{cm}^4$$

Die Widerstandsmomente am Gesamt-Querschnitt

Um den eigentlichen Widerstandswert der zusammengesetzten Fläche berechnen zu können, bedarf es der Abstände vom (Gesamt-) Schwerpunkt zum Querschnittsrand:

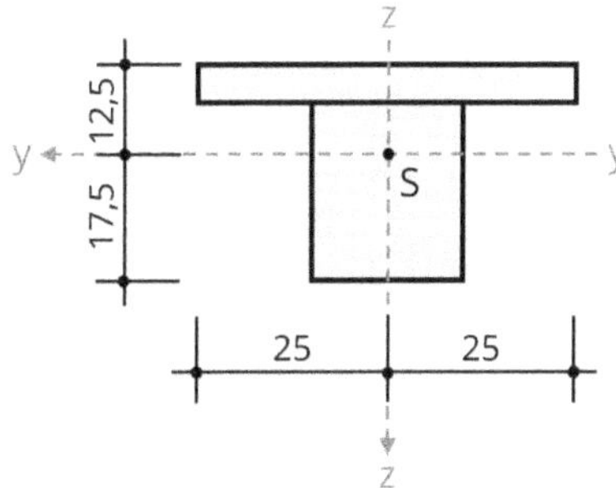

Abbildung 14.4: Abstände e zu den Querschnittsrändern

Durch die Symmetrieachse ergibt sich für den maßgebenden Widerstand um die z-Achse:

$$W_{z,re} = W_{z,li} = \frac{Iz}{25} = \frac{68.749}{25} = 2.750\,cm^3$$

Für die y-Achse wird $W_{y,unten}$ maßgebend:

$$W_{y,unten} = \frac{Iy}{17{,}5} = \frac{64.061}{17{,}5} = 3.660\ cm^3$$

Für $W_{y,oben}$ ist der Abstand zur Randfaser geringer und damit der Widerstand höher:

$$W_{y,oben} = \frac{Iy}{12{,}5} = \frac{64.061}{12{,}5} = 5.125\ cm^3$$

Auf der Widerstandsseite werden die **kleineren Werte maßgebend**, weil sie die »schwächere Stelle« beschreiben, an der das Versagen zuerst auftritt!

Widerstandsmoment am zusammengesetzten Stahlprofil mit Symmetrieachse

Für die Bestimmung des Schwerpunkts der Stahlträger kann man auf die Profiltafeln der genormten Stahlreihen zurückgreifen, die sich in jedem Regelwerk finden. Nehmen Sie Ihr Regelwerk zur Hand und blättern Sie im Kapitel Stahlbau nach den Tafeln der IPE und HEB Profile.

In diesen Profiltafeln finden Sie alle geometrischen und statischen Größen, die für Tragwerksnachweise notwendig sind: Höhe, Breite, Widerstandsmoment, Flächenmoment etc.

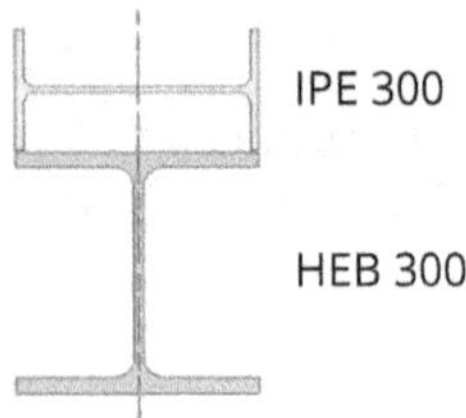

Abbildung 14.5: Zusammengesetzter Stahlträger

Fertigen Sie wieder eine Tabelle an und tragen Sie alle nötigen Werte dort ein.

In unserem Beispiel »liegt« der IPE-Träger anders als in der Skizze zu den Profiltafeln! Die y- und z-Achse rotieren und damit sind die Zahlenwerte von I_y und I_z zu vertauschen!

	A_i [cm²]	z'_i [cm]	I_{yi} [cm⁴]	I_{zi} [cm⁴]
HEB 300	149	15	25.200	8.560
IPE 300	53,8	37,5	604 (!)	8.360 (!)
ΣA_i	202,8			

Tabelle 14.3: Querschnittswerte der Stahlträger

Den Gesamtschwerpunkt bestimmen

Die z-Achse ist wieder klar erkennbar die Symmetrieachse, die y'-Werte sind verzichtbar. Für die Verschiebung der y-Hilfsachse ist der z-Wert des Schwerpunktes nötig:

$$z_S = \frac{149 \cdot 15 + 53{,}8 \cdot 37{,}5}{202{,}8} = 21{,}0\ cm \Rightarrow S\ (0/21{,}0)$$

Tragen Sie den Gesamtschwerpunkt in Ihre Skizze ein, um einen Überblick über die nun benötigten z_{is}-Werte zu bekommen. Die y_{is}-Werte sind wegen der Symmetrie wieder null.

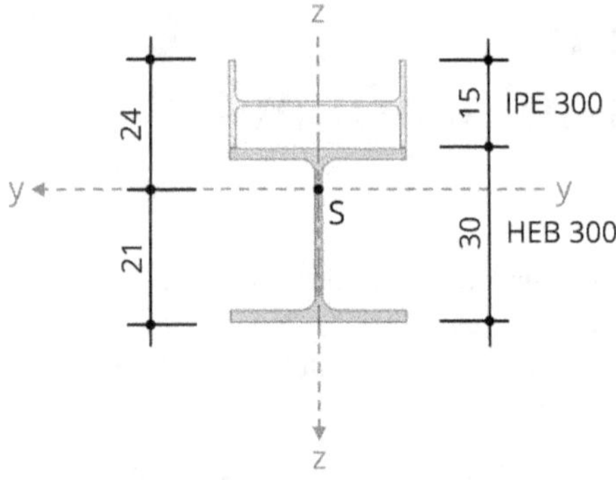

Abbildung 14.6: Schwerpunkt mit Randabständen

Die Flächenträgheitsmomente am Gesamt-Querschnitt

$I_y = \Sigma (I_{yi} + A_i \cdot z_{is}^2)$ (siehe Gleichung 13.11)

$I_y = 25.200 + 149 \cdot (15 - 21)^2 + 604 + 53{,}8 \cdot (37{,}5 - 21)^2 = 233.555 \text{ cm}^4$

$I_z = \Sigma (I_{zi} + A_i \cdot y_{is}^2)$ (siehe Gleichung 13.12)

$I_z = \Sigma I_{zi} \quad \text{da} \uparrow = 0$

$I_z = 8.560 + 8.360 = 16.920 \text{ cm}^4$

Die Widerstandsmomente am Gesamt-Querschnitt

$$W_{z,re} = W_{z,li} = \frac{Iz}{15} = \frac{16.920}{15} = 1.128\ cm^3$$

Für die y-Achse wird diesmal $W_{y,oben}$ maßgebend:

$$W_{y,oben} = \frac{Iy}{24} = \frac{233.555}{24} = 9.731\ cm^3$$

Für $W_{y,unten}$ ist der Abstand zur Randfaser geringer und damit der Widerstand höher:

$$W_{y,unten} = \frac{Iy}{21} = \frac{233.555}{21} = 11.121\ cm^3$$

Widerstandsmoment am beliebig zusammengesetzten Rechteckquerschnitt

Für den dritten Querschnitt werden die Hilfsachsen mit dem Ursprung wieder am linken unteren Querschnittsrand angetragen:

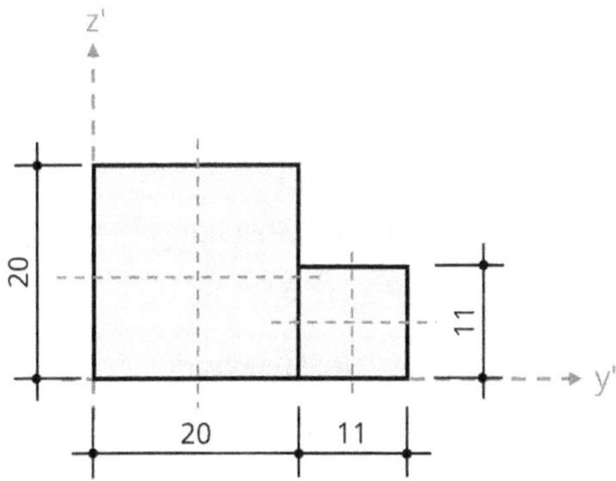

Abbildung 14.7: Hilfsachsen am beliebig zusammengesetzten Rechteckquerschnitt

In diesem Beispiel gibt es keine Symmetrieachse und es gilt sowohl in y- als auch z-Richtung die Gesamtschwerpunktskoordinaten zu berechnen.

	A [cm^2]	y'_i [cm]	z'_i [cm]	I_{yi} [cm^4]	I_{zi} [cm^4]
A_1	$20 \cdot 20 = 400$	10	10	$\frac{20 \cdot 20^3}{12} = 13.333$	$I_{zi} = I_{yi} = 13.333$
A_2	$11 \cdot 11 = 121$	25,5	5,5	$\frac{11 \cdot 11^3}{12} = 1.220$	$I_{zi} = I_{yi} = 1.220$
	$A_{ges} = 521\ cm^2$				

Tabelle 14.4: Einzel-Querschnittswerte

Den Gesamtschwerpunkt bestimmen

$$y_S = \frac{400 \cdot 10 + 121 \cdot 25{,}5}{521} = 13{,}60\ cm \qquad \text{(siehe Gleichung 13.6)}$$

$$z_S = \frac{400 \cdot 10 + 121 \cdot 5{,}5}{521} = 8{,}95\ cm \qquad \text{(siehe Gleichung 13.7)}$$

$\Rightarrow$ S (13,6/8,95)

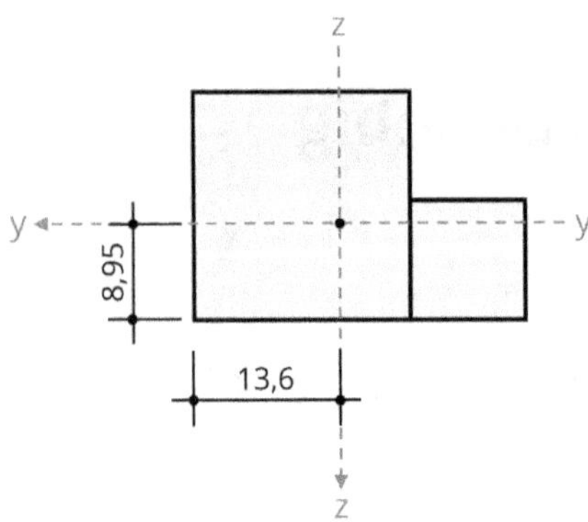

Abbildung 14.8: Gesamtschwerpunkt

Die Flächenträgheitsmomente am Gesamt-Querschnitt

$$I_y = \Sigma\,(I_{yi} + A_i \cdot z_{is}^2) \qquad \text{(siehe Gleichung 13.11)}$$

$$I_y = 13.333 + 400 \cdot (8{,}95 - 10)^2 + 1.220 + 121 \cdot (8{,}95 - 5{,}5)^2 = 16.434\ cm^4$$

$$I_z = \Sigma\,(I_{zi} + A_i \cdot y_{is}^2) \qquad \text{(siehe Gleichung 13.12)}$$

$$I_z = 13.333 + 400 \cdot (13{,}6 - 10)^2 + 1.220 + 121 \cdot (13{,}6 - 25{,}5)^2 = 36.871\ cm^4$$

Die Widerstandsmomente am Gesamt-Querschnitt

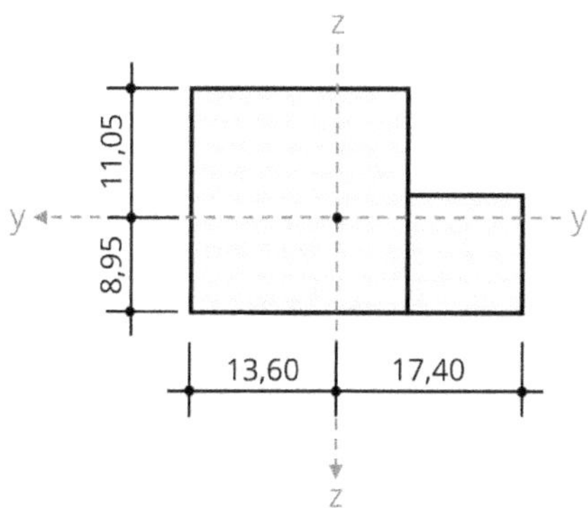

Abbildung 14.9: Abstände e zu den Querschnittsrändern

Maßgebende Widerstände:

$$W_{y,oben} = \frac{Iy}{11{,}05} = \frac{16.434}{11{,}05} = 1.487\ cm^3$$

$$W_{z,re} = \frac{Iz}{17{,}40} = \frac{36.871}{17{,}40} = 2.119\ cm^3$$

IN DIESEM KAPITEL

Die Systematik eines Standsicherheitsnachweises

Schubspannungen für Rechteckquerschnitte

Vereinfachte Ermittlung der Verformung

Kapitel 15
Einführung in die Bemessung

In Kapitel 13 haben Sie schon den ersten »kleinen« (Biege-)Nachweis für einen Stahlträger geführt. Nun werden Sie anhand einer Holzbalkendecke eines Wohnhauses die Systematik eines Standsicherheitsnachweises kennenlernen und verstehen. Dabei werden wir Schritt für Schritt den gängigen Ablauf eines statischen Nachweises aufzeigen und so den Holzbalken für den Grenzzustand der Tragfähigkeit (GZT) und den Grenzzustand der Gebrauchstauglichkeit (GZG) bemessen.

Zur Veranschaulichung wird die Nachweisführung teilweise vereinfacht dargestellt. Ziel ist es zu verstehen, wie ein Standsicherheitsnachweis prinzipiell erfolgt und welche »Logik« dahintersteckt.

Erinnern Sie sich noch an die Punkte und ihre Reihenfolge in der Systematik einer Statik in Kapitel 1? Jetzt wäre der richtige Zeitpunkt dafür:

1. **Statisches System**
2. **Lastannahme**
3. **Schnittgrößen**
4. **Bemessung**
5. **Ausführungszeichnungen**

Für das Beispiel der Holzbalkendecke werden nachfolgend die ersten vier Punkte aufgezeigt. Dabei werden wir auf bisher Erarbeitetes zurückgreifen, hier und da aber auch ein paar neue Tricks einstreuen.

Statisches System

Die geplante Holzbalkendecke ist vom Architekten als Einfeldträger mit einer lichten Weite l_w (= lichtes Rohbaumaß) von 5 m entworfen. Die Decke liegt auf den tragenden Wänden jeweils 20 cm auf. Daraus ergibt sich ein Stützweite l_{eff} von:

$$l_{eff} = l_w + 2 \cdot t/2 \qquad \text{(siehe Gleichung 9.1)}$$

$$l_{eff} = 5{,}0 + 2 \cdot 0{,}2/2 = 5{,}2 \text{ m}$$

Zur Ermittlung der Stützweite l_{eff} finden sie alles Wissenswerte in Kapitel 9 – Grundlagen der Schnittgrößenermittlung.

Nachfolgend ist das statische System dargestellt:

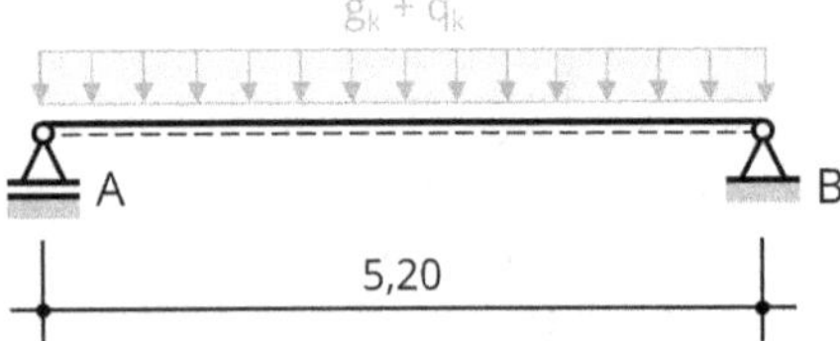

Abbildung 15.1: Statisches System der Holzbalkendecke

Lastannahme

Für die Holzbalkendecke des Wohnhauses sind die ständigen Lasten und die veränderlichen Lasten zu ermitteln. Für die nachfolgenden Berechnungen muss zudem die Bemessungslast berechnet werden.

Ständige Einwirkung

Das Eigengewicht der Holzbalkendecke wird bereits in Kapitel 8 bestimmt, siehe Abbildung 8.2. Hier ergibt sich eine ständige Last von $g_k = 0{,}84 \text{ kN/m}^2$.

Veränderliche Einwirkung

Wenn Sie aufmerksam gelesen haben, wissen Sie, dass es sich um ein Wohngebäude handelt. In Kapitel 7 erfahren Sie, wie Sie ganz einfach Nutzlasten ohne weitere Berechnung ermitteln können. Dazu einfach einen Blick in die Tabelle 7.1 – Nutzlasten für Decken, Treppen und Balkone werfen und den richtigen Wert ablesen: $q_k = 2{,}0 \text{ kN/m}^2$ (Kategorie A3).

Bemessungswert der Einwirkung

Zur Ermittlung der Bemessungswerte müssen wir die charakteristischen Werte mit einem (Teil-)Sicherheitsbeiwert beaufschlagen, exakt wie in Kapitel 6 gezeigt:

$$r_d = 1{,}35 \cdot g_k + 1{,}50 \cdot q_k$$

$$r_d = 1{,}35 \cdot 0{,}84 + 1{,}50 \cdot 2{,}0 = 4{,}13\ \mathrm{kN/m^2}$$

Bemessungslast pro Deckenbalken

Nun müssen wir den Bemessungswert der Einwirkung für einen einzelnen Deckenbalken ermitteln. Hierfür ist der Achsabstand (= Lasteinzugsbreite) notwendig. In Abbildung 15.2 kann der Achsabstand abgelesen werden:

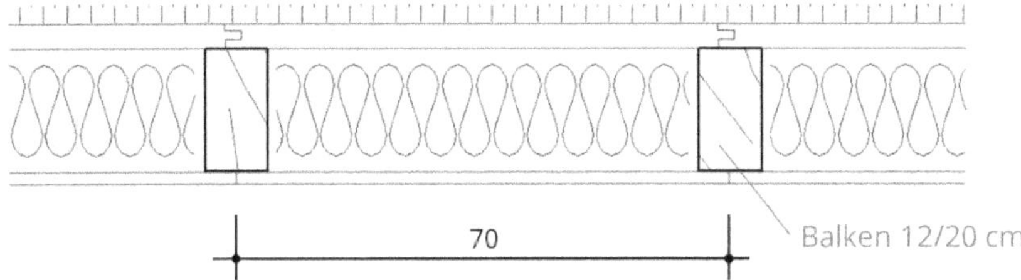

Abbildung 15.2: Querschnitt der Holzbalkendecke

Die Belastung eines einzelnen Deckenbalkens entspricht somit:

$$r_{d,\mathrm{Balken}} = 4{,}13 \cdot 0{,}7 = 2{,}89\ \mathrm{kN/m}$$

Wie war das noch einmal mit der Lasteinzugsbreite? Schauen Sie sich einfach noch einmal Abbildung 8.7 genau an, wenn Sie sich diese Frage stellen.

Schnittgrößen

Jetzt ist es wirklich ganz einfach, da es sich bei unserem System um einen einfachen Einfeldträger handelt, das einfachste statische System. In Kapitel 9 zeigt sich: Aufgrund der Symmetrie des Trägers und der Belastung muss jedes Auflager die Hälfte der Last tragen. Daraus folgt also:

$$A_V = B_V = 1/2 \cdot 2{,}89 \cdot 5{,}2 = 7{,}51\ \mathrm{kN}$$

Für die Querkraft ergibt sich somit:

$$V_A = A_V = 7{,}51\ \mathrm{kN}$$

$$V_B = -B_V = -7{,}51\ \mathrm{kN}$$

Zur Berechnung des maximalen Moments wird einfach die »Faulenzer-Formel« angewendet:

$$\text{max. } M = q \cdot l^2/8$$

$$\text{max. } M = 2{,}89 \cdot (5{,}2)^2/8 = 9{,}77 \text{ kNm}$$

Die Stelle des maximalen Moments ist hierbei nach Gleichung (9.8):

$$x_0 = V/r = 7{,}51/2{,}89 = 2{,}6 \text{ m}$$

In Ihrem Regelwerk finden Sie zu den gängigsten Systemen Tabellen mit fertigen Formeln zur Berechnung der Auflagerreaktionen, Momente und Verformungen. So auch für den Einfeldträger mit Gleichstreckenlast. Versuchen Sie, für die bisher erlernten Systeme diese Tabellen in Ihrem Regelwerk zu finden und auf die Beispiele zu übertragen. Sie werden merken, dass die Anwendung der Tabellen überhaupt nicht schwer ist und Ihnen viel Zeit in den Prüfungen ersparen kann.

Nachfolgen sind die Graphen der Querkraft und Momente dargestellt:

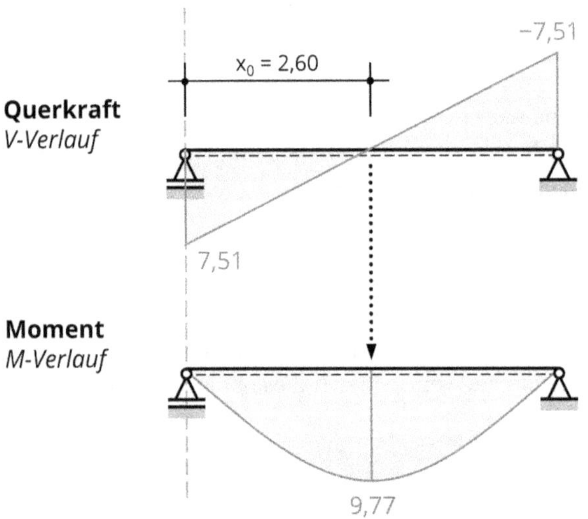

Abbildung 15.3: Querkraft- und Momentenverlauf

Bemessung

Jetzt wird es endlich spannend. Für den Deckenbalken ist nun zu prüfen, ob die Tragfähigkeit gegeben ist und die Decke somit »standhält«. Dazu müssen die Querschnittswerte ermittelt und die maßgebenden Spannungen berechnet werden, bevor diese mit den zulässigen Festigkeiten des Materials verglichen werden können.

Querschnittswerte

Wie sich in den vorherigen Kapiteln gezeigt hat, sind zur Ermittlung der Spannungen die Querschnittswerte des Balkens erforderlich. Gemäß Abbildung 15.2 ist ein Rechteckquerschnitt mit den Abmessungen 12/20 cm vorhanden. Wendet man nun die Formel (13.4) auf die Abmessungen des Balkens an und setzt für die Querschnittsbreite 12 cm und für die Querschnittshöhe 20 cm ein, dann ergibt sich ein Widerstandsmoment von:

$$W_y = \frac{12 \cdot 20^2}{6} = 800\ cm^3$$

Für den Flächeninhalt ergibt sich demnach:

$$A = 12 \cdot 20 = 240\ \mathrm{cm}^2$$

Für den Nachweis der Verformung wird ebenfalls das Flächenträgheitsmoment benötigt. Hierzu werden die Werte einfach in Gleichung (13.9) eingesetzt:

$$I_y = \frac{12 \cdot 20^3}{12} = 8.000\ \mathrm{cm}^4$$

Statische Baustoffeigenschaften

Für die Holzbalkendecke wird Holz der Güte C24 verwendet. Ihrem Regelwerk können nun die maßgebenden Bemessungswiderstände entnommen werden. Für die maximale Biegefestigkeit des Holzes ergibt sich ein (Design-)Wert von:

$$f_{m,d} = \sigma_{Rd} = 14{,}8\ \mathrm{N/mm}^2 = 1{,}48\ \mathrm{kN/cm}^2$$

Für die Querkraft (= Schub) ist folgender Bemessungswiderstand anzusetzen:

$$f_{v,d} = \tau_{Rd} = 2{,}5\ \mathrm{N/mm}^2 = 0{,}25\ \mathrm{kN/cm}^2$$

Zur Ermittlung der Bemessungswiderstände sind umfängliche Kenntnisse der jeweiligen Eurocodes zwingend erforderlich, hier beispielsweise zum EC 5. Entsprechende Informationen finden Sie zwar in Ihrem Regelwerk, sie gehen aber zum derzeitigen Zeitpunkt zu weit. An dieser Stelle geht es darum zu verstehen, dass es so etwas wie einen Widerstand des Materials gibt und dass dieser nicht überschritten werden darf.

Für den Elastizitätsmodul des Holzes kann dem Regelwerk folgender Wert entnommen werden:

$$E_{0,mean} = 11.000\ \mathrm{N/mm}^2$$

Der Elastizitätsmodul beschreibt die Verformbarkeit eines Materials und wird zur Ermittlung der Durchbiegung benötigt. Der Elastizitätsmodul wird auch als E-Modul bezeichnet.

Nachweis auf Biegung (GZT)

In Kapitel 13 erfahren Sie, wie die maximale Biegespannung für ein Bauteil zu berechnen ist. Setzen Sie die Werte einfach in Gleichung (13.3) ein:

$$\sigma_{B,Ed} = M/W = 9{,}77\ kN/m \cdot 100\ cm/m/800\ cm^3 = 1{,}22\ kN/cm^2$$

Die Erfahrung zeigt, dass häufig die Umrechnung der Einheiten vergessen wird. Denken Sie daher immer an die Umrechnung zwischen Metern und Zentimetern, also an den Faktor 100 cm/m, siehe Kapitel 13 – Grundlagen der Festigkeitslehre.

Nun können Sie den Nachweis führen, indem dem Wert die zulässige (Design-)Festigkeit, also der Bemessungswiderstand, gegenübergestellt wird:

$$\sigma_{B,Ed} = 1{,}22\ kN/cm^2 < \sigma_{Rd} = 1{,}48\ kN/cm^2 \Rightarrow \text{Nachweis erfüllt}$$

In der Praxis hat es sich bewährt, eine Ausnutzung auszurechnen, also die Einwirkung durch den Widerstand zu teilen. Die Ausnutzung η darf hierbei 1,0 (= 100% ausgenutzt) nicht überschreiten. Das Nachweisformat lautet wie folgt:

$$\eta = \sigma_{B,Ed}/\sigma_{Rd} = 1{,}22/1{,}48 = 0{,}84 < 1{,}0 \Rightarrow \text{Nachweis erfüllt}$$

Der Querschnitt ist also zu 84% (auf Biegung) ausgenutzt.

In der Baupraxis wird in der Regel eine Ausnutzung von 100% angestrebt. Dadurch sollen Kosten, aber auch Material eingespart werden.

Nachweis auf Schub (GZT)

Bisher haben Sie ausschließlich die Normal- und die Biegespannungbetrachtet, welche sich aus der Normalkraft beziehungsweise den Biegemomenten berechnen lässt. Sicher haben Sie sich folgendes gefragt: Was ist eigentlich mit der Querkraft? Hier kommt jetzt die Schubspannung ins Spiel.

In der Regel ist das Biegemoment querschnittsbestimmend, also die maßgebende Größe bei der Dimensionierung eines Bauteils. Jedoch muss auch immer geprüft und nachgewiesen werden, dass die Schubspannungen ebenfalls die zulässige Festigkeit nicht überschreiten.

Die allgemeine Berechnung der Schubspannung übersteigt den Rahmen dieses Buches, daher wird an dieser Stelle der Standardfall des Holzbaus betrachtet: der Rechteckquerschnitt. Sie können die maximale Schubspannung nun mit folgender Gleichung berechnen:

$$\tau = 1{,}5 \cdot V/A$$

V = maximale Querkraft

A = Querschnittsfläche

Auf das Beispiel angewandt:

$$\tau_{Ed} = 1,5 \cdot V_A/A = 1,5 \cdot 7,51/240 = 0,05 \text{ kN/cm}^2$$

Die nach der allgemeinen Mechanik ermittelte Schubspannung ist für den Nachweis nicht ganz korrekt. Wie eingangs erwähnt, gibt es viele »spezielle« Anforderungen, die in den jeweiligen Eurocodes geregelt sind. So auch hier.

Der EC 5 gibt vor, dass für die Schubspannung bei der Materialgüte C24 nur 50% der Querschnittsfläche angesetzt werden darf, um Risse und Äste zu berücksichtigen. Daher ergibt sich die korrekte Schubspannung nach EC 5 mit:

$$\tau_{Ed} = 1,5 \cdot 7,51/(0,5 \cdot 240) = 0,09 \text{ kN/cm}^2$$

Es folgt nun der Vergleich mit der zulässigen Festigkeit:

$$\tau_{Ed} = 0,09 \text{ kN/cm}^2 < \tau_{Rd} = 0,25 \text{ kN/cm}^2 \Rightarrow \text{Nachweis erfüllt}$$

Oder als Ausnutzung ausgedrückt:

$$\eta = \tau_{Ed}/\tau_{Rd} = 0,09/0,25 = 0,36 < 1,0 \Rightarrow \text{Nachweis erfüllt}$$

Sie sehen, der Querschnitt ist auf Schub nur zu 36% ausgenutzt, der Wert ist deutlich geringer als zuvor beim Nachweis der Biegespannung.

Nachweis der Verformung (GZG)

Zu guter Letzt werden Sie erfahren, wie die Durchbiegung im Grenzzustand der Gebrauchstauglichkeit nachgewiesen werden kann.

Beim Nachweis im Grenzzustand der Gebrauchstauglichkeit (GZG) geht es nicht um den »Bruch«, als dem Versagen eines Bauteils beziehungsweise Tragwerks. Hier wird jedoch sichergestellt, dass das Bauteil für den späteren Gebrauch geeignet ist.

Tatsächlich ist die Berechnung von Verformungen eine komplexe Angelegenheit. Daher ist es empfehlenswert, auf fertige Formeln in Ihrem Regelwerk zurück zu greifen. Versuchen Sie herauszufinden, wo Sie in Ihrem Regelwerk diese Tabellen finden. Für den Einfeldträger mit Gleichstreckenlast berechnet sich die Durchbiegung w mit folgender Gleichung:

$$w = q \cdot l^4 \cdot 5/(384 \cdot E \cdot I)$$

Eingesetzt ergibt sich somit eine vorhandene Durchbiegung w von:

$$w = (0,84 + 2,0) \cdot 5,2^4 \cdot 5/(384 \cdot 0,11 \cdot 8.000) = 0,036 \text{ m}$$

Bitte unbedingt daran denken, im Grenzzustand der Tragfähigkeit mit den charakteristischen Werten zu rechnen. Schauen Sie am besten noch einmal in das Kapitel 2 – Grundbegriffe und Sicherheitskonzept.

Zur Umrechnung der Einheiten einfach beim E-Modul das Komma um 5 Stellen verschieben. Die restlichen Werte können dann in den gewohnten Einheiten weiterverwendet werden.

Sicher stellen Sie sich nun folgende Fragen: Mit welchem Grenzwert muss der Nachweis geführt werden? Was ist die maximal zulässige Verformung?

In der Tat ist diese Frage nicht ganz leicht zu beantworten. Die Normen geben keine fixen Grenzwerte an, die eingehalten werden müssen. Vielmehr sind die Grenzwerte mit dem Bauherrn abzustimmen und vertraglich festzuhalten. In der Praxis greift man hier aber in der Regel auf Erfahrungswerte zurück, welche in den meisten Regelwerken, aber auch in diversen Veröffentlichungen festgehalten sind und bezieht sich meist auf die Länge des Systems.

Für das Beispiel gilt folgende Durchbiegungsgrenze (= zulässige Durchbiegung):

$$w_{zul} = L/300 = 5{,}2/300 = 0{,}017 \text{ m}$$

Daraus folgt nun der Nachweis:

$$w = 0{,}036 \text{ m} > w_{zul} = 0{,}017 \text{ m} \Rightarrow \text{Nachweis nicht erfüllt}$$

Wie Sie sehen, ist der Nachweis nicht erfüllt. Zwar besteht keine Gefahr, dass der Holzbalken zusammenbricht, da die Nachweise im GZT eingehalten sind, dennoch ist fraglich, ob der Holzbalken mit den derzeitigen Abmessungen für die geplante Nutzung aufgrund der hohen Durchbiegung geeignet ist.

Für den Holzbalken sind nach EC 5 noch weitere Verformungsnachweise unter Berücksichtigung der Langzeitverformung (= Kriechen) zu führen. Diese werden zugunsten der Verständlichkeit nicht weiter aufgeführt.

Was ist nun zu tun?

Damit der Nachweis gelingt, muss der Querschnitt des Balkens angepasst (= vergrößert) werden. Wenn Sie die Formel zur Berechnung der Durchbiegung genauer betrachten, erkennen Sie, dass zwischen der Verformung w und dem Flächenträgheitsmoment I_y ein linearer Zusammenhang besteht: Ist I_y doppelt so groß, dann halbiert sich die Verformung. Mit dieser Erkenntnis kann ein neues, erforderliches Flächenträgheitsmoment, genannt erf. I_y, berechnet werden, indem das bisherige $I_{y,alt}$ mit dem w/w_{zul} multipliziert wird:

$$\text{erf. Iy} = I_{y,alt} \cdot w/w_{zul} = 8.000 \cdot 0{,}036/0{,}017 = 17.000 \text{ cm}^4$$

Mit der Gleichung (13.9) kann nun die neue Querschnittsgeometrie festgelegt werden. Hierzu muss jedoch die Balkenbreite b abgeschätzt werden, hier mit 16 cm. Daraus ergibt sich die erforderliche Balkenhöhe, erf. h, mit:

$$I_y = \frac{16 \cdot (\text{erf. h})^3}{12} = 17.000 \text{ cm}^4 \Rightarrow \text{erf. h} = 23{,}4 \text{ cm}$$

Nun müssen Sie nur noch ein sinnvolles, rundes Maß wählen:

$\Rightarrow$ gewählt: h = 24 cm

Da der bisherige Querschnitt mit den Abmessungen 12/20 cm die Nachweise im GZT eingehalten hat, ist es offensichtlich, dass dies für den neuen Querschnitt mit den Abmessungen 16/24 cm ebenfalls gilt. Es müssen also keine weiteren Berechnungen erfolgen.

Hilfe zur Vorbemessung

Bereits im Entwurf muss sich der Architekt Gedanken über realistische und sinnvolle Querschnittsabmessungen der geplanten Bauteile machen. Hierbei ist es hilfreich, auf Erfahrungswerte zurückzugreifen, welche in zahlreichen Bemessungshilfen zu finden sind.

Für eine Holzbalkendecke gibt es beispielweise folgende Empfehlungen:

$h \approx l/20$

$b \approx h/2$ bis $h/3$

$e \approx 65$ cm bis 100 cm

Für das konkrete Beispiel ergibt sich somit:

$h = 520/20 = 26$ cm

$b = 26/2$ bis $26/3 = 13$ cm bis 9 cm

$e = 65$ cm bis 100 cm

Entsprechende Hilfen zur Vorbemessung finden Sie in diversen Büchern und Veröffentlichungen. Probieren Sie es bei Ihrem nächsten Entwurf doch einfach mal aus.

Teil VI
Top-Ten der Statik

Besuchen Sie uns auf `www.fuer-dummies.de` oder unseren Social-Media-Kanälen:

Facebook
`www.facebook.com/fuerdummies`

Instagram
`www.instagram.com/furdummies`

YouTube
`www.youtube.com/@dummies-mann`

IN DIESEM TEIL …

Endlich geschafft! Sie sind am Ziel angekommen und haben nun erste Grundkenntnisse der Baustatik. Vielleicht sind Sie auch erst am Anfang Ihrer Reise und fragen sich nun: Wie geht es jetzt weiter? Nachfolgend wollen wir Ihnen unsere Top-Ten der Statik-Literatur ans Herz legen, welche Ihre Kenntnisse der Statik sinnvoll ergänzen und erweitern. Vielleicht sind Sie jetzt auch neugierig geworden, oder Sie haben noch einige aufbauende Fächer und Module in Ihrem Studium vor sich. Dann sollten Sie auf jeden Fall weiterlesen. Vielleicht wird Ihnen das ein oder andre Buch eine hilfreiche Unterstützung sein.

IN DIESEM KAPITEL

Bücher zu Regelwerken und zur Wissensvertiefung

Titel zur Tragwerken und Bauteilabmessungen

Werke zu Brücken und Tragwerken nach Eurocode

Kapitel 16
10 gute Werke zur Statik

Gute Regelwerke sind unverzichtbar

Wir haben häufig darauf hingewiesen, wie wichtig ein sicherer Umgang mit Ihrem Regelwerk ist. In Ausbildung und Studium werden meist Empfehlungen von den jeweiligen Dozenten ausgesprochen. Einige Einrichtungen machen hier auch ganz strenge Vorgaben. Wir können Ihnen folgende Regelwerke für Ausbildung und Berufspraxis wärmstens empfehlen:

NR. 1 – WENDEHORST BAUTECHNISCHE ZAHLENTAFELN

Der »Wendehorst« ist eines der bekanntesten Nachschlagewerke im Bauwesen. Insbesondere für Tragwerksplaner werden hier die wichtigsten Normen und Vorschriften übersichtlich zusammengefasst. In der Ausbildung ist der »Wendehorst« besonders für angehende Techniker und Ingenieuren zu empfehlen.

NR. 2 – SCHNEIDER BAUTABELLEN

Sehr beliebt und zuverlässig sind ebenfalls die Schneider Bautabellen. Sie sind in zwei Versionen verfügbar: Für Architekten und für Ingenieure. Sehr hilfreich im Schneider sind die wertvollen Beiträge und Hinweise zum Entwurf und zur Vorbemessung, insbesondre für Studenten der Architektur.

An den meisten Hochschulen und Universitäten werden viele Bücher kostenlos zur Verfügung gestellt, auch digital. Sich über das Angebot der Bibliothek zu informieren, kann Ihnen nicht nur viel Zeit im Studium sparen, sondern auch viel Geld.

Tieferes Wissen und Verständnis

Ihr Interesse für die Statik ist geweckt und Sie möchten gerne wissen, wie sich beispielsweise geneigte, geknickte und statisch unbestimmte Systeme berechnen lassen? Dann sind folgende Bücher besonders empfehlenswert:

NR. 3 – BAUSTATIK 1 VON RAIMOND DALLMANN

Dieses Buch erklärt wunderbar Grundprinzipien der Baustatik und der Technischen Mechanik. Sie lernen geknickte Tragwerke zu berechnen und räumliche Tragstrukturen zu untersuchen. Darüber hinaus erhalten Sie eine wertvolle Einführung in das Prinzip der virtuellen Verschiebung, Grundlage zur Berechnung statisch unbestimmter Tragwerke.

NR. 4 – BAUSTATIK 2 VON RAIMOND DALLMANN

Sie wollen verstehen, wie sich die Verformung eines Balkens berechnen lässt ohne auf vorgefertigte Tabellen zurückzugreifen? Dann ist dieses Buch genau richtig. Hier lernen Sie die theoretischen Grundlagen zu Verformungen und die Berechnung statisch unbestimmter Systeme mithilfe des Kraftgrößenverfahrens sowie des Weggrößenverfahrens kennen.

Aber aufpassen: Das Wissen aus Band 1 ist erforderlich, um Band 2 verstehen zu können. Wenn Sie sich für diese Themen interessieren, sollten Sie also erst einmal mit Band 1 anfangen.

Tragwerke richtig entwerfen

Hier kommt ein echter Geheimtipp für Studenten der Architektur, aber auch für Techniker, Meister und Ingenieure, die sich für Tragwerke interessieren und sich informieren wollen, aber am besten ganz ohne Berechnungen. Genau, ganz ohne Berechnungen:

NR. 5 – TRAGSYSTEME / STRUCTURE SYSTEMS VON HEINO ENGEL

In diesem einzigartigen Werk werden die verschiedensten Arten von Tragwerken und Kraftfluss anhand von unzähligen Zeichnungen und Modellfotos erläutert. Besonders Wert wird auf die Beziehung zwischen Tragwerk und Bauform gelegt, Grundlage für gute und nachhaltige Architektur.

Bauteileabmessungen sinnvoll abschätzen

Es folgt noch eine weitere Empfehlung für angehende Architekten und am Entwurf beteiligte Planer. Wie oft stellt man sich im Entwurfsprozess die Frage: Wie hoch muss der Balken, der Binder, das Fachwerk jetzt werden? Antwort finden sie im folgenden Buch:

NR. 6 – FAUSTFORMEL TRAGWERKSENTWURF

Mithilfe einfach Überschlagsrechnungen, Tabellen und Diagrammen bietet dies Werk ein sehr hilfreiches Werkzeug, um tragwerksrelevante Querschnittsabmessungen und Entwurfsparameter schnell und einfach zu ermitteln. Dadurch können Sie bereits in den ersten Ideen Ihres Entwurfs sinnvolle und realistische Annahmen treffen.

Brücken schlagen

Nachfolgend eine etwas andre Empfehlung, für diejenigen, die sich besonders für den Brückenbau, das Tragprinzip von Brücken und deren Konstruktion interessieren:

NR. 7 – FUßWEGBRÜCKEN UND RADWEGBRÜCKEN – BEISPIELSAMMLUNG

Das Werk ist eine gelungene Zusammenfassung diverser Brückentragwerke für Fuß- und Radwegbrücken. Anhand zahlloser Beispiele wird das Tragprinzip erklärt und anhand von Fotos, Grund- und Aufrissen und Konstruktionsdetails erklärt. Insbesondre für den Brückenentwurf finden Sie hier viel Ideen zum materialgerechten und nachhaltigen Bauen.

Tragwerke nach Eurocode bemessen

Vielleicht haben Sie noch viele aufbauende Module und Fächer vor sich, wie Bemessen von Tragwerken, Stahlbetonbau, Massivbau, Stahlbau etc. Natürlich möchten wir auch hierfür ein paar lesenswerte Bücher empfehlen:

NR. 8 – LOHMEYER STAHLBETONBAU: BEMESSUNG · KONSTRUKTION · AUSFÜHRUNG

In diesem Standardwerk zum Stahlbetonbau werden Grundlagen zur Bemessung und Konstruktion anhand zahlreicher Beispiele zu Balken, Decken, Wänden, Stützen, Fundamenten etc. praxisnah dargestellt und erklärt. Der Bezug zur Praxis ist hierbei besonders zu loben. Das Buch eignet sich sowohl für angehende Techniker, als auch für Studenten des Bauingenieurwesens.

NR. 9 – STAHLBETONBAU-PRAXIS NACH EUROCODE 2: BAND 1: GRUNDLAGEN, SCHNITTGRÖßEN, GRENZZUSTÄNDE DER TRAGFÄHIGKEIT, GRENZZUSTÄNDE DER GEBRAUCHSTAUGLICHKEIT, BEISPIELE

Ebenfalls ein sehr empfehlenswertes Buch zum Stahlbetonbau, insbesondere für angehende Ingenieure geeignet, da hier auf sehr verständliche Weise Hintergründe und Herleitungen zur Bemessung dargestellt werden. In den weiteren Bänden können Sie anschließend Ihr Wissen zur Konstruktion und Berechnung vertiefen.

NR. 10 – EINFÜHRUNG IN DIE STATISCHE BERECHNUNG VON BAUWERKEN

Sie möchten Sich intensiver mit der Nachweisführung und –methodik nach Eurocode beschäftigen. Dann sollten Sie einen Blick in dieses Buch werfen. Ganzheitlich wird hier das Tragwerk analysiert und betrachtet: von Lastannahmen, Schnittgrößenberechnung bis zur Materialwahl und Bemessung der einzelnen Bauteile. Insbesondre für Einsteiger ein gutes Grundlagenwerk um sich einen Überblick zu verschaffen.

Abbildungsverzeichnis

Dummies Junior – die frechen »... für Dummies« für interessierte Kids und Jugendliche

- Projekte zum Ausprobieren, Programmieren und Experimentieren
- Mit pädagogischem Konzept
- Viele Abbildungen in Farbe
- Verständliche Texte mit einfachen Erklärungen – auch bei schwierigen Themen
- Inhalte in Workshops erprobt

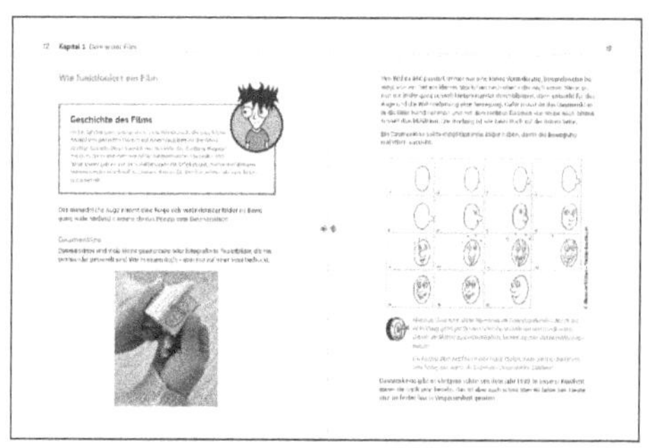

M. Schenk

Mein Weg zu den Sternen für Dummies Junior

1. Auflage 2022 **ISBN:** 978-3-527-71908-2

224 Seiten

Format: 176 mm x 240 mm

Ladenpreis: 18,– €*

Schau in den Himmel und lerne die Planeten, Sterne und Sternbilder kennen. Ob mit bloßem Auge, Fernglas oder Teleskop

M. Weiß und V. Borngässer

Stop-Motion-Trickfilme selber machen für Dummies Junior

2. Auflage 2023 **ISBN:** 978-3-527-72043-9

176 Seiten

Format: 176 mm x 240 mm

Ladenpreis: 16,– €*

Schritt für Schritt zum eigenen Stop-Motion-Video mit der richtigen Beleuchtung, passenden Geräuschen und Spezialeffekten. Hier erfährst du, wie es geht.

* Der €-Preis gilt nur für Deutschland. Preisänderungen und Irrtümer vorbehalten.

C. Ermel und O. Runge

Programmieren und zeichnen mit Python für Dummies Junior

2. Auflage 2022 **ISBN:** 978-3-527-71995-2

224 Seiten

Format: 176 mm x 240 mm

Ladenpreis: 18,- €*

Zaubere tolle Bilder mit dem Computer! Du brauchst dafür nur ein paar einfache Befehle aus der Programmiersprache Python.

W. Eagle et al.

TikTok-Videos selber machen für Dummies Junior

1. Auflage 2023 **ISBN:** 978-3-527-72133-7

160 Seiten

Format: 176 mm x 240 mm

Ladenpreis: 17,-€*

Werde Teil der TikTok Community und begeistere andere mit deinen Ideen. In diesem Buch erfährst du, wie du Videos mit dem Smartphone erstellst, bearbeitest und mit deinen Freunden teilst.

C. Ermel und N. Rosenfeld

Spaß mit Elektronik für Dummies Junior

1. Auflage 2020 **ISBN:** 978-3-527-71705-7

198 Seiten

Format: 176 mm x 240 mm

Ladenpreis: 15,- €*

In diesem Buch lernst du, Schaltungen für coole Gadgets aufzubauen: eine Glückwunschkarte, die leuchtet, eine blinkende Weihnachtsbaumkugel, einen klingenden Draht und anderes mehr.

* Der €-Preis gilt nur für Deutschland. Preisänderungen und Irrtümer vorbehalten.

Stichwortverzeichnis

Diese Bücher könnten Sie auch interessieren

W. Kulisch

Technische Mechanik für Dummies

4. Auflage 2025 **ISBN:** 978-3-527-72332-4

432 Seiten

Einbandart: Broschur

Format: 176 mm × 240 mm

Ladenpreis: 12,- €*

Dieses Buch vermittelt Ihnen genau die Grundgesetze der Mechanik, die Sie für Ihren Einstieg in das Ingenieurswesen benötigen. Statik, Dynamik und Festigkeitslehre werden Schritt für Schritt entwickelt. Mit Aufgaben und Lösungen zum Üben.

J. M. Fried

Mathematik für Ingenieure I für Dummies

3. Auflage 2018 **ISBN:** 978-3-527-71501-5

381 Seiten

Einbandart: Broschur

Format: 176 mm × 240 mm

Ladenpreis: 19,99 €*

"Mathematik für Ingenieure I für Dummies" vermittelt praxisnah Grundlagen der Mathematik, die für Studierende der Ingenieurwissenschaften in den ersten Semestern unverzichtbar sind: Vektoren, Matrizen, Gleichungssysteme, Eigenwerte, Eigenvektoren und eindimensionale Analysis.

J. M. Fried

Mathematik für Ingenieure II für Dummies

2. Auflage 2022 **ISBN:** 978-3-527-71988-4

416 Seiten

Einbandart: Broschur

Format: 176 mm × 240 mm

Ladenpreis: 20,- €*

Ingenieursmathematik wird häufig anspruchsvoller, als es einem lieb ist. Dieses Buch erklärt Ihnen, was Sie jenseits der Grundlagen über Mathematik im Ingenieursstudium wissen sollten.

*Der €-Preis gilt nur für Deutschland. Preisänderungen und Irrtümer vorbehalten.

Diese Bücher könnten Sie auch interessieren

J. M. Fried

Übungsbuch Mathematik für Ingenieure für Dummies

1. Auflage 2017 **ISBN:** 978-3-527-71238-0
300 Seiten

Einbandart: Broschur
Format: 176 mm × 240 mm
Ladenpreis: 19,99 €*

Michael Fried wiederholt in diesem Buch kompakt und alles andere als dröge die wichtigsten Grundlagen anhand von Beispielen. Dank zahlreicher Aufgaben samt ausführlicher Lösungen werden Sie schon bald die lineare Algebra und die eindimensionale Analysis sicher beherrschen.

C. Thomsen

Physik für Ingenieure für Dummies

2. Auflage 2018 **ISBN:** 978-3-527-71536-7
498 Seiten

Einbandart: Broschur
Format: 176 mm × 240 mm
Ladenpreis: 24,99 €*

Dieses Buch führt angehende Ingenieure behutsam und sehr umfassend in die Welt der Physik ein. Selbst wenn Sie die Mathematik, die Sie im Abitur noch beherrschten, schon wieder vergessen haben.

W. Kulisch und R. Freudenstein

Physik für Dummies Das Lehrbuch

2. Auflage 2024 **ISBN:** 978-3-527-72004-0
1120 Seiten

Einbandart: Broschur
Format: 176 mm × 240 mm
Ladenpreis: 39,99 €*

Wollen Sie tiefer in die Physik einsteigen, und das mit verständliche Anleitungen? Dann ist dieses Buch richtig für Sie. Wilhelm Kulisch und Regine Freudenstein erklären Ihnen, was Sie über Physik wissen sollten. Mit Übungsaufgaben können Sie Ihr Wissen auch noch prüfen.

*Der €-Preis gilt nur für Deutschland. Preisänderungen und Irrtümer vorbehalten.

Ernst & Sohn – Der Fachverlag für das Bauingenieurwesen

Karl-Eugen Kurrer

Geschichte der Baustatik

Auf der Suche nach dem Gleichgewicht

- packend erzählt: Gesamtdarstellung der Baustatik vom 16. Jhd. bis heute
- stark erweiterte Neuauflage

3. wesentlich überarb. u. erw. Auflage · 2025 · ca. 1300 S. · ca. 1020 Abb.

Hardcover
978-3-433-03476-7
ca. **€ 139***

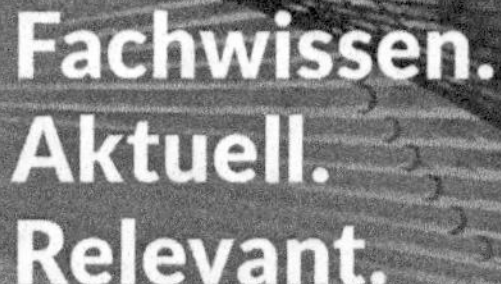

Fachwissen. Aktuell. Relevant.

Jetzt Newsletter abonnieren

Neue Bücher, interessante Zeitschriftenartikel & Branchennews

Newsletter
LinkedIn, X, Facebook

* Der €-Preis gilt ausschließlich für Deutschland. Inkl. MwSt.

www.ingramcontent.com/pod-product-compliance
Lightning Source LLC
LaVergne TN
LVHW061935220826
846092LV00004B/1017

* 9 7 8 3 5 2 7 7 2 2 5 1 8 *